高等职业教育电梯工程技术专业新形态活页式教材

电梯安装与调试

主　编◎陶　金

活页式教材 >

北京理工大学出版社
BEIJING INSTITUTE OF TECHNOLOGY PRESS

高等职业教育电梯工程技术专业新形态活页式教材

电梯安装与调试

主　编：陶　金
副主编：范　啸　李　伟　周庆华
参　编：王泽武　张　倓　张　超　张　雪
　　　　龚　飞　许元晓　魏于评
主　审：刘忠翔

北京理工大学出版社
BEIJING INSTITUTE OF TECHNOLOGY PRESS

内容简介

本书充分结合“电梯安装维修工”岗位的真实工作任务，以项目为载体、任务为纽带、工作过程为导向开展任务工单式教学，将课程设置为9个项目25个典型学习任务，同时，本书充分考虑“智能电梯安装、调试与维护”的赛训需求、电梯维修工职业技能等级证书考核需求设置教材内容，做到岗课赛证融通。

图书在版编目(CIP)数据

电梯安装与调试 / 陶金主编. -- 北京 : 北京理工大学出版社, 2023.9

ISBN 978-7-5763-2494-5

Ⅰ. ①电… Ⅱ. ①陶… Ⅲ. ①电梯-安装②电梯-调试方法 Ⅳ. ①TU857

中国国家版本馆CIP数据核字(2023)第185037号

责任编辑：王玲玲　　**文案编辑**：王玲玲
责任校对：刘亚男　　**责任印制**：施胜娟

出版发行 / 北京理工大学出版社有限责任公司
社　　址 / 北京市丰台区四合庄路6号
邮　　编 / 100070
电　　话 / (010) 68914026 (教材售后服务热线)
(010) 68944437 (课件资源服务热线)
网　　址 / http://www.bitpress.com.cn

版 印 次 / 2023年9月第1版第1次印刷
印　　刷 / 河北盛世彩捷印刷有限公司
开　　本 / 787 mm×1092 mm　1/16
印　　张 / 16.75
字　　数 / 370千字
定　　价 / 59.80元

前言

为了深入贯彻党中央、国务院和教育部关于职业教育的相关文件和精神，进一步深化职业教育的教学改革，提高人才培养质量，编者根据高等职业教育的教学特点，结合电梯工程技术专业的教学实际，坚持以服务为宗旨、以就业为导向、以技能为核心的职业教育理念，推广职业教育信息化，在广泛调研的基础上编写了本书。

本书以“项目导向、任务驱动、教学做一体化”教学模式的教学改革为方向，以电梯安装调试过程中典型工作任务为内容，以日立电梯有限公司、德尔森电梯有限公司等为技术依据，精心设计了电梯安装的前期准备、电梯导轨的安装与调整、电梯机房设备的安装与调整、轿厢和对重的安装与调整、电梯门机构的安装与调试、电梯电气控制系统的安装与调试、电梯的慢车调试、电梯的快车调试、电梯安装新技术共计9个学习项目25个学习任务。每个学习任务都按照“任务目标—案例引入—案例分析—知识链接—任务实施—任务小结—课后习题”等环节编写。“知识链接”环节中，理论知识讲解以“够用”为原则，深入浅出、透彻明了；“任务实施”环节中，基于任务的工作过程，注重任务实施的过程性与完整性。

本书采用“教学做一体化”教学模式，各项目教学学时建议如下：

项目	项目内容	建议学时
项目一	电梯安装的前期准备	6
项目二	电梯导轨的安装与调整	6
项目三	电梯机房设备的安装与调整	6
项目四	轿厢和对重的安装与调整	8
项目五	电梯门机构的安装与调试	6
项目六	电梯电气控制系统的安装与调试	10
项目七	电梯的慢车调试	8
项目八	电梯的快车调试	10
项目九	电梯安装新技术	4

本书配套有电子课件、课程标准、教学视频等信息化资源，通过信息化教学手段，将纸质教材与数字化资源有机结合，是资源丰富的“互联网+”智慧教材，最大限度地满足教师教学和学生学习的需要，提高教学和学习质量，促进教学改革。本书配备有活页式的任务工单，方便实训课程的组织与实施。

本书由陶金担任主编并完成统稿；由范啸、李伟、周庆华担任副主编；王泽武、张倓、张超、张雪、龚飞、许元晓、魏于评参编（其中，张雪为贵阳职业技术学院教师，魏于评为梧州职业学院教师，周庆华、许元晓为广东非凡教育设备有限公司员工，其余皆为贵州装备制造职业学院教师）。本书在编写的过程中，参阅了大量的书籍和资料，调研了大量电梯公司，在此对原作者及各位企业专家表示感谢。

本书可以作为高职学院电梯专业的教材、技能大赛参赛指导教材，也可以作为电梯技能培训用书或者企业安装人员学习的参考书籍。

由于编者水平有限，书中难免存在疏漏和不足之处，恳请业内专家、同仁、广大读者批评指正。

目录

绪 论

一、电梯安装与维修工作内容和职业标准

电梯安装工作专业性强，技能要求高，因此需要工作人员有较高技艺与职业道德。具体职业标准见表 0－0－1。

表 0－0－1 电梯安装与维修工职业标准

职业功能	工作内容	技能要求	相关知识要求
电梯工艺	电梯安装	1. 能进行电梯安装与调试 2. 能尊重岗位职责	1. 电梯的构造和原理 2. 电梯安装与维修技术 3. 电梯质量控制理论 4. 电梯工程管理
	电梯维修保养	1. 能进行电梯维修保养，掌握电梯管理人员的职责 2. 能进行电梯维护保养，掌握其周期及项目	
电梯控制基本操作	可编程序控制器继电器转梯形图	1. 能进行微处理器接口、驱动电路简单设计和替换 2. 能根据电梯继电器电路各环节绘制梯形图	1. 微处理器（单片机）结构、指令、接口（包括存储器、I/O 接口显示和键盘）驱动电路常用大规模集成电路芯片的功能和检测，开关电源原理，硬件性能 2. PLC 的基本知识和结构 3. PLC 在电梯控制系统中的应用和编程方法
	可编程序控制器梯形图转指令	1. 能进行个人电脑的操作 2. 能进行微处理器接口、驱动电路简单设计和替换 3. 能根据梯形图转指令	
	可编程序控制器指令转梯形图	1. 能进行个人电脑的操作 2. 能进行微处理器接口、驱动电路简单设计和替换 3. 能根据指令转梯形图	

续表

职业功能	工作内容	技能要求	相关知识要求
电梯调速基本操作	根据数据输入	1. 根据给定电机参数输入变频器 2. 能根据要求对变频器起、制动时间进行参数设置 3. 能根据要求对变频器多段速运行进行参数设置	1. 微型计算机原理及其在电梯中的应用 2. 全微机控制变压变频调速电梯
	自学习过程	1. 根据要求进行自学习过程操作 2. 能根据要求进行自学习，并记录电机实际数据	
电梯故障基本操作	1. 电梯机械故障排除	能排除电梯较复杂的机械故障操作	1. 机械制造工艺与加工工艺基础 2. 电梯构造原理
	2. 电梯电路故障排除	能排除电梯较复杂的电气故障操作	1. 直流高速电梯的故障排除 2. 全电脑变压变频调速电梯的故障排除 3. 自动扶梯的故障排除

二、电梯安装维修工考核要求

（一）申报条件

具备以下条件之一者，可申报五级/初级工：

（1）累计从事本职业或相关职业（电梯装配调试工、特种设备检验检测工程技术人员（电梯），下同）工作1年（含）以上。

（2）本职业或相关职业学徒期满。

具备以下条件之一者，可申报四级/中级工：

（1）取得本职业或相关职业五级/初级工职业资格证书（技能等级证书）后，累计从事本职业或相关职业工作4年（含）以上。

（2）累计从事本职业或相关职业工作6年（含）以上。

（3）取得技工学校本专业（电梯工程技术专业，下同）或相关专业毕业证书（含尚未取得毕业证书的在校应届毕业生）；或取得经评估论证、以中级技能为培养目标的中等及以上职业学校本专业或相关专业毕业证书（含尚未取得毕业证书的在校应届毕业生）。

具备以下条件之一者，可申报三级/高级工：

（1）取得本职业或相关职业四级/中级工职业资格证书（技能等级证书）后，累计从事本职业或相关职业工作5年（含）以上。

(2) 取得本职业或相关职业四级/中级工职业资格证书（技能等级证书），并具有高级技工学校、技师学院毕业证书（含尚未取得毕业证书的在校应届毕业生）；或取得本职业或相关职业四级/中级工职业资格证书（技能等级证书），并具有经评估论证、以高级技能为培养目标的高等职业学校本专业或相关专业毕业证书（含尚未取得毕业证书的在校应届毕业生）。

(3) 具有大专及以上本专业或相关专业毕业证书，并取得本职业或相关职业四级/中级工职业资格证书（技能等级证书）后，累计从事本职业或相关职业工作2年（含）以上。

具备以下条件之一者，可申报二级/技师：

(1) 取得本职业或相关职业三级/高级工职业资格证书（技能等级证书）后，累计从事本职业或相关职业工作4年（含）以上。

(2) 取得本职业或相关职业三级/高级工职业资格证书（技能等级证书）的高级技工学校、技师学院毕业生，累计从事本职业或相关职业工作3年（含）以上；或取得本职业或相关职业预备技师证书的技师学院毕业生，累计从事本职业或相关职业工作2年（含）以上。

具备以下条件者，可申报一级/高级技师：

取得本职业或相关职业二级/技师职业资格证书（技能等级证书）后，累计从事本职业或相关职业工作4年（含）以上。

(二) 鉴定方式

分为理论知识考试、技能考核以及综合评审。理论知识考试以笔试、机考等方式为主，主要考核从业人员从事本职业应掌握的基本要求和相关知识要求；技能考核主要采用现场操作、模拟操作等方式进行，主要考核从业人员从事本职业应具备的技能水平；综合评审主要针对技师和高级技师，通常采取审阅申报材料、答辩等方式进行全面评议和审查。

理论知识考试、技能考核和综合评审均实行百分制，成绩皆达60分（含）以上者为合格。

(三) 考核标准

标准对五级/初级工、四级/中级工、三级/高级工、二级/技师、一级/高级技师的技能要求和相关知识要求依次递进，高级别涵盖低级别的要求，见表0-0-2～表0-0-6。

表0-0-2　五级/初级工考核要求

职业功能	工作内容	技能要求	相关知识要求
1. 安装调试	1.1　机房设备安装调试	1.1.1　能使用线锤、螺丝刀、扳手安装定位限速器 1.1.2　能使用剥线钳、尖嘴钳、斜口钳、钢锯等工具敷设线槽、线管和电线电缆	1.1.1　限速器安装定位的相关知识 1.1.2　线槽、线管和电线电缆敷设的相关知识

续表

职业功能	工作内容	技能要求	相关知识要求
1. 安装调试	1.2 井道设备安装调试	1.2.1 能安装层站召唤、层站显示装置和井道接线盒 1.2.2 能安装限速器张紧装置 1.2.3 能安装层门的门套、悬挂装置、门扇、地坎装置	1.2.1 层站召唤、层站显示装置和井道接线盒安装的相关知识 1.2.2 限速器张紧装置安装的相关知识 1.2.3 层门部件、地坎装置安装的相关知识
	1.3 轿厢对重设备安装调试	1.3.1 能使用吊具、榔头、卷尺等工具，安装轿顶、导靴、轿厢围壁、装饰吊顶、风机、照明、操纵箱 1.3.2 能敷设风机、照明电气线路	1.3.1 轿厢部件安装的相关知识 1.3.2 风机、照明电气线路敷设的相关知识
	1.4 自动扶梯设备安装调试	1.4.1 能安装自动扶梯内外盖板、护壁板、扶手导轨、防攀爬装置、防护挡板、防夹装置 1.4.2 能使用塞尺、抛光机调整内外盖板、护壁板、扶手导轨间隙和平整度	1.4.1 内外盖板、护壁板、扶手导轨安装的相关知识 1.4.2 间隙和平整度调整的相关知识
2. 诊断修理	2.1 机房设备诊断修理	2.1.1 能使用紧急操作装置将轿厢移动至开锁区域 2.1.2 能使用万用表诊断电梯主电源故障	2.1.1 轿厢紧急操作移动的相关知识 2.1.2 万用表使用的相关知识
	2.2 井道设备诊断修理	2.2.1 能更换井道位置信息装置 2.2.2 能修理电梯层门、轿门地坎槽及门导轨的异物卡阻故障	2.2.1 位置信息装置的相关知识 2.2.2 异物卡阻修理的相关知识
	2.3 轿厢对重设备诊断修理	2.3.1 能更换轿内按钮与显示装置 2.3.2 能诊断、修理电梯轿厢照明及应急照明设备故障	2.3.1 轿厢按钮、显示装置的相关知识 2.3.2 照明设备故障的相关知识
	2.4 自动扶梯设备诊断修理	2.4.1 能更换自动扶梯运行方向显示部件 2.4.2 能修理扶手带导轨、梳齿板的异物卡阻故障	2.4.1 运行方向显示部件的相关知识 2.4.2 扶手带导轨、梳齿板异物卡阻故障的相关知识

续表

职业功能	工作内容	技能要求	相关知识要求
3. 维护保养	3.1 机房设备维护保养	3.1.1 能检查、紧固编码器、电源箱和控制柜内接线端子 3.1.2 能使用油枪润滑限速器销轴部位	3.1.1 接线端子检查、紧固的相关知识 3.1.2 限速器销轴部位润滑的相关知识
	3.2 井道设备维护保养	3.2.1 能检查、测试并调整层门自动关闭装置 3.2.2 能检查对重块数量并紧固其压板 3.2.3 能检查、调整层门的间隙 3.2.4 能清洁、检查和调整层门门锁电气触点	3.2.1 层门自动关闭装置的相关知识 3.2.2 对重块数量及压板的相关知识 3.2.3 层门间隙的相关知识 3.2.4 层门门锁及电气触点的相关知识
	3.3 轿厢对重设备维护保养	3.3.1 能通过开关门试验检查防夹人保护装置的功能 3.3.2 能测试、判断轿顶检修开关、停止装置的功能 3.3.3 能用量具测量及判定平层准确度 3.3.4 能检查轿内报警装置、对讲系统、轿内显示、指令按钮、读卡器（IC 卡）系统的功能 3.3.5 能检查、维护轿厢及对重导轨润滑系统	3.3.1 防夹人保护装置的相关知识 3.3.2 轿顶检修开关、停止装置功能的相关知识 3.3.3 平层准确度的相关知识 3.3.4 报警装置、对讲系统、显示、指令按钮、读卡器（IC 卡）系统功能的相关知识 3.3.5 轿厢及对重导轨润滑的相关知识
	3.4 自动扶梯设备维护保养	3.4.1 能开启自动扶梯上下机房、分离机房、各驱动和转向站、电动机通风口的盖板或护罩 3.4.2 能检查、调整自动扶梯防夹装置、防攀爬装置 3.4.3 能检查自动扶梯主驱动链条、运行方向状态显示装置、启动开关、停止开关的功能 3.4.4 能检查、维护梯级链的自动润滑装置油位 3.4.5 能测量梯级间、梯级与梳齿板、梯级与围裙板、梳齿板的梳齿与梯级踏板面齿槽的间隙	3.4.1 上下机房、分离机房、各驱动和转向站、电动机通风口盖板或护罩开启的相关知识 3.4.2 防夹装置、防攀爬装置的相关知识 3.4.3 主驱动链条、运行方向状态显示装置、启动开关、停止开关功能的相关知识 3.4.4 梯级链自动润滑装置油位的相关知识 3.4.5 梯级各间隙测量的相关知识

表 0-0-3 四级/中级工考核要求

职业功能	工作内容	技能要求	相关知识要求
1. 安装调试	1.1 机房设备安装调试	1.1.1 能使用起重设备、水平尺、钢直尺、电焊机、力矩扳手来起吊、安装承重钢梁、底座、曳引机、导向轮、夹绳器 1.1.2 能安装机房控制柜，接通控制柜的电气线路 1.1.3 能装配楔形自锁紧式曳引钢丝绳端接装置	1.1.1 曳引机、导向轮、夹绳器及底座结构的相关知识 1.1.2 控制柜安装的相关知识 1.1.3 楔形自锁紧式钢丝绳端接装置的相关知识
	1.2 井道设备安装调试	1.2.1 能测量、复核土建布置图的尺寸数据 1.2.2 能制作样板架，并定位、固定样板线及样板架 1.2.3 能定位、调整层门的门套、悬挂装置、门扇及地坎装置、井道位置信息装置、缓冲器 1.2.4 能安装轿厢及对重导轨、悬挂比为 1∶1 电梯的曳引钢丝绳、随行电缆、补偿链及补偿缆导向装置	1.2.1 土建布置图尺寸数据的相关知识 1.2.2 样板线和样板架的相关知识 1.2.3 层门设备、井道位置信息装置、缓冲器定位调整的相关知识 1.2.4 导轨、1∶1 悬挂比悬挂系统安装的相关知识
	1.3 轿厢对重设备安装与调试	1.3.1 能起吊、安装轿架、轿厢地坎和轿底、对重架及其附件，并调整、校正轿厢地坎及轿底、两侧直梁 1.3.2 能安装、调整轿厢开门机构和轿门地坎、门扇 1.3.3 能安装轿顶接线箱、护栏、检修盒、轿门开门限制装置，接通轿顶及轿厢电气线路	1.3.1 轿架、对重架安装调整的相关知识 1.3.2 轿厢开门机构和轿门地坎、门扇的相关知识 1.3.3 轿顶接线箱、护栏、检修盒、轿门开门限制装置的相关知识
	1.4 自动扶梯设备安装调试	1.4.1 能安装围裙板、护壁板、内外盖板、扶手带导轨、扶手带、梯级 1.4.2 能测量现场土建尺寸，复核自动扶梯设计图样	1.4.1 围裙板、护壁板、内外盖板、扶手带导轨、扶手带、梯级结构的相关知识 1.4.2 土建尺寸复核的相关知识

续表

职业功能	工作内容	技能要求	相关知识要求
2. 诊断修理	2.1 机房设备诊断修理	2.1.1 能诊断、修理电气安全回路、门锁回路、制动器控制回路引起的故障 2.1.2 能使用绝缘电阻测试仪测试并判断电梯的导电回路绝缘性能 2.1.3 能进行限速器－安全钳联动试验、上行超速保护装置动作试验、轿厢意外移动保护装置动作试验、空载曳引力试验及制动力试验，判定电梯安全性能 2.1.4 能使用限速器校验仪校验限速器动作速度 2.1.5 能诊断、修理控制系统电气部件及电梯方向、选层逻辑控制故障	2.1.1 电气安全回路、门锁回路、制动器控制回路的相关知识 2.1.2 绝缘电阻测试仪使用的相关知识 2.1.3 安全试验的相关知识 2.1.4 限速器校验仪使用的相关知识 2.1.5 控制系统电气部件及电梯方向、选层逻辑控制的相关知识
	2.2 井道设备诊断修理	2.2.1 能诊断、修理层门门扇联动与悬挂机构、井道位置信号设备、内外呼信号的故障 2.2.2 能调整上、下极限位置	2.2.1 层门门扇联动与悬挂机构、井道位置信号设备、内外呼信号故障诊断修理的相关知识 2.2.2 上、下极限位置的相关知识
	2.3 轿厢对重设备诊断修理	2.3.1 能诊断、修理轿门门扇联动机构、悬挂机构、门机机械装置开关门故障 2.3.2 能检查、调整门刀和轿门门锁机械电气装置	2.3.1 轿门门扇联动机构、悬挂机构、门机机械的相关知识 2.3.2 门刀和轿门锁机械电气装置的相关知识
	2.4 自动扶梯设备诊断修理	2.4.1 能诊断、修理电气安全回路故障 2.4.2 能诊断、修理异物卡阻引起的运行抖动及噪声	2.4.1 电气安全回路的相关知识 2.4.2 运行抖动及噪声的相关知识

续表

职业功能	工作内容	技能要求	相关知识要求
3. 维护保养	3.1 机房设备维护保养	3.1.1 能检查、调整限速器及其张紧轮、钢丝绳端接装置、制动器监测装置、控制柜仪表及显示装置 3.1.2 能检查曳引轮、导向轮轮槽磨损及曳引钢丝绳断丝、磨损、变形等状况 3.1.3 能检查、紧固电动机与减速机联轴器螺栓 3.1.4 能检查、更换减速机润滑油 3.1.5 能使用钳形电流表测量电梯平衡系数	3.1.1 限速器及张紧轮、钢丝绳、端接装置、制动器监测装置、控制柜仪表及显示装置的相关知识 3.1.2 曳引轮、导向轮轮槽及曳引钢丝绳的相关知识 3.1.3 电动机与减速机联轴器螺栓的相关知识 3.1.4 减速机润滑油的相关知识 3.1.5 平衡系数的相关知识
	3.2 井道设备维护保养	3.2.1 能检查、调整层门各部件、补偿链（绳）、随行电缆 3.2.2 能使用游标卡尺测量曳引钢丝绳的公称直径 3.2.3 能使用拉力计测量，计算和调整钢丝绳的张力差	3.2.1 层门各部件、补偿链（绳）、随行电缆的相关知识 3.2.2 游标卡尺、钢丝绳公称直径的相关知识 3.2.3 曳引钢丝绳张力差的相关知识
	3.3 轿厢对重设备维护保养	3.3.1 能检查、调整导靴间隙、门机的机械装置、轿门锁及其电气开关 3.3.2 能使用声级计测试电梯的运行噪声	3.3.1 导靴靴衬、滚轮间隙、门机的机械装置、轿门锁及其电气开关的相关知识 3.3.2 声级计使用的相关知识
	3.4 自扶梯设备维护保养	3.4.1 能检查、调整扶手带系统、驱动链系统、梯级轴衬、梯级链润滑装置 3.4.2 能检查、调整制动器间隙、梯级间隙及梯级与梳齿板、梯级与围裙板、梳齿与梯级踏板面齿槽的间隙 3.4.3 能进行自动扶梯空载、有载向下运行制动距离试验并判定制动性能 3.4.4 能检查、调整梯级滚轮和导轨、主驱动链及梯级链张紧装置、附加制动器、制动器动作状态监测装置 3.4.5 能检查并维护梯级下陷、梯级链和主驱动链异常伸长、超速保护、扶手带速度监控系统、梯级缺失监测装置、梳齿板开关	3.4.1 扶手带、驱动链、梯级轴衬、梯级链润滑装置的相关知识 3.4.2 间隙调整的相关知识 3.4.3 制动距离试验的相关知识 3.4.4 梯级滚轮和导轨、主驱动链及梯级链张紧装置、附加制动器、制动器动作状态监测装置的相关知识 3.4.5 梯级下陷，梯级链、主驱动链异常伸长，超速保护，扶手带速度监控系统、梯级缺失监测装置、梳齿板开关的相关知识

表0－0－4　三级/高级工考核要求

职业功能	工作内容	技能要求	相关知识要求
1. 安装调试	1.1　机房设备安装调试	1.1.1　能检查、调整曳引轮与导向轮的垂直度、平行度 1.1.2　能调试检修运行功能	1.1.1　曳引轮与导向轮的相关知识 1.1.2　检修运行调试的相关知识
	1.2　井道设备安装调试	1.2.1　能根据土建布置图，复核井道的垂直度和各层站门洞位置 1.2.2　能安装悬挂比为2：1电梯的曳引钢丝绳	1.2.1　土建井道垂直度和层站门洞的相关知识 1.2.2　2：1悬挂比曳引钢丝绳的相关知识
	1.3　轿厢对重设备安装调试	1.3.1　能安装、调整安全钳及联动机构、导靴 1.3.2　能安装轿门门刀，调整门刀与门锁滚轮、地坎的间隙	1.3.1　安全钳及联动机构、导靴的相关知识 1.3.2　轿门门刀的相关知识
	1.4　自动扶梯设备安装调试	1.4.1　能调试扶手带的运行速度 1.4.2　能安装电气主电源，接通主电源与控制柜的电气线路	1.4.1　扶手带驱动装置的相关知识 1.4.2　主电源与控制柜电气线路的相关知识
2. 诊断修理	2.1　机房设备诊断修理	2.1.1　能使用拉马器等工具更换、调整主机、曳引轮、导向轮、主机减振垫 2.1.2　能通过修改驱动参数，调整电梯运行抖动、噪声 2.1.3　能检查、修理控制柜内各电气线路与电气元件、控制系统通信功能、速度控制、位置控制及电梯启动、加减速度、停止逻辑控制的故障 2.1.4　能更换曳引机的制动器、制动衬、制动臂、销轴、电磁铁、减速箱油封、轴承	2.1.1　主机、曳引轮、导向轮、主机减振垫的相关知识 2.1.2　驱动参数的相关知识 2.1.3　电气线路与电气元件、控制系统通信功能、速度控制、位置控制及电梯启动、加减速度、停止逻辑控制的相关知识 2.1.4　制动器、制动衬、制动臂、销轴、电磁铁、减速箱油封、曳引机轴承的相关知识
	2.2　井道设备诊断修理	2.2.1　能更换电梯的补偿链/缆、随行电缆、对重轮 2.2.2　能更换、调整层门门扇、悬挂装置、地坎	2.2.1　补偿链/缆、随行电缆、对重轮的相关知识 2.2.2　层门门扇、悬挂装置、地坎的相关知识

续表

职业功能	工作内容	技能要求	相关知识要求
2. 诊断修理	2.3 轿厢对重设备诊断修理	2.3.1 能更换轿顶轮、轿底轮、安全钳、轿厢轿架、自动门机系统 2.3.2 能检查、修理电梯轿厢称重装置的故障	2.3.1 轿顶轮、轿底轮、安全钳、轿厢轿架、自动门机系统的相关知识 2.3.2 轿厢称重装置的相关知识
	2.4 自动扶梯设备诊断修理	2.4.1 能更换扶手带、扶手带驱动装置、梯级链、主驱动轴和链轮、驱动主机、驱动链条、工作制动器、附加制动器 2.4.2 能通过修改控制参数，调整运行速度、抖动	2.4.1 扶手带、扶手带驱动装置、梯级链、主驱动轴和链轮、驱动主机、驱动链条、工作制动器、附加制动器的相关知识 2.4.2 运行速度、抖动的相关知识
3. 维护保养	3.1 机房设备维护保养	3.1.1 能检查、调整电梯驱动电动机的速度检测装置 3.1.2 能使用百分表等工具检查并调整联轴器 3.1.3 能检查、调整制动器间隙、制动力 3.1.4 能使用电梯乘运质量分析仪、转速表等检测电梯的速度及加速度	3.1.1 驱动电动机的速度检测功能的相关知识 3.1.2 百分表使用的相关知识 3.1.3 制动器间隙、制动力的相关知识 3.1.4 电梯乘运质量分析仪、转速表使用的相关知识
	3.2 井道设备维护保养	3.2.1 能使用刀口尺、刨刀等修整导轨接头 3.2.2 能根据电梯运行的振动情况检查、调整导轨间距及垂直度 3.2.3 能检查、调整层轿门联动机构	3.2.1 导轨接头修整的相关知识 3.2.2 间距及垂直度相关知识 3.2.3 层轿门联动机构的相关知识
	3.3 轿厢对重设备维护保养	3.3.1 能检查、调整轿厢减振垫 3.3.2 能使用液压剪刀截短电梯曳引钢丝绳、钢带，调整缓冲距离	3.3.1 轿厢减振垫的相关知识 3.3.2 缓冲距离调整的相关知识
	3.4 自动扶梯设备维护保养	3.4.1 能检查、调整扶手带托轮、滑轮群、防静电轮、梯级传动装置 3.4.2 能检查、调整进入梳齿板处的梯级与导轮的轴向窜动量 3.4.3 能检查、调整自动扶梯的速度检测装置及非操纵逆转监测装置 3.4.4 能使用速度检测仪检测自动扶梯的运行速度	3.4.1 扶手带托轮、滑轮群、防静电轮、梯级传动装置的相关知识 3.4.2 梯级与导轮的轴向窜动量的相关知识 3.4.3 速度检测装置及非操纵逆转监测装置的相关知识 3.4.4 自动扶梯速度检测仪使用的相关知识

续表

职业功能	工作内容	技能要求	相关知识要求
4. 改造更新	4.1 曳引驱动乘客电梯设备改造更新	4.1.1 能根据改造方案，拆装、改造、调试不同规格型号的曳引机 4.1.2 能根据改造方案，拆装、改造、调试不同型号的控制系统 4.1.3 能根据加层改造方案，加层、改造、调试曳引驱动乘客电梯 4.1.4 能拆装、改造轿用和内部装潢，调整轿厢平衡系数 4.1.5 能根据悬挂比改造方案，拆装、改造曳引系统的悬挂比 4.1.6 能加装读卡器（IC 卡）系统、残疾人操纵箱、能量反馈、应急平层及远程监控装置	4.1.1 曳引机系统改造的相关知识 4.1.2 控制系统改造的相关知识 4.1.3 加层改造的相关知识 4.1.4 轿厢改造的相关知识 4.1.5 曳引系统悬挂比改造的相关知识 4.1.6 读卡器（IC 卡）系统、残疾人操纵箱、能量反馈、应急平层及远程监控装置加装的相关知识
	4.2 自动扶梯设备改造更新	4.2.1 能加装变频器及其外部控制设备，调试自动扶梯的变频控制功能 4.2.2 能改造、调试自动扶梯的控制系统	4.2.1 自动扶梯变频加装改造的相关知识 4.2.2 自动扶梯控制系统改造的相关知识

表 0－0－5　二级/技师考核要求

职业功能	工作内容	技能要求	相关知识要求
1. 安装调试	1.1 曳引驱动乘客电梯设备安装调试	1.1.1 能设定驱动和控制参数，调试电梯运行功能、性能 1.1.2 能调试门机功能、性能 1.1.3 能测试、调整轿厢的静、动态平衡 1.1.4 能编制电梯安装调试方案	1.1.1 电梯驱动和调速的相关知识 1.1.2 门机运行控制的相关知识 1.1.3 轿厢静、动态平衡的相关知识 1.1.4 电梯安装调试方案编制的相关知识
	1.2 自动扶梯设备安装调试	1.2.1 能校正分段式自动扶梯桁架、导轨 1.2.2 能修改电气控制参数，调试自动扶梯运行功能 1.2.3 能安装、调整大跨度自动扶梯的中间支撑部件	1.2.1 分段式自动扶梯桁架和导轨的相关知识 1.2.2 电气控制的相关知识 1.2.3 大跨度自动扶梯中间支撑部件的相关知识

续表

职业功能	工作内容	技能要求	相关知识要求
2. 诊断修理	2.1 曳引驱动乘客电梯设备诊断修理	2.1.1 能对电梯反复出现的故障进行分析并提出解决方案 2.1.2 能对电梯偶发性故障进行跟踪分析，并提出解决方案 2.1.3 能编制电梯重大修理的安全施工方案	2.1.1 电梯反复出现故障分析的相关知识 2.1.2 电梯偶发性故障跟踪分析的相关知识 2.1.3 电梯重大修理安全施工方案编制的相关知识
	2.2 自动扶梯设备诊断修理	2.2.1 能对自动扶梯反复出现的故障进行分析并提出解决方案 2.2.2 能对自动扶梯偶发性故障进行跟踪分析，并提出解决方案 2.2.3 能编制自动扶梯重大修理的安全施工方案	2.2.1 自动扶梯反复出现故障分析的相关知识 2.2.2 自动扶梯偶发性故障跟踪分析的相关知识 2.2.3 自动扶梯重大修理安全施工方案编制的相关知识
3. 改造更新	3.1 曳引驱动乘客电梯改造更新	3.1.1 能编制曳引系统改造施工方案 3.1.2 能编制控制系统改造施工方案 3.1.3 能编制加层改造施工方案 3.1.4 能编制悬挂比改造施工方案	3.1.1 曳引系统改造方案编制的相关知识 3.1.2 控制系统改造方案编制的相关知识 3.1.3 加层改造方案编制的相关知识 3.1.4 悬挂比改造方案编制的相关知识
	3.2 自动扶梯设备改造更新	3.2.1 能编制自动扶梯加装变频控制装置施工方案 3.2.2 能编制自动扶梯控制系统改造施工方案	3.2.1 变频改造方案编制的相关知识 3.2.2 控制系统改造方案编制的相关知识
4. 培训管理	4.1 培训指导	4.1.1 能对高级工及以下级别人员进行基础理论知识、专业技术理论知识的培训 4.1.2 能对高级工及以下级别人员进行技能操作培训 4.1.3 能指导高级工及以下级别人员查找并使用相关技术手册	4.1.1 理论培训方案及基本培训的相关知识 4.1.2 实际操作技能的演示与指导的相关知识 4.1.3 技术手册查找的相关知识
	4.2 技术管理	4.2.1 能撰写电梯安装维修技术报告 4.2.2 能对高级工及以下级别人员进行技术指导 4.2.3 能总结本级别专业技术，向高级工及以下级别人员推广技术成果	4.2.1 技术方案编写的相关知识 4.2.2 进行技术指导的相关知识 4.2.3 技术成果总结、推广的相关知识

表 0-0-6　一级/高级技师考核要求

职业功能	工作内容	技能要求	相关知识要求
1. 安装调试	1.1　曳引驱动乘客电梯安装调试	1.1.1　能调试电梯启停、运行舒适感，并分析排除影响舒适感的因素 1.1.2　能分析建筑物引起导轨弯曲的原因，并编制解决方案	1.1.1　启停、运行舒适感控制的相关知识 1.1.2　建筑物引起导轨弯曲的相关知识
	1.2　自动扶梯设备安装调试	1.2.1　能安装、调试采用新技术、新材料、新工艺生产的自动扶梯 1.2.2　能编制大跨度自动扶梯安装调试方案	1.2.1　自动扶梯设计制造的相关知识 1.2.2　自动扶梯安装调试方案编制的相关知识
2. 诊断修理	2.1　曳引驱动乘客电梯诊断修理	2.1.1　能对电梯的故障数量和故障原因进行统计分析，提出降低故障率的改进方案 2.1.2　能运用新技术、新工艺、新材料改进电梯部件结构形式，降低失效风险 2.1.3　能设计专用工具或设备，提高电梯诊断、修理的效率	2.1.1　电梯故障原因和故障数量分析及有效降低故障率改进方案的相关知识 2.1.2　电梯部件结构改进相关知识 2.1.3　提高电梯诊断修理效率的专用工具或设备设计的相关知识
	2.2　自动扶梯诊断修理	2.2.1　能对自动扶梯的故障数量和故障原因进行统计分析，提出降低故障率的改进方案 2.2.2　能运用新技术、新工艺、新材料改进自动扶梯部件结构形式，降低失效风险 2.2.3　能设计专用工具或设备，提高自动扶梯诊断、修理的效率	2.2.1　自动扶梯故障原因和故障数量分析及有效降低故障率改进方案的相关知识 2.2.2　自动扶梯部件结构改进相关知识 2.2.3　提高自动扶梯诊断修理效率的专用工具或设备设计的相关知识
3. 改造更新	3.1　曳引驱动乘客电梯改造更新	3.1.1　能进行整机更新改造设计、计算 3.1.2　能进行部件更新改造设计、计算	3.1.1　整机更新改造方案设计和计算的相关知识 3.1.2　部件更新改造方案设计和计算的相关知识
	3.2　自动扶梯设备改造更新	3.2.1　能编制在保留自动扶梯桁架的情况下，对自动扶梯机械系统整体更新的改造方案 3.2.2　能编制拆除室内的自动扶梯并更新的改造方案	3.2.1　自动扶梯机械系统改造方案设计的相关知识 3.2.2　室内自动扶梯更新改造方案设计的相关知识

续表

职业功能	工作内容	技能要求	相关知识要求
4. 培训管理	4.1 培训指导	4.1.1 能对技师及以下级别人员进行基础理论知识、专业技术理论知识培训 4.1.2 能对技师及以下级别人员进行操作技能培训 4.1.3 能指导技师及以下级别人员撰写技术论文 4.1.4 能进行技术革新，解决技术难题	4.1.1 理论培训大纲编写的相关知识 4.1.2 现场实际操作教学计划的相关知识 4.1.3 技术论文撰写的相关知识 4.1.4 技术革新实施的相关知识
	4.2 技术管理	4.2.1 能对技师及以下级别人员进行技术指导 4.2.2 能推广应用新技术、新工艺 4.2.3 能总结本专业先进高效的安装工艺、维修技术等技术成果并编写技术报告	4.2.1 现场实际操作教学的相关知识 4.2.2 技术推广应用的相关知识 4.2.3 技术成果总结、技术报告编写的相关知识

三、课程内容与全国职业院校技能大赛的联系

本课程与全国职业院校技能大赛“智能电梯装调与维护”（根据教育部印发的《全国职业院校技能大赛设赛指南（2023—2027 年）》，更名为“智能电梯装配调试与检验”）赛项联系紧密，内容涵盖技能大赛比赛内容。

“智能电梯装调与维护”赛项包括电梯电气控制原理图设计与绘制、电梯机构安装与检测装置调整、电梯电气控制柜的器件安装与线路连接、电梯控制程序设计与调试、电梯故障诊断与排除以及运维优化与保养等内容，一共 6 个模块，见表 0－0－7。

表 0－0－7 模块设置情况表

模块号	模块名称	工作任务内容	配分/分	比赛用时/小时	备注
M1	电气设计与安装	电气控制原理图设计与绘制、电梯机构安装与检测装置调整	18	1.5	
M2	电路连接与通电测试	电梯电气控制系统的安装、线路连接与测试	20	2	
M3	控制程序编程及调试验收	控制程序设计编写与调试、系统通电测试预验收	30	2	

续表

模块号	模块名称	工作任务内容	配分/分	比赛用时/小时	备注
M4	故障检修与保养	电梯故障诊断与排除，以及日常保养	10	1	10个故障
M5	优化与运维	电梯功能优化、节能环保、效率提升以及运行维护	12	1.5	
M6	职业素养与安全	在竞赛全部过程中考查选手的安全操作、职业素养以及绿色可持续发展情况	10		
合计			100	8	

竞赛时，选手根据给定的工作任务书完成操作，竞赛内容见表0－0－8。

表0－0－8　技能大赛竞赛内容

技能大赛竞赛内容
模块1：电气设计与安装（占分比例18%） 1. 电梯电气控制原理图设计与绘制 参赛选手根据所提供的相关设备和任务书中的电梯控制功能要求，设计并手绘完成各电气控制原理图。 2. 电梯机构安装与检测装置调整 参赛选手根据所提供的相关设备和任务书中的电梯安装说明及安装图纸要求，完成电梯部分机构的安装与调整（包括呼梯盒、井道信息系统、限速器等机构的安装，平层开关检测位置、门机、安全钳等机构的调整）。
模块2：电路连接与通电测试（占分比例20%） 参赛选手根据所提供的相关设备和任务书中的电气安装位置图，正确选择赛场提供的器件，完成电气控制柜中电梯电气控制系统安装，并根据设计的电气原理图和任务书提供的接线图完成线路的连接；完成电气控制柜中PLC、接触器等器件的安装和接线，完成电梯对象电气系统的接线；考查电器安装、接线是否符合工艺标准，并能实现正确的电气功能。
模块3：控制程序编程及调试验收（占分比例30%） 1. 电梯控制程序设计与调试 （1）电梯舒适系统设计与调试 参赛选手根据任务书中的电梯节能和平稳度的要求，进行控制器的参数设置、带载调谐、井道自学习，实现电梯运行速度自动切换、平稳停止，达到电梯平层准确、轿厢震动较小的要求。 （2）单座电梯运行控制程序设计与调试 参赛选手根据所提供的相关设备、任务书中I/O端口分配表及电气原理图，完成电梯的运行控制程序设计与调试（包括控制电梯的运行状态、控制模式，根据呼叫信号，对电梯的位置进行逻辑判断，然后给出运行指令，使电梯实现应答呼梯信号、自动关门等功能）。 （3）群控电梯程序设计与调试 完成单座电梯调试后，设计群控电梯控制系统程序并调试（包括运行线路优化、快速响应）。

续表

技能大赛竞赛内容
（4）电梯监控系统设计与调试 通过工业组态软件设计上位机监控系统或触摸屏组态工程，实现对电梯运行状态及服务信息（包括方向信息、楼层信息）的显示，实现智能电梯的信息可视化。 2. 电梯检验与验收 对电梯可靠性、舒适性、安全性进行检验，完成对电梯空载、额定载重以及超载三种情况进行运行试验，确保运行平稳、制动可靠、平层准确度高。
模块 4：故障检修与保养（占分比例 10%） 参赛选手根据任务书设置故障现象（包括感应器检测故障、显示器故障、安全回路故障等），在电梯上进行故障排除，记录故障现象、诊断结果及排除方法，并须在图纸上准确地标出故障的具体位置和故障类型方可确认有效，错标无效，工作任务完成后，须将电梯正常运行后方可得分，否则不能得分。
模块 5：优化与运维（占分比例 12%） 1. 电梯运行功能优化 根据实际情况对电梯的运行功能、运行效率、节能环保、合理化使用、人性化设置和可持续性等方面进行运行优化。 2. 电梯运行与维护 解决电梯平层问题；解决开关门过程中有撞击声的问题；解决开关门过程中有卡阻的现象；解决电梯运行中有抖动和振动等现象。
模块 6：职业素养与安全（占分比例 10%） 电梯装调与维护涉及电梯的制造、安装、改造、调试、维修、保养及外围设备保障等。竞赛操作过程中应遵守电气安全操作规程，应具备现场应对故障和突发事件的能力，同时，具有良好的职业道德和敬业精神。整个竞赛过程杜绝浪费，绿色环保可持续发展。

项目一

电梯安装的前期准备

项目任务书

【项目描述】

安装电梯前，应做好准备。电梯安装的前期准备主要有组成电梯安装工作组、工作组人员培训与分工、施工现场和施工器材的准备等，以及搭建安装电梯的脚手架和样板架制作与放线等。

本项目设计了电梯安装准备、搭设脚手架、放样与放线三个工作任务。通过完成这些工作任务，理解电梯安装施工作业的操作规程，了解电梯安装前期准备工作的内容和要求；在教师的指导下，与工作小组的同伴分工合作，完成电梯安装前期的各项准备，学会搭设安装电梯的脚手架，学会放样与放线。

【项目概况】

电梯安装前期准备工作的任务规划表见表 1－1－1

表 1－1－1　电梯安装前期准备工作的任务规划表

班级______　姓名______　学号______　工号______　日期______　测评______　等级______

工作任务	电梯安装的前期准备工作	学习模式	
建议学时	6 学时	教学地点	
任务描述	【案例】电梯公司（乙方）需要安装一部五层站乘客电梯，已按建筑设计需求签订采购安装协议；甲方（电梯使用方）已安排建筑施工方给予安装配合。井道已施工封顶。		
学习目标	1. 知识目标 （1）掌握《电梯制造与安装安全规范》（GB/T 7588.1—2020）、《特种设备安全监察条例》《安全操作规程》《电梯工程施工质量验收规范》（GB 50310—2002）。 （2）掌握电梯安装工具、安全标识的准备和使用方法。 （3）掌握电梯安装示意图及相关技术文件。 2. 技能目标 （1）能遵守《电梯制造与安装安全规范》（GB/T 7588.1—2020）、《特种设备安全监察条例》《安全操作规程》《电梯工程施工质量验收规范》（GB 50310—2002）。 （2）能正确使用电梯安装工具、安全标识。 （3）能读懂电梯施工图。		

续表

<table>
<tr><td>工作任务</td><td>电梯安装的前期准备工作</td><td>学习模式</td><td></td></tr>
<tr><td>建议学时</td><td>6 学时</td><td>教学地点</td><td></td></tr>
<tr><td></td><td colspan="3">3. 思政目标
（1）认同并遵守《电梯制造与安装安全规范》（GB/T 7588. 1—2020）、《特种设备安全监察条例》《安全操作规程》《电梯工程施工质量验收规范》（GB 50310—2002）。
（2）树立合作意识、安全意识，具有交流沟通能力。
（3）树立严谨的工作作风，强化规范操作的职业素养。</td></tr>
<tr><td>学时分配</td><td colspan="3">学时分配表
<table><tr><td>序号</td><td>学习任务</td><td>学时安排</td></tr><tr><td>1</td><td>安装准备</td><td>2</td></tr><tr><td>2</td><td>搭设脚手架</td><td>2</td></tr><tr><td>3</td><td>放样与放线</td><td>2</td></tr></table></td></tr>
</table>

学习任务 1　安装准备

【任务目标】

1. 知识目标

（1）掌握电梯安装施工组的组成。

（2）掌握电梯施工安全规定。

2. 技能目标

（1）能进行施工的现场准备。

（2）能正确使用施工工具。

（3）能进行井道勘测。

3. 思政目标

（1）通过任务工单的学习，熟知电梯安装准备的全部工作，提高爱岗敬业意识。

（2）通过学习，养成良好职业规范，树立安全意识和环保意识。

【案例引入】

电梯工程施工前，需要办理什么手续？电梯通过验收进场之后，下一步要做哪些准备工作？

【案例分析】

电梯通过验收进场之后，作为电梯公司安装负责人，在电梯安装之前需要做以下准备工作：

（1）组成该电梯安装施工组。

（2）准备施工工具。

（3）施工现场准备。

（4）井道勘测。

（5）办理开工报告。

【知识链接】

根据《特种设备使用管理规则》（TSG 08—2017）规定，特种设备在投入使用前，使用单位必须持有有关资料到所在地区的地、市级以上（含地、市级）特种设备安全监管部门申请办理使用登记。但在实际情况中，由于甲方不知道其办理程序，此项工作就由电梯制造商代为办理，即通常所称的交钥匙工程。如果不办理开工告知手续，一旦被当地特种设备安全监察管理部门检查到，其结果往往是电梯施工单位受处罚。因此，在电梯货到现场前就应该办理此手续。办理开工告知手续需向特种设备安全监察管理部门提供相应资料，如制造许可、安装许可、开工告知书（包括工程的详细信息）、施工方案、安装人员操作证、电梯随机文件资料、安全部件型式试验证书及出厂调试证明等。

一、电梯安装施工成员组成

【重要事项】所有电梯安装人员（固定成员）必须经当地质量技术监督局培训考核并取得电梯安装特种作业证。

根据电梯的种类、技术要求、规格参数、层站数和安装设备自动化程度等因素来确定所需劳动力及技术工人。电梯安装施工小组一般由3～4名固定成员组成，其他技术人员可以根据安装需要临时聘请参与。固定成员中至少需要一位电梯安装维修高级工或技师全面负责电梯安装各项技术支持，其他成员需掌握良好的装配钳工、电工的基础操作技能，对电梯有较清晰的了解。临聘人员包括起重工、架子工、木工、泥工、焊工等。小组一般设有专门的安装负责人、安全监督员、工具及库管员等。大型电梯公司安装施工还安排有安装项目经理负责对外相关协调与现场的监督管理，安排质检人员进行过程质量监督检测。

二、电梯安装的有关规定

依据国家有关电梯安装安全的技术文件、规范《电梯制造与安装安全规范》（GB 7588.1—2020）、《特种设备安全监察条例》《电梯工程施工质量验收规范》（GB 50310—2002）要求，电梯安装中的安全规定有：

1. 一般要求

（1）进入电梯安装作业场所的要求：

①作业前，应检查设备和工作场地，排除故障和安全隐患。

②确保电梯及相关设备的安全防护、信号和联锁装置齐全、灵敏、可靠。

③起重设备应定人、定岗操作。

（2）工作中，应集中精力，坚守岗位，不准擅自把自己的工作交给他人。

（3）两人以上共同工作时，应有主有从，统一指挥；工作场所不准打闹、玩耍和做与本职工作无关的事。

（4）严禁酒后进入工作岗位。

（5）不准跨越正在运转的设备，不准横跨运转部位传递物件，不准触及运转部位；不准站在旋转工件或可能爆裂飞出物件、碎屑部位的正前方进行操作、调整、检查设备，不准超限使用设备机具。

（6）安装作业完毕或中途停电时，应及时切断安装施工用电源开关后才准离岗。

（7）在修理机械、电气设备前，应在切断的动力开关处设置“有人工作，严禁合闸”警示牌。必要时应设专人监护或采取防止电源意外接通的技术措施。非工作人员禁止摘牌合闸。一切动力开关在合闸前应细心检查，确认无人员检修时才准合闸。

（8）一切电气、机械设备及装置的外露可导电部分，除另有规定外，应有可靠的接地装置并保持其连通性。非电气工作人员不准安装、维修电气设备和线路。

（9）注意警示标志，严禁跨越危险区，严禁攀登吊运中的物件，以及在吊物、吊臂下通过或停留。

（10）在施工现场要设置安全遮拦和标记；应提供充足的照明，以确保安全出入以及安全的工作环境，控制开关和为便携照明提供电源的插座应安装在接近工作场所出入口的地方。

（11）应保护所有的照明设备，以防止机械破坏。

（12）所有金属移动爬梯与地面接触部位应有绝缘材料和防滑措施。

（13）在可能产生安全危害的部位设置警示灯或警示标志。电梯厅门拆除后或安装前，必须在厅门上设置障碍物并挂有醒目的标志，在未放置障碍物之前，必须有专人看管。

2. 用电安全

（1）施工现场用电应遵守现场用电安全的有关规程。

（2）施工作业用电应从产权单位指定的电源接电，使用专用的电源配电箱，配电箱应能上锁。

（3）配电箱内的开关、熔断器、电气设备的电缆等应与所带负荷相匹配。严禁使用其他材料代替熔丝。

（4）井道作业照明应使用 36 V 以下的安全电压。作业面应有良好的照明。

（5）井道内避免带电作业。必须带电作业时，必须两人以上进行。

（6）所有的电气设备均应保持在完好的状态下使用。

（7）电焊机的地线应与所焊工件可靠连接，严禁用脚手架或建筑物钢筋代替地线。

（8）临时接线应就近设有紧急断电装置，并确保电缆的绝缘性，防止锐角划破绝缘层。

3. 消防安全

（1）当进行电焊或气焊（割）工作时，应提前与业主防火部门取得联系，申请动火证，操作者须持有操作证方可动火，动火必须有监护人。现场配备灭火器，并有“禁止吸烟”标志。氧气瓶和乙炔瓶存放距离不小于 7 m，且远离火源至少 10 m。

（2）电焊、气焊（割）等明火作业时，应在作业处清理易燃易爆品。井道内明火作业，除在作业处以外，还应在最底层设置底坑防火员，配备灭火器，作业前清除底坑内的易燃物。

（3）明火作业结束后，防火员应确认无明火和火灾隐患后方可离开。

（4）存放配件的库房应配备灭火器，库房内严禁明火。

（5）电梯安装作业现场发生电气火灾，未确认断电时，严禁使用泡沫灭火器，应使用二氧化碳灭火器或干粉灭火器或沙土覆盖灭火。

4. 施工现场的联络

（1）两人（含两人）以上共同作业时，应根据距离的远近及现场的情况确定联络方式，其目的是保证联络有效，可以采用喊话、对讲机、轿内电话等形式。

（2）凡需要对方配合或影响到另一方工作的，应先联络后操作，被联络人对联络人发出的联络信号应先复述，联络人对复述确认并得到对方的同意后再开始作业。

5. 吊装作业规程

（1）使用的吊装工具设备，必须仔细检查，确认完好方可使用。吊装前应了解起吊物品重量，充分估算，选择相应的吊装工具。起吊方案应合理，安全防范应全面。

（2）选择吊具固定的吊钩，其必须有足够的负载强度，严禁超标使用。

（3）吊装区域下严禁有人。起吊过程严格遵守起重工作业安全规定。

（4）起吊的吊持角度：拉紧后的吊索间夹角要小于120°，建议为90°，吊起的物体绑扎要牢固。

（5）起吊曳引机等重型设备时，当设备离地5～15 mm后，应静置1～2 min，无任何滑移、松脱现象方可进行下一步操作。

（6）临时离开、停止起吊作业时，起吊的设备不得悬在空中，必须采取适当措施支撑。

（7）起吊钢丝绳扎头只允许两根同规格钢丝绳轧在一起，严禁三根或不同规格钢丝绳轧制。绳轧头必须符合轧制规范。

（8）起吊曳引机、轿厢、自动扶梯等，必须在规定部位使用吊环起吊。

（9）落下轿厢、对重架时，需要用钢丝绳保护，防止其落下倾翻。

6. 机房作业安全规程

（1）安装电梯时，电源进入电梯机房，必须通知所有有关人员。机房里起重吊钩应用红漆标明允许最大起吊吨位。

（2）进入机房检修时，必须先切断电源，并挂有“有人工作，切勿合闸”警告牌。

（3）机房内各预留孔，必须用板和其他物件盖好，防止机器零件、工具、杂物掉入孔中发生坠落、伤人事故，对于已装好的电梯，当维修人员从这些孔洞探视井道时，也应预防钢笔、螺丝刀等器具落入井道。

（4）在控制屏上临时短接门锁检查电路时，应有两人监护，一旦故障排除后，应立即拆除短接线。严禁厅门、轿门同时短接。

（5）清理校对控制屏，一般不准带电操作，凡不能停电必须带电清理时，须用在铁皮口处包扎橡皮的干燥漆刷清理，不得用金属构件接触带电部位，更不准用回丝或手清理。

（6）用盘车手轮（飞轮）转动机器时，须先将总电源切断并有两人以上同时操作，将手轮挟持好，以防轿厢与对重不平衡而意外转动，待另一人将刹车张开后，立即盘车，盘毕后须先抱紧刹车，然后松手轮。

7. 井道作业安全规程

（1）井道施工时，必须戴好安全帽，穿绝缘鞋。登高作业应系好安全带，工具要放在工具袋内，大工具要用保险绳扎好妥善放置。

(2) 进入井道及在 2 m 以上的高空作业时，应佩戴安全带，并确认安全可靠。在厅门口作业时，也应佩戴安全带。

(3) 井道内应有足够的照明，施工照明必须使用 36 V 以下的低压安全灯，严禁使用 220 V 高压照明，线路插头、插头座绝缘层均不得破损、漏电。

(4) 在井道改装和拆卸井道导轨及大型工件时，必须搭建脚手架，脚手架须先经安装脚手架者出示验收合格报告后，再经工地负责人检查验收，确认安全牢固才能使用。

(5) 井道脚手架在使用期间，应经常检查施工点，因脚手架妨碍其余工作需临时拆卸后，应及时修复，严禁虚搁、浮放等现象。

(6) 脚手架拆除前，应先拆除临时电气线路，然后从上至下逐层拆除，事先应通知有关人员，并发出警告，避免伤人。

(7) 在井道作业时，施工人员思想必须高度集中，井道上下应密切联系，严禁上下抛投物件及工具。

(8) 在井道装调或换导轨时，必须有可靠的安全引吊设备，以防导轨坠落。

(9) 在脚手架上从事电焊、气焊时，应首先清理回丝、油类、化纤、塑料等易燃、易爆品，要避开电线，备有必需的灭火器材，乙炔发生器、氧气瓶和焊枪均应按规定放置，严禁无证人员乱拿乱用，操作时要戴皮手套，以防触电；工作完毕后，要严格检查现场，熄灭一切火种。

(10) 进入底坑时，必须先断开底坑急停安全开关，若底坑较深，应备有梯子上下。底坑照明应为 36 V 安全电压。

(11) 底坑工作人员须戴安全帽，井道内装吊工件时，底坑人员必须停止工作。人离开底坑后，才可以接通底坑急停开关、关闭厅门。

8. 轿厢作业安全规程

(1) 进出轿厢、轿顶须思想集中，看清轿厢的具体位置，严禁电梯外门一打开就进去，以防踏空下坠，在电梯未停妥之前，严禁从轿内或轿顶跳进、跳出。

(2) 在施工中严禁骑跨作业。严禁跨站在轿厢、层站之间或轿顶与井道构件间去触动电钮或手柄开关，以防轿厢移动发生意外。

(3) 进入轿顶，须先断开轿顶急停开关且置轿顶为检修状态；离开轿厢、轿顶后，必须关好厅门、轿门。

(4) 在轿顶开车时，应密切注意周围环境，由专人下达正确的口令，开动前，轿顶人员要站在安全位置，不得将头和肢体伸出轿顶边缘，严禁依靠、手扶轿顶轮等运动部件。

(5) 轿顶作业时，严禁踩踏门机、接线盒等电气部件。

(6) 在电梯即将到达最高、底层时，要注意观察，随时准备采取措施，避免开慢车冲顶或蹲底。

(7) 调整、修理对重架或轿厢时，如需吊起轿厢，须用钢丝绳绕挂在机房牢固处，然后挂上手动葫芦，钢丝绳接头处不得将 3 根钢丝绳扎在一起，绳夹头至少要用 3 只以上 U 字头夹牢；手动葫芦起吊吨位须大于轿厢重量；截断曳引钢丝绳时，严禁一次完成，应分两次截断。

9. 自动扶梯作业安全规程

（1）自动扶梯骨架吊装就位时，应采取严密的安全措施，起吊时，应有专人统一指挥，防止意外事故发生。

（2）安装或修理时，应在两侧搭设脚手架。脚手架应与扶梯骨架呈斜坡阶梯状，并搭设防护栏杆，必要时脚手架下应装安全网，经检查合格，安全牢固后才能使用。

（3）安装钢化玻璃时，要轻搬、轻放，防止碰撞，压紧时防止用力过猛，以免压碎玻璃伤人。

（4）在通电试运行前，要先将扶梯内的各物件清理干净，给各润滑部位加油，并清理梯级，应有专人负责电气开关。停止运转后，应立即关掉或拔去插头，在施工中应关闸挂牌，以防运转伤人。

（5）进行断续开车试运转时，如果发现异常声音及碰擦，应立即停车检查并进行调整。

三、电梯安装施工现场准备

电梯安装施工现场准备工作主要有以下几个方面：

1. 施工作业场地环境的准备

（1）机房有正常的进出通道，机房井道的顶部应设有合适、安全的吊钩。

（2）机房无漏水，应设有门窗，防止雨水飘淋设备。门应能上锁封闭。

（3）有安全的可以到达层站的通道。层站门洞应封闭。封闭的栏杆高度不小于 1.2 m，最好使用门板完全封闭。

（4）层站门洞须设有防止异物滚落的防尘板。

（5）井道底坑无堆积的建筑垃圾，无积水。

（6）井道尺寸符合设计要求。

（7）井道内无突出的钢筋、水泥，无其他管线（水管、气管、下水管线等）。

2. 施工库房的准备

电梯安装现场一般需要设置库房，库房设置一般有如下要求：

（1）库房应设置在可以避免日晒雨淋的建筑物内或棚架内。

（2）库房应有较好的防潮能力。

（3）库房应离施工场地近，方便取用材料。

（4）库房应有良好的货物进出通道。

（5）库房最好能封闭，防止物品丢失、被盗，最好能有专人看管。

（6）库房应设有灭火器，有良好的照明。

（7）库房内应设有不同区域，易燃易爆物品应按规定单独妥善存放。

3. 施工电源的准备

电梯施工电源一般由甲方（使用方）或建筑方按要求提供。

（1）电梯电源应从总电源（变电站）单独供电，并有足够的容量。线路上不得有其他用电装置，最好是三相五线制供电。

（2）施工工地电源应有单独的控制柜（箱），设有开关，并有良好接地。

（3）施工中需提供 380 V、220 V 电源。

(4) 井道内照明最好提供 36 V 安全电压照明。照度不低于 200 lx。

(5) 施工现场的临时电线，应设有单独的紧急断电装置，并按规定正确防止漏电。

四、电梯安装施工常用工具和量具

电梯安装施工常用工具主要分为起重类工具、零件加工工具、钳工工具、电工工具、安装与检测工具等。这些工具需要保证完好、安全。每次取用前、回收后，均需仔细检查，防止工具存在问题而产生伤害。电梯安装常用工具见表 1－1－2。

表 1－1－2　电梯安装常用工具

1. 起重类工具		
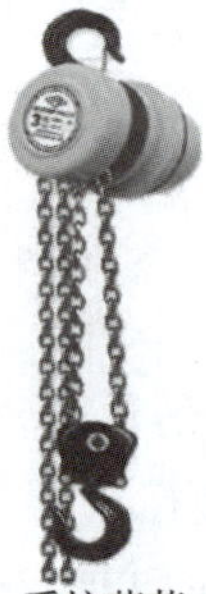 手拉葫芦	 液压千斤顶	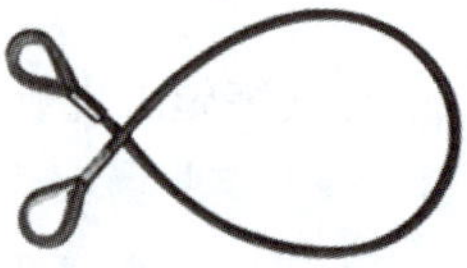 吊装钢丝绳
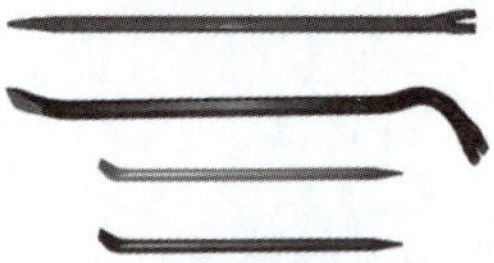 钢撬棍	 钢丝绳轧头	 索具卸扣
2. 零件加工工具		
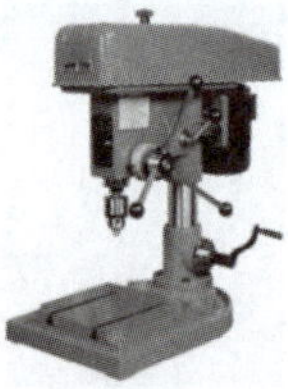 台钻	 砂轮锯	 手电钻
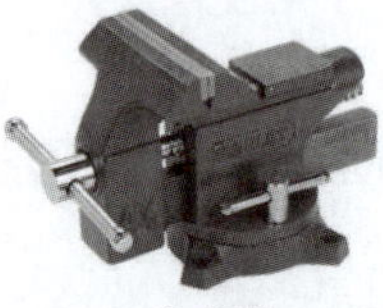 台虎钳	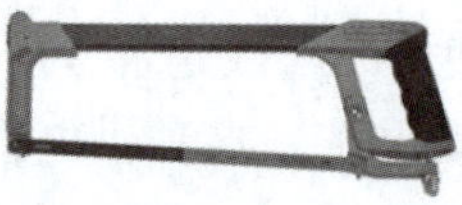 钢锯	 便携电焊机

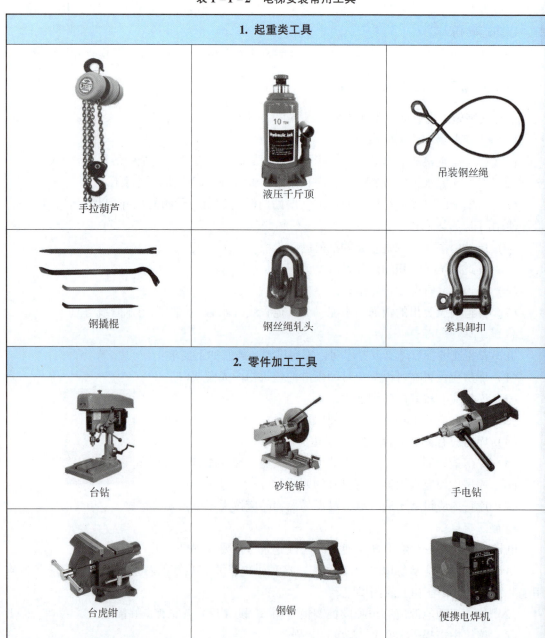

续表

2. 零件加工工具		
 整形锉		
3. 钳工工具		
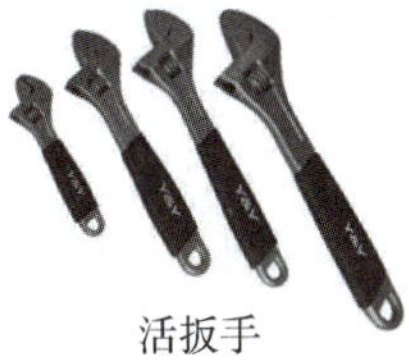 活扳手	 内六角扳手	 锉刀
 中心冲	 钢錾	 划线规
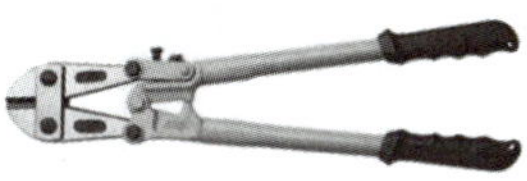 断线钳	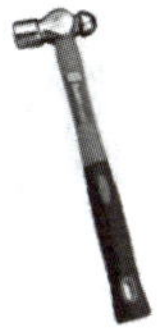 榔头	
4. 电工工具		
 剥线钳	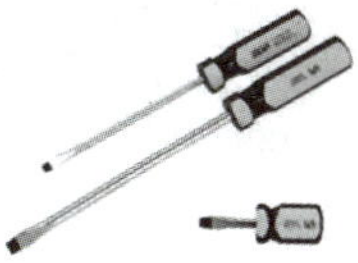 螺丝刀	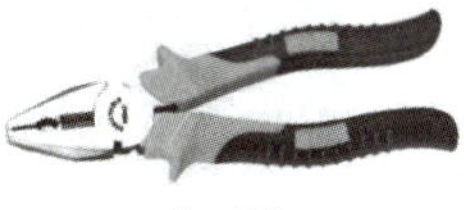 电工钳
 电工刀	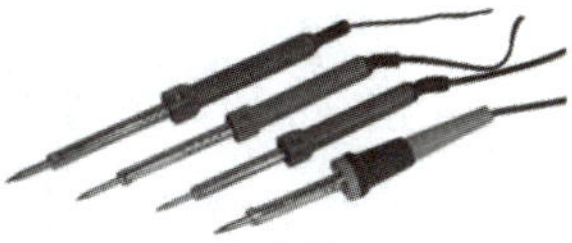 电烙铁	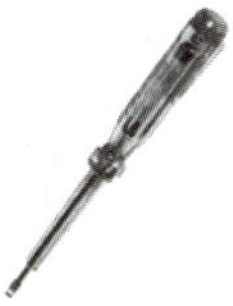 验电笔

续表

4. 电工工具		
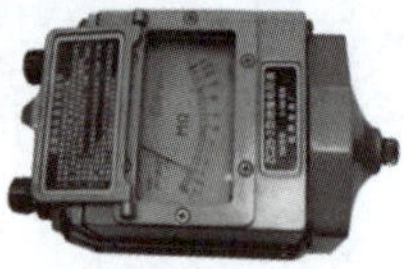 兆欧表	 万用表	 钳形表
5. 安装与检测工具		
 钢卷尺	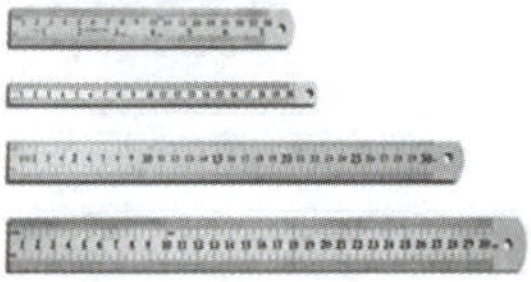 钢直尺	 塞尺
 水平尺	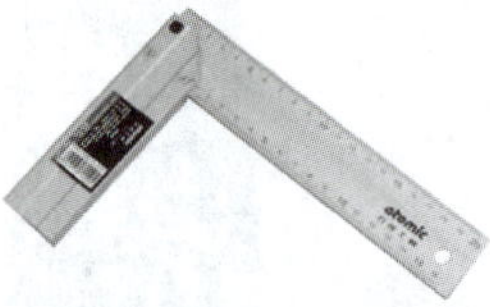 直角尺	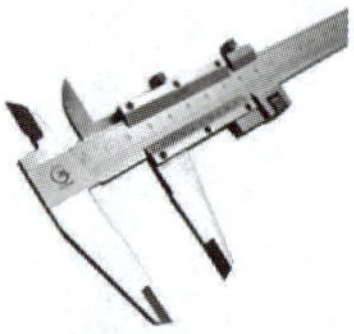 游标卡尺
 导轨垂直度检测仪	 导轨定位尺	 测力计
 钢丝	 线坠	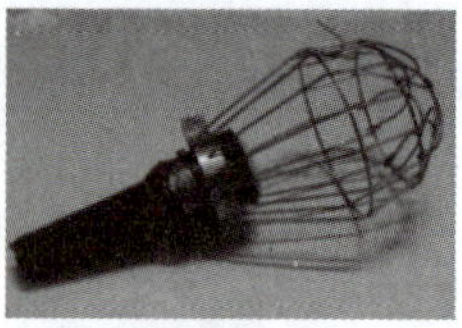 手提行灯
 墨斗	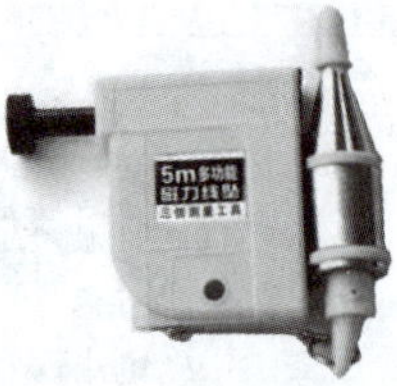 磁力线坠	 对讲机

五、电梯井道勘测

电梯井道的勘测一般在电梯安装施工队进驻现场前进行，主要由甲、乙双方对施工完成的井道状况按照合同签订的图纸尺寸进行复验。对井道中不能满足安装要求的情况，需要建筑物施工方进行整改，当出现无法整改的情况时，可以经双方协商进行修改合同或更改设计方案来解决。任何与原设计或协议不符的修改，均需有甲方代表同意的签字。同时，在井道勘测后，还需要甲方提供各楼层的施工标高线。上述勘测结果需记录在土建验收的记录表上，双方签字作为电梯安装验收的基础文件之一。

井道勘测的主要内容有：

（1）核对测量井道的宽度、深度、垂直度、底坑深度、顶层高度，并做好记录。

（2）核对厅门洞的位置及尺寸。

（3）核对机房的位置、形式、尺寸及与井道的位置关系，核对地板的承载能力，核对各种预留孔的位置和尺寸。

（4）核对引入机房电源线的位置和容量。确定电源柜的安装位置。

（5）对由建筑施工方预埋件的位置、尺寸进行检测。主要是检测承重梁的安装预埋是否符合要求，井道预埋件是否符合要求，起重吊钩的位置与承载能力是否符合要求。

（6）检查井道内是否有不符合要求的异常突起或突出井道壁的钢筋等杂物。底坑地面强度能否满足缓冲器的安装。

勘测复核应做好记录，双方共同确认签字交接。对于不合格的项目，应要求甲方在施工开始前完成整改，并再次检测确认。

【任务实施】

班级		姓名		学号	
工号		日期		评价分数	

具体工作步骤及要求见表 1－1－3。

表 1－1－3　具体工作步骤及要求

序号	工作步骤	要求	学时	备注
1	识读任务书	能快速明确任务要求并清晰表达，在教师要求的时间内完成	0.25	
2	明确学习目标与方法	能够选择完成任务需要的方法，并进行时间和工作场所安排，掌握相关理论知识	0.5	
3	完成学习，填写任务工单	认真、准确填写任务工单	1	
4	评价		0.25	

一、工作过程及学习任务工单

(1) 组建电梯安装施工小组。

学生按照电梯安装施工人员情况分组，并填写表1-1-4。

表1-1-4 施工人员情况

人员	姓名	职责
安装队长		
安全员		
技术支持		
工具员		
作业人员		

(2) 熟悉电梯安装岗前的安全培训及安全规范，并自主模拟培训过程。

____

____

____

(3) 了解电梯安装施工现场需要准备哪些场地，并在实训室模拟规划用地。

____

____

(4) 填写电梯安装作业人员配置、资格情况于表1-1-5中。

表1-1-5 电梯安装作业人员配置、资格情况

序号	作业人员工种	资格要求	资质
1	技术员		
2	班组长		
3	安装工		
4	焊工		
5	起重工		
6	架子工		
7	起重机司机		
8	汽车司机		

（5）填写电梯安装作业人员职责分工和权限于表1－1－6中。

表1－1－6　电梯安装作业人员职责分工和权限

序号	岗位名称	职责分工和权限
1	技术员	
2	班组长	
3	作业人员	
4	质检人员	
5	安检人员	

（6）填写工具名称和作用于表1－1－7中。

表1－1－7　工具名称和作用

序号	图示	名称及作用
1	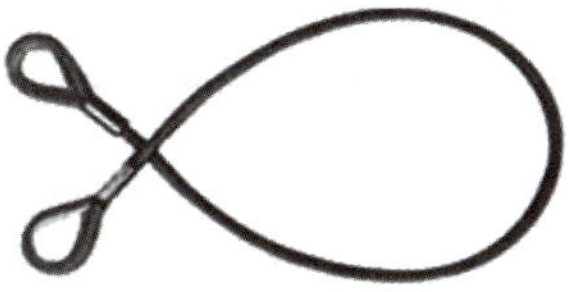	名称______ 作用______ ______
2	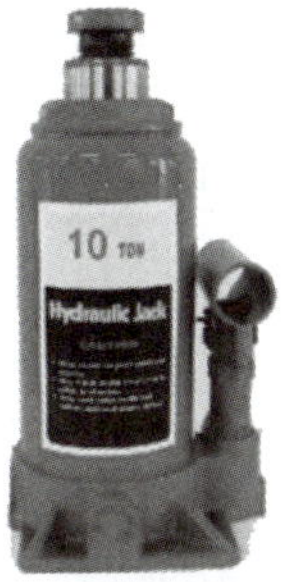	名称______ 作用______ ______
3		名称______ 作用______ ______
4		名称______ 作用______ ______

续表

序号	图示	名称及作用
5		名称＿＿＿＿＿＿＿＿ 作用＿＿＿＿＿＿＿＿ ＿＿＿＿＿＿＿＿＿＿

（7）请确保安全，并由教师带领到电梯井道进行勘测。

＿＿＿＿＿＿＿＿＿＿＿＿＿＿＿＿＿＿＿＿＿＿＿＿＿＿＿＿＿＿

＿＿＿＿＿＿＿＿＿＿＿＿＿＿＿＿＿＿＿＿＿＿＿＿＿＿＿＿＿＿

二、总结与评价

根据评价表内容客观、公正地进行评价（表1－1－8）。

表1－1－8　评价表

<table>
<tr><td>班级</td><td></td><td>姓名</td><td></td><td>学号</td><td colspan="4"></td></tr>
<tr><td>评价指标</td><td colspan="3">评价内容</td><td>分数</td><td>学生自评</td><td>小组互评</td><td>教师评定</td><td>企业导师评定</td></tr>
<tr><td>信息检索</td><td colspan="3">能有效利用网络、图书资源、工作手册查找有用的相关信息等；能用自己的语言有条理地去解释、表述所学知识；能将查到的信息有效地传递到工作中</td><td>5</td><td></td><td></td><td></td><td></td></tr>
<tr><td>感知工作</td><td colspan="3">熟悉工作岗位，认同工作价值；在工作中能获得满足感</td><td>5</td><td></td><td></td><td></td><td></td></tr>
<tr><td rowspan="2">参与态度</td><td colspan="3">积极主动参与工作，能吃苦耐劳，崇尚劳动光荣、技能宝贵；与教师、同学之间相互尊重、理解、平等；与教师、同学之间能够保持多向、丰富、适宜的信息交流</td><td>5</td><td></td><td></td><td></td><td></td></tr>
<tr><td colspan="3">探究式学习、自主学习不流于形式，处理好合作学习和独立思考的关系，做到有效学习；能提出有意义的问题或能发表个人见解；能按要求正确操作；能够倾听别人意见、协作共享</td><td>5</td><td></td><td></td><td></td><td></td></tr>
<tr><td>学习方法</td><td colspan="3">学习方法得体，有工作计划；操作技能符合规范要求；能按要求正确操作；获得了进一步学习的能力</td><td>5</td><td></td><td></td><td></td><td></td></tr>
</table>

续表

<table>
<tr><td>班级</td><td colspan="2"></td><td>姓名</td><td></td><td>学号</td><td colspan="4"></td></tr>
<tr><td>评价指标</td><td colspan="4">评价内容</td><td>分数</td><td>学生自评</td><td>小组互评</td><td>教师评定</td><td>企业导师评定</td></tr>
<tr><td>学习过程</td><td colspan="4">遵守管理规程，操作过程符合现场管理要求；平时上课的出勤情况和每天完成工种任务情况良好；善于多角度分析问题，能主动发现、提出有价值的问题</td><td>5</td><td></td><td></td><td></td><td></td></tr>
<tr><td>思维态度</td><td colspan="4">能发现问题、提出问题、分析问题、解决问题、创新问题</td><td>5</td><td></td><td></td><td></td><td></td></tr>
<tr><td>知识、技能、思政</td><td colspan="4">完成知识目标、技能目标与思政目标的要求</td><td>55</td><td></td><td></td><td></td><td></td></tr>
<tr><td>自评反馈</td><td colspan="4">按时按质完成工作任务；较好地掌握了专业知识点；具有较强的信息分析能力和理解能力；具有较为全面、严谨的思维能力，并能条理清楚、明晰表达成文</td><td>10</td><td></td><td></td><td></td><td></td></tr>
<tr><td colspan="6">分数</td><td></td><td></td><td></td><td></td></tr>
<tr><td colspan="10">学生自评（25%）+小组互评（25%）+教师评定（25%）+企业导师评定（25%）=</td></tr>
<tr><td>总结、反馈、建议</td><td colspan="9"></td></tr>
</table>

【任务小结】

电梯安装是由施工小组共同完成的。电梯安装施工小组一般由 3～4 名固定成员组成，固定成员中至少需要一位电梯安装维修高级工或技师全面负责电梯安装各项技术支持。其他技术人员可以根据安装需要临时聘请参与，临聘人员包括起重工、架子工、木工、泥工、焊工等。小组一般设有专门的安装负责人、安全监督员、工具及库管员等。

安装电梯必须操作规范、符合质量要求。《特种设备安全监察条例》、GB 7588—2003《电梯制造与安装安全规范》、GB 50310—2002《电梯工程施工质量验收规范》对电梯安装作业的安全、安装规范和技术标准做了规定。吊装作业、机房作业、轿厢作业、井道作业等，都必须按照规定操作。要保证安装电梯时的施工安全，还需要对施工现场的危险因素有所了解，并有足够的控制措施。

电梯安装施工现场准备工作主要有施工作业现场环境准备、施工库房准备、施工电源准备和施工工具、量具的准备等，每项准备工作都有具体的内容，在进行电梯安装前，都必须按要求做好相关的准备。

井道勘测主要是核对测量井道的宽度、深度、垂直度、底坑深度、顶层高度，核对厅门洞的位置及尺寸，核对机房的位置、形式、尺寸及与井道的位置关系，核对地板的承载能力，核对各种预留孔的位置和尺寸，核对引入机房电源线的位置和容量等。还要对由建筑施工方预埋件的位置、尺寸进行检测，确定承重梁的安装预埋是否符合要求，井道预埋件是否符合要求，起重吊钩的位置与承载能力是否符合要求，井道内是否有不符合要求的异常突起或突出井道壁的钢筋等杂物，底坑地面强度能否满足缓冲器的安装要求等。

课后习题

一、问答题

1. 一个电梯安装小组需要哪些人员？他们各自有哪些职责？
2. 进入电梯安装的场所有哪些规定？
3. 安装电梯的用电安全有哪些规定？怎样准备电梯安装的施工电源？
4. 机房作业、井道作业、轿厢作业、吊装作业的安全规程有哪些内容？
5. 井道勘测有哪些主要内容？粗测井道常用哪些方法？这些方法在什么情况下使用？

二、选择题

1. 电梯安装小组组长的资质是（　　）。

A. 助理工程师以上，持特种作业证　　B. 高级工以上，持特种作业证

C. 中级工以上，持特种作业证　　D. 初、中级工，持特种作业证

2. 下列职责和权限，属电梯安装小组中技术员的是（　　）。

A. 负责组织安排施工人力、物力

B. 做好电梯安装的质量自检和工序交接工作

C. 发生质量、安全事故立即上报

D. 对违章操作有权制止，严重者可令其停工，并及时向有关领导汇报

3. 关于电梯安装作业场所，下列说法错误的是（　　）。

A. 不能在吊物、吊臂下通过或停留

B. 经许可可以跨越正在运转的设备

C. 严禁酒后进入电梯安装作业场所

D. 中途停电，切断安装施工用电源开关后才准离岗

4. 井道作业照明应使用的电压是（　　）。

A. 380 V　　B. 220 V　　C. 127 V　　D. 36 V 或以下

5. 当进行电焊或气焊（割）工作时，氧气瓶和乙炔瓶存放距离不小于 7 m，且远离火源至少（　　）。

A. 15 m　　B. 10 m　　C. 7 m　　D. 5 m

6. 进入轿顶，须（　　）。

A. 先断开轿顶急停开关且置轿顶为检修状态

B. 先断开轿顶急停开关且置轿顶为工作状态

C. 先合上轿顶急停开关且置轿顶为检修状态

D. 先合上轿顶急停开关且置轿顶为工作状态

7. 电梯井道高度≤60 m 时，井道水平尺寸（最小净空尺寸）允许偏差为（　　）。

A. 0 ~ +25 mm　　B. 0 ~ +35 mm　　C. 0 ~ +45 mm　　D. 0 ~ +50 mm

学习任务2　搭建脚手架

【任务目标】

1. 知识目标

（1）掌握电梯安装搭建电梯脚手架的工作过程。

（2）掌握电梯脚手架安装的技术要求。

2. 技能目标

（1）能进行脚手架的搭建。

（2）能正确使用施工工具。

（3）能正确选择搭建脚手架的材料。

3. 思政目标

（1）通过任务工单的学习，树立严谨的工作态度，培养工匠精神。

（2）养成良好的职业规范，激发学生家国情怀和使命担当。

【案例引入】

如何搭建脚手架？需要什么资质？搭建脚手架对安装电梯起到什么作用？

【案例分析】

电梯安装基础准备工作完成之后，下一步进行搭建脚手架，为完成脚手架的搭建，需要做如下准备：

（1）搭设安装电梯的脚手架需要的准备工作。

（2）识读脚手架的布置图。

（3）确定搭建脚手架的方法和步骤。

【知识链接】

一、搭建脚手架施工准备

1. 脚手架的技术要求

（1）结实牢固，水平、垂直。

（2）不影响放样板线。

（3）不影响安装井道内的部件。

（4）横杆的顶头长度不得小于 50 mm。

（5）横杆的顶头要求调整杆与墙体顶紧，防止晃动。

（6）立杆高度大于 30 m 时，横杆必须伸出墙体进行加固。

（7）施工平台下方必须有安全网保护，防止坠落事故发生。

2. 脚手架的安全要求

（1）脚手架必须由持有相应有效特种作业操作证的架子工搭建和拆除。施工前进行安全技术交底，严格按有关操作规程施工。

（2）架子搭设作业人员应穿防滑鞋、悬挂安全带，并戴好安全帽，做好分工及协调配合工作。

（3）作业人员应带工具袋，操作工具应放在工具袋内，以防坠物伤人。搭设材料应随搭设速度，随用随上，以免放置不当掉落伤人。

（4）每次收工前，架上材料应使用完，不要存留在作业面上。已搭好的脚手架应形成稳定结构，不稳的要临时加固。在搭设过程中，施工的人员应避开落物的区域。

（5）严格控制搭设高度（≤24 m/段）。严禁超高搭设脚手架。

脚手架搭建的一般结构形式如图 1－2－1 所示。

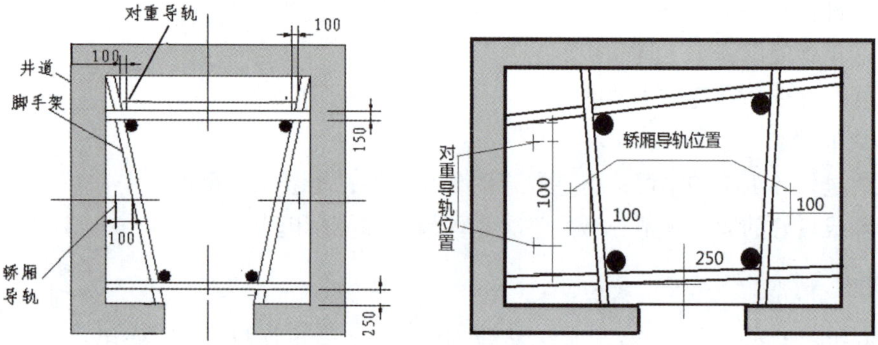

（a）　　　　（b）

图 1－2－1　脚手架结构形式

（a）对重后置式电梯；（b）对重侧置式电梯

二、脚手架安装的器材

电梯井道脚手架一般采用扣件式钢管脚手架，搭建时需用的构件主要有脚手架钢管、直角扣件、旋转扣件、钢管对接扣件、脚手架底座、脚手架板（木制、竹制、钢制），见表 1－2－1。

表 1－2－1　搭建脚手架常用器材

 脚手架钢管	 钢管对接扣件	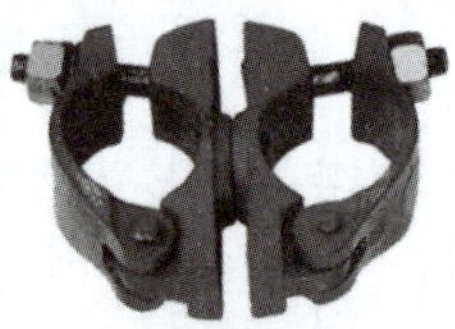 旋转扣件
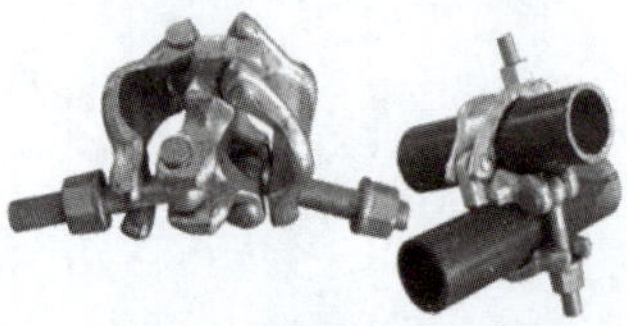 直角扣件	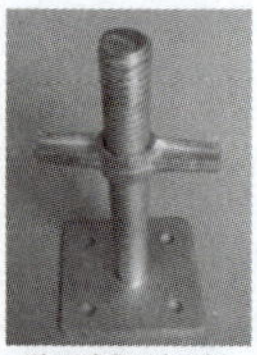 脚手架底座	 竹制脚手架板

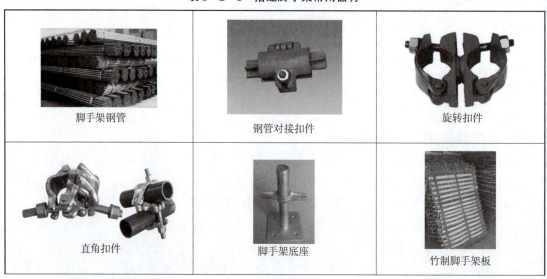

续表

 钢制脚手架板	 木制脚手架板	

1. 脚手架钢管

电梯安装用脚手架钢管常采用 $\phi48\times3.5$ 的脚手架钢管，长度 1 ~ 6 m 不等。为了防止锈蚀，表面一般涂有防锈漆。

2. 脚手架扣件

扣件是钢管与钢管之间的连接件，其形式有三种，即直角扣件、旋转扣件、对接扣件。

- 直角扣件：用于两根垂直相交钢管的连接，它依靠扣件与钢管之间的摩擦力来传递载荷。
- 旋转扣件：用于两根任意角度相交钢管的连接。
- 对接扣件：用于两根钢管对接的连接。

3. 脚手架板

脚手架板又称脚手片，在脚手架、操作架上铺设，便于工人在其上方行走、转运材料和施工作业，它是一种临时周转使用的建筑材料。脚手架板可采用钢、木、竹材料制作，单块脚手架板的质量不宜大于 30 kg。建筑施工现场常用的脚手架板有冲压钢脚手架板、木制脚手架板、竹制脚手架板（包括竹串片板、竹笆板）。

- 木制脚手架板：木制脚手架板是最常见的一种脚手架板，其材质常为杉木或松木。木制脚手架板的板厚应不小于 50 mm，板宽为 200 ~ 250 mm。其铺设方法简单、拆卸方便，使用时施工人员的脚感较好。
- 竹笆片脚手架板：常用两年以上生长期的成年毛竹或楠竹纵劈成宽度为 30 mm 的竹片编制而成。竹笆板长为 1.5 ~ 2.5 m，宽为 0.8 ~ 1.2 m。其优点为材源广、价格低廉、装拆便利，但缺点为承托杆件间距较密，容易附着建筑垃圾，强度较差，周转次数少。
- 钢板脚手架板：钢板脚手架板是常见的一种脚手架板，分为角钢脚手架板和热镀锌钢脚手架板，具有防腐蚀、防燃等优点。

三、脚手架安装相关标准对接

JGJ 166—2016《建筑施工碗扣式钢管脚手架安全技术规范》中关于脚手架的规定如下：

3.3　质量要求

3.3.1　钢管宜采用公称尺寸为 $\phi48.3$ mm × 3.5 mm 的钢管，外径允许偏差应为 ±0.5 mm，壁厚偏差不应为负偏差。

3.3.2　立杆接长，当采用外插套时，外插套管壁厚不应小于 3.5 mm；当采用内插套时，内插套管壁厚不应小于 3.0 mm。插套长度不应小于 160 mm，焊接端接入长度不应小于

60 mm，外伸长度不应小于 110 mm，插套与立杆钢管间的间隙不应大于 2.0 mm。

3.3.3　钢管弯曲度允许偏差应为 2 mm/m。

3.3.4　立杆碗扣节点间距允许偏差应为 ±1.0 mm。

3.3.5　水平杆曲板接头弧面轴心线与水平杆轴心线的垂直度允许偏差应为 1.0 mm。

3.3.6　下碗扣碗口平面与立杆轴线的垂直度允许偏差应为 1.0 mm。

9　安全管理

9.0.1　脚手架搭设和拆除人员必须经岗位作业能力培训考核合格后，方可持证上岗。

9.0.2　搭设和拆除脚手架作业应有相应的安全设施，操作人员应正确佩戴安全帽、安全带和防滑鞋。

9.0.3　脚手架作业层上的施工荷载不得超过设计允许荷载。

9.0.4　当遇六级及以上强风、浓雾、雨或雪天气时，应停止脚手架的搭设和拆除作业。凡雨、霜、雪后，上架作业应有防滑措施，并应及时清除水、冰、霜、雪。

9.0.5　夜间不宜进行脚手架搭设与拆除作业。

9.0.6　在搭设和拆除脚手架作业时，应设置安全警戒线和警戒标识，并应设专人监护，严禁非作业人员进入作业范围。

9.0.7　严禁将模板支撑架、缆风绳、混凝土输送泵管、卸料平台及大型设备的附着件等固定在双排脚手架上。

9.0.8　脚手架验收合格投入使用后，在使用过程中应定期检查，检查项目应符合下列规定：

1. 基础应无积水，基础周边应有序排水，底座和可调托撑应无松动，立杆应无悬空；
2. 基础应无明显沉降，架体应无明显变形；
3. 立杆、水平杆、斜撑杆、剪刀撑和连墙件应无缺失、松动；
4. 架体应无超载使用情况；
5. 模板支撑架监测点应完好；
6. 安全防护设施应齐全有效，无损坏缺失。

四、脚手架安装的工作过程（表 1－2－2）

表 1－2－2　脚手架安装过程

序号	安装要求和工作过程	图示
1. 准备工作	脚手架搭建前，应在井道土建施工完成并勘测合格后进行，搭建脚手架之前，必须先清理井道，井道内、井壁上的积水杂物也必须清理干净，井道的各层门洞内的积水杂物也必须清理干净，井道的各层门洞应有良好的防护，能防止杂物及人员滚入井道	

续表

序号	安装要求和工作过程	图示
2. 材料要求	电梯井道脚手架一般采用扣件式钢管脚手架，搭建时需用的构件主要有脚手架管、直角扣件、旋转扣件、对接扣件、脚手架底座、脚手架板	
3. 脚手架立管搭设要求	脚手架平台最高点位于井道顶板下 1.5～1.7 m 处为宜，以便安放样板。顶层脚手架立管最好用四根短管。拆除此短管后，余下的立管顶点在最高层牛腿下面 500 mm 处，以便在轿厢安装时拆除	
4. 脚手架平台搭设要求	脚手架立管档距以 1.4～1.7 m 为宜，为便于安装作业，铺 2/3 面积的脚手板，各层交错铺板，以降低坠落危险	
5. 脚手架固定	脚手板两端探出立管 150～200 mm，用 8 号铁丝将其与立管绑牢	
6. 脚手架布置	脚手架在井道的平面布置尺寸应结合轿厢、轿厢导轨、对重、对重导轨、层门等之间的相对位置，以及电线槽管、接线盒等的位置，在这些位置前留出适当的空隙，供吊挂铅垂线之用	
7. 脚手架验收	脚手架必须经过有关安全技术部门检查验收后，方可使用	

【任务实施】

班级		姓名		学号	
工号		日期		评价分数	

具体工作步骤及要求见表 1－2－3。

表 1－2－3 具体工作步骤及要求

序号	工作步骤	要求	学时	备注
1	识读任务书	能快速明确任务要求并清晰表达，在教师要求的时间内完成	0.25	
2	明确学习目标与方法	能够选择完成任务需要的方法，并进行时间和工作场所安排，掌握相关理论知识	0.5	
3	完成学习，填写任务工单	认真、准确填写任务工单	1	
4	评价		0.25	

一、工作过程及学习任务工单

（1）请学生自由分组，检查脚手架构件。

（2）请查阅相关规范，熟悉脚手架安装工作注意事项。

（3）分组练习，进行脚手架搭设。

（4）小组讨论，并推选一人简述脚手架搭建流程。

（5）填写下列脚手架器材名称和作用（表 1－2－4）。

表 1－2－4　脚手架器材名称和作用

序号	图示	名称及作用
1		名称________ 作用________ ________
2		名称________ 作用________ ________
3		名称________ 作用________ ________
4		名称________ 作用________ ________

二、总结与评价

请根据评价表内容客观、公正进行评价（表1－2－5）。

表1－2－5　评价表

班级		姓名		学号				
评价指标	评价内容			分数	学生自评	小组互评	教师评定	企业导师评定
信息检索	能有效利用网络、图书资源、工作手册查找有用的相关信息等；能用自己的语言有条理地去解释、表述所学知识；能将查到的信息有效地传递到工作中			5				
感知工作	熟悉工作岗位，认同工作价值；在工作中能获得满足感			5				
参与态度	积极主动参与工作，能吃苦耐劳，崇尚劳动光荣、技能宝贵；与教师、同学之间相互尊重、理解、平等；与教师、同学之间能够保持多向、丰富、适宜的信息交流			5				
	探究式学习、自主学习不流于形式，处理好合作学习和独立思考的关系，做到有效学习；能提出有意义的问题或能发表个人见解；能按要求正确操作；能够倾听别人意见、协作共享			5				
学习方法	学习方法得体，有工作计划；操作技能符合规范要求；能按要求正确操作；获得了进一步学习的能力			5				
学习过程	遵守管理规程，操作过程符合现场管理要求；平时上课的出勤情况和每天完成工种任务情况良好；善于多角度分析问题，能主动发现、提出有价值的问题			5				
思维态度	能发现问题、提出问题、分析问题、解决问题、创新问题			5				

续表

班级		姓名		学号				
评价指标	评价内容			分数	学生自评	小组互评	教师评定	企业导师评定
知识、技能、思政	完成知识目标、技能目标与思政目标的要求			55				
自评反馈	按时按质完成工作任务；较好地掌握了专业知识点；具有较强的信息分析能力和理解能力；具有较为全面、严谨的思维能力，并能条理清楚、明晰表达成文			10				
分数								
学生自评（25%）+小组互评（25%）+教师评定（25%）+企业导师评定（25%）=								
总结、反馈、建议								

【任务小结】

脚手架一般聘请具有相关资格的脚手架搭建工按施工要求进行搭设作业。

电梯井道脚手架一般采用扣件式钢管脚手架，搭设需用构件主要有脚手架钢管、直角扣件、旋转扣件、对接扣件、脚手架底座、脚手架板。

脚手架水平方向的布置需要综合考虑井道的实际尺寸、轿厢的外形尺寸、对重、对重导轨、轿厢、轿厢导轨的相对位置关系和门结构的形式及井道内其他构件（接线盒、线槽等）位置等。脚手架垂直方向设置层面需综合考虑楼层间距、施工的方便性、顶层轿厢安装平台搭设以及脚手架底部的受力稳定与整体稳定性等。

顶层轿厢安脚手架搭设前，应在井道土建施工完成并勘测合格后进行，井道的各厅门洞应有良好的防护。井道内建筑垃圾应提前清理干净。

搭建脚手架的脚手架杆、扣件、木板或竹跳板应事先通过检验并合格。使用的工具应合格并采取防止脱手坠落的措施。

施工人员必须穿戴合格的劳保用品（工作服、手套、劳保鞋、安全帽）、配备安全防护绳进入井道施工。井道内应设置“井道生命线”，提供必要的保护。井道内照明必须满足施工要求。

课后习题

一、单选题

1. 脚手架钢管弯曲度允许偏差应为（　　）。

A. 2 mm/m　　B. 3 mm/m　　C. 4 mm/m　　D. 5 mm/m

2. 脚手架立杆接长当采用外插套时，外插套管壁厚不应小于（　　）。

A. 2.0 mm　　B. 2.5 mm　　C. 3.0 mm　　D. 3.5 mm

3. 以下脚手架立管档距相对合理的是（　　）。

A. 0.5 m　　B. 1.0 m　　C. 1.5 m　　D. 2.0 m

二、判断题

1. 只要会搭设和拆除脚手架，任何人都可以施工，不需要考核。（　　）

2. 可以将模板支撑架、缆风绳、混凝土输送泵管卸料平台及大型设备的附着件等固定在双排脚手架上。（　　）

3. 夜间不宜进行脚手架搭设与拆除作业。（　　）

4. 脚手架必须经过有关安全技术部门检查验收后，方可使用。（　　）

学习任务3　样板架与放线

【任务目标】

1. 知识目标

（1）掌握样板架的制作和放线的工作流程。

（2）掌握电梯施工规范与标准。

项目一
样板架的
制作与放线

2. 技能目标

（1）能正确完成样板架的制作和放线。

（2）能正确识读样板架图纸。

（3）能进行样板架定位与安置。

3. 思政目标

（1）通过任务工单的学习，树立合作意识、安全意识，培养交流沟通能力。

（2）培养学生爱党、爱国、遵纪守法；坚定理想信念；增长知识、见识。

【案例引入】

某同学咨询教师：样板架是什么意思？有什么作用？

【案例分析】

搭建好脚手架之后，下一步工作就是进行放样和放线，通过本任务的学习，掌握以下技能：

（1）样板架与放线在电梯安装时的作用。

（2）样板架的制作要求。

（3）识读样板架图纸。

（4）样板架验收要求。

【知识链接】

一、样板架及放线的作用

电梯安装中，样板架的制作安装是电梯安装中最重要的一项工作，是电梯安装定位的基础。其主要作用是确定电梯井道安装垂线基准，确定井道各部件安装尺寸、位置是否在允许的公差范围内。对于搭建脚手架进行电梯安装的施工，样板架制作一般在脚手架搭建完成后进行。

在样板架对应位置准确悬挂铅垂线是放样与放线工作的最终目标。通过样板架对应位置的放线，可确定电梯厅门、轿厢对重等部件安装的位置关系及基准。

二、样板架的制作要求

（1）样板架必须制作得精准、结实，并符合布置的尺寸要求。样板架应选用无节疤不易变形、经过烘干处理的木料，并且应该四面刨光、平直方正。当提升高度增加时，木材厚度也应增大。

（2）一般情况下，顶部和底部各设置一个样板架。但在安装基准线时，由于环境影响可能发生偏移和建筑有较大日照变形的情况下，应增加一个或一个以上中间样板架。

（3）样板架上必须用清晰的文字注明轿厢中心线、对重中心线、层门和轿门中心线、层门和轿门口净宽、导轨中心线等名称。

三、样板架图纸绘制

样板架尺寸需要反映电梯安装中各主要部件相互位置关系尺寸。其中主要有：轿厢与层门相互位置关系尺寸，轿厢中心与层门中心距，轿厢中心与对重中心距、偏距。轿厢与导轨位置由轿厢导轨间距确定，对重与导轨位置由对重导轨间距确定，如图 1－3－1 和图 1－3－2 所示。

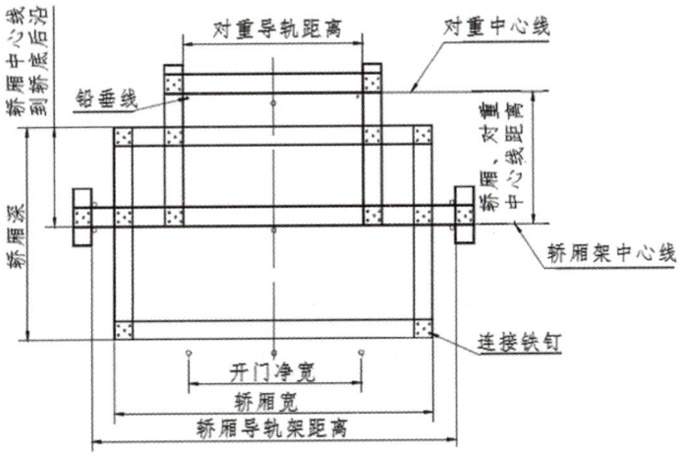

图 1－3－1　对重后置式电梯安装样板架尺寸

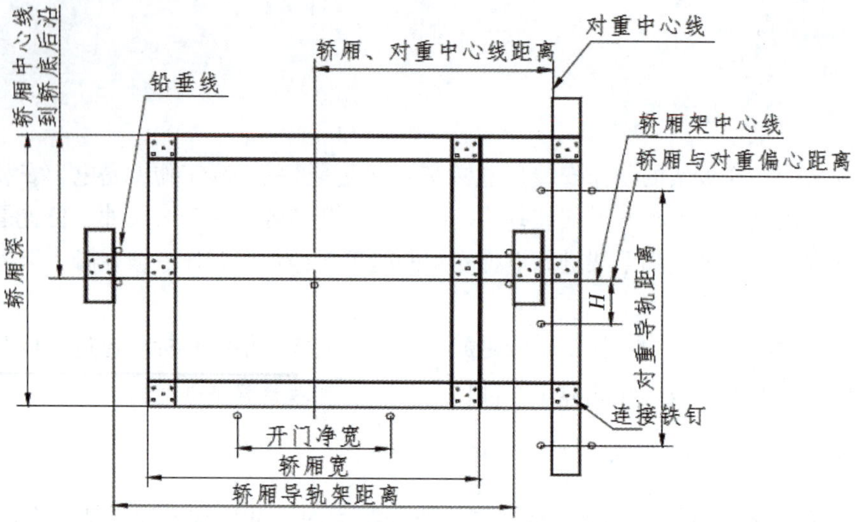

图 1-3-2　对重侧置式电梯安装样板架尺寸

四、样板架验收要求

(1) 样板架水平偏差不大于 3/1 000。

(2) 样板架应牢固准确，制作样板架时，样板架托架的木质、强度必须符合规定要求，保证样板架不会发生变形或坍塌。

(3) 放样板架时，井道上下作业人员应保持联络畅通。

(4) 底坑配合人员应在放样人员允许下才可进入底坑，并保持联系。放样板线时，钢丝上临时所栓重物不得过大，必须捆扎牢靠，放线时下方不得站人。

(5) 基准线尺寸必须符合图样要求，各线偏差不应大于 ±0.3 mm，基准线必须保证垂直。

五、样板架制作标准对接

(一) 井道防线

施工顺序脚手架搭设→样板架制作安装→测量井道，确定标准线→样板就位，挂基准线。

(二) 样板架制作安装

(1) 一般用硬木料制作样板架样板。在潮湿地区的高层建筑中，为防止木材变形而导致尺寸误差，应采用钢板焊制样板架。

(2) 用木料制作样板时，制作样板的木料应干燥、不变形且四周刨平成直角，制作完毕后，将废弃边角余料统一收集处理。样板木料规格见表 1-3-1。

表 1-3-1　样板木料规格

电梯提升高度/m	宽度不小于/mm	厚度/mm
≤20	80	40
>20、<60	100	50
>30	100	60

六、样板架安装流程（表1-3-2）

表1-3-2 样板架安装过程

序号	安装要求和工作过程	图示
1. 材料准备	根据样图，进行样板架材料加工及辅料准备	
2. 制作样板架及关键尺寸标注	标出轿厢、对重导轨中心线、门中心线、净开门宽度线及各放线点位置	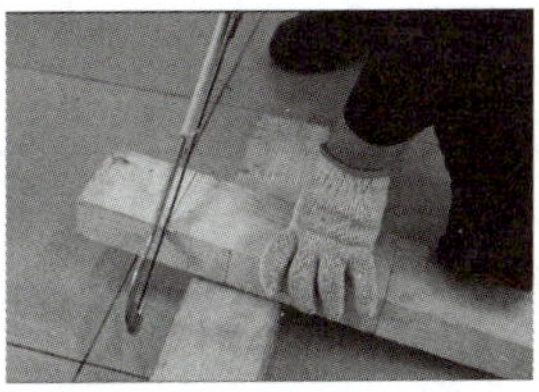
3. 样板架初步固定及样线放置	吊挂铅垂线各点位置上，用薄锯条锯成斜口，其旁钉一钢钉，将悬挂线嵌入斜口，防止移位	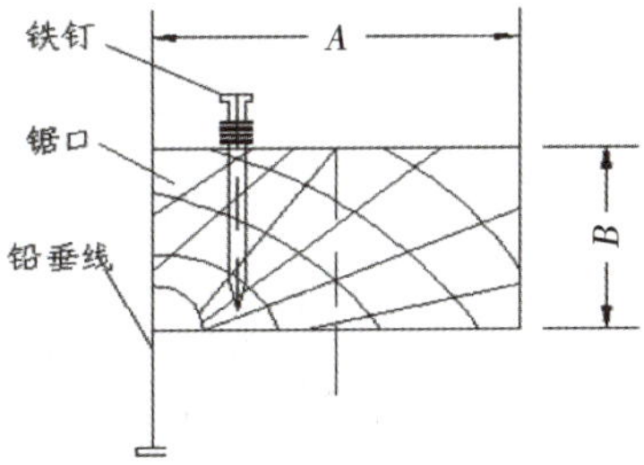
4. 脚手架平台搭设要求	校验井道、机房、层门口土建尺寸，根据样板架铅垂线在井道的位置测出的尺寸，偏差较大时，重新调整样板架位置，必要时可做修正处理，以保证电梯部件的安装位置合理	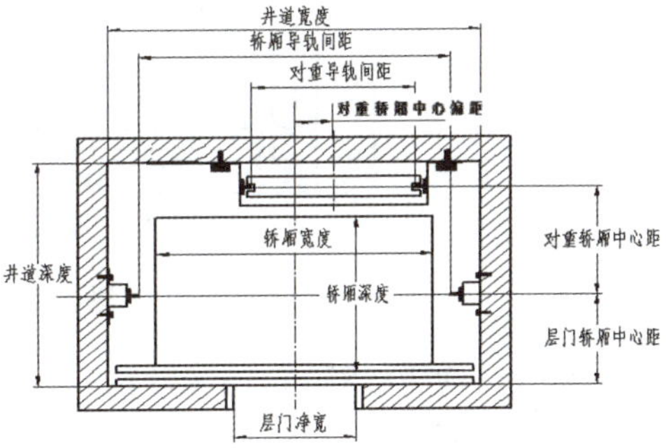

【任务实施】

班级		姓名		学号	
工号		日期		评价分数	

具体工作步骤及要求见表 1 -3 -3。

表 1 -3 -3　具体工作步骤及要求

序号	工作步骤	要求	学时	备注
1	识读任务书	能快速明确任务要求并清晰表达，在教师要求的时间内完成	0. 25	
2	明确学习目标与方法	能够选择完成任务需要的方法，并进行时间和工作场所安排，掌握相关理论知识	0. 5	
3	完成学习，填写任务工单	认真、准确填写任务工单	1	
4	评价		0. 25	

一、工作过程及学习任务工单

（1）同学自由分组，根据图 1 -3 -3 与给定尺寸制造样板架。

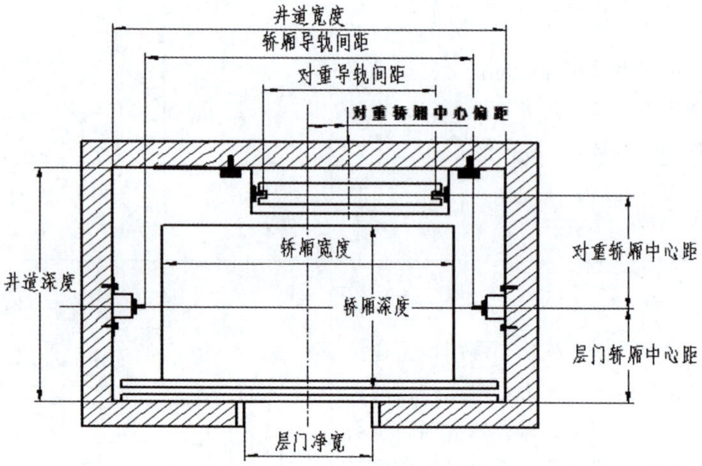

图 1 -3 -3　脚手架尺寸

对重导轨间距：850 mm；

轿厢导轨间距：1 590 mm；

层门净宽：800 mm；

层门中心与轿厢中心距：800 mm；

对重中心与轿厢中心距：930 mm；

对重中心与轿厢中心偏距：200 mm；

轿厢尺寸（宽 × 深）：1 450 mm × 1 350 mm；

井道尺寸（宽 × 深）：2 000 mm × 2 000 mm。

（2）简述样板架制造好后如何定位与放置。

（3）分组讨论，并选代表简述放线与检测的步骤。

（4）谈谈样板架制作流程与注意事项。

（5）扫描二维码观看配套教学视频，学习完成后，请谈谈感想与收获。

（6）看图并查找资料填写图 1－3－4～图 1－3－6 样板架与对重的相互关系。

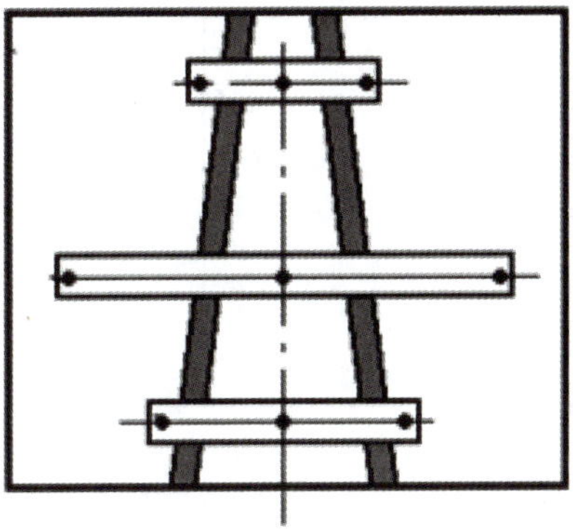

图 1－3－4（　　　　）

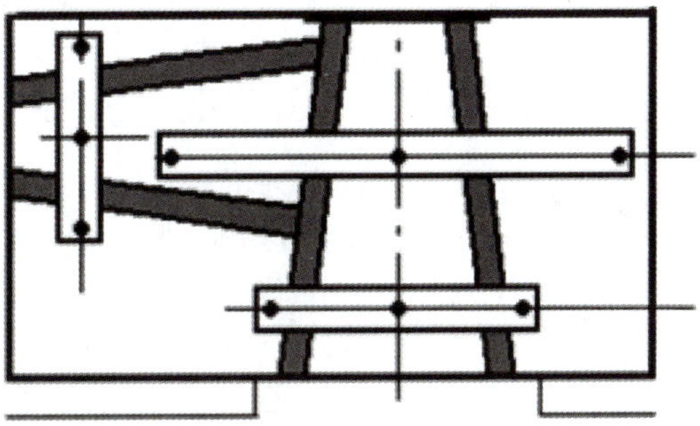

图 1－3－5（　　　　）

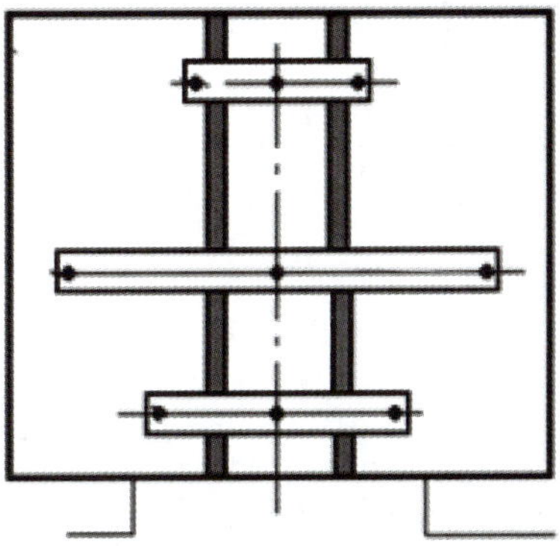

图 1－3－6（　　　　）

二、总结与评价

请根据评价表内容客观、公正进行评价（表 1－3－4）。

表 1－3－4　评价表

班级		姓名		学号				
评价指标	评价内容			分数	学生自评	小组互评	教师评定	企业导师评定
信息检索	能有效利用网络、图书资源、工作手册查找有用的相关信息等；能用自己的语言有条理地去解释、表述所学知识；能将查到的信息有效地传递到工作中			5				
感知工作	熟悉工作岗位，认同工作价值；在工作中能获得满足感			5				
参与态度	积极主动参与工作，能吃苦耐劳，崇尚劳动光荣、技能宝贵；与教师、同学之间相互尊重、理解、平等；与教师、同学之间能够保持多向、丰富、适宜的信息交流			5				
	探究式学习、自主学习不流于形式，处理好合作学习和独立思考的关系，做到有效学习；能提出有意义的问题或能发表个人见解；能按要求正确操作；能够倾听别人意见、协作共享			5				
学习方法	学习方法得体，有工作计划；操作技能符合规范要求；能按要求正确操作；获得了进一步学习的能力			5				
学习过程	遵守管理规程，操作过程符合现场管理要求；平时上课的出勤情况和每天完成工种任务情况良好；善于多角度分析问题，能主动发现、提出有价值的问题			5				
思维态度	能发现问题、提出问题、分析问题、解决问题、创新问题			5				

续表

班级		姓名		学号				
评价指标	评价内容			分数	学生自评	小组互评	教师评定	企业导师评定
知识、技能、思政	完成知识目标、技能目标与思政目标的要求			55 分				
自评反馈	按时按质完成工作任务；较好地掌握了专业知识点；具有较强的信息分析能力和理解能力；具有较为全面、严谨的思维能力，并能条理清楚、明晰表达成文			10				
分数								
学生自评（25%）+ 小组互评（25%）+ 教师评定（25%）+ 企业导师评定（25%）=								
总结、反馈、建议								

【任务小结】

电梯安装中样板架的主要作用是确定电梯井道安装垂线基准，确定井道各部件安装尺寸、位置，样板架安置一般在脚手架搭建完成后进行。样板架尺寸需要反映电梯安装中各主要部件相互位置关系尺寸，其中主要有：轿厢与厅门相互位置关系尺寸；轿厢中心与厅门中心距；轿厢中心与对重中心距、偏距等。轿厢与导轨位置由轿厢导轨间距确定，对重与导轨位置由对重导轨间距确定。这些距离和间距都与井道的宽度、深度，厅门净宽度，导轨端面间距，轿厢宽度、深度，轿厢中心位置，对重中心位置，厅门中心位置等有密切关系。

定位和放置厅门样板时，必须使其纵向（井道深度方向）位置能满足电梯每个层站厅门地坎、厅门上坎架和门套的安装尺寸要求；对重后置式电梯的对重架不能离井道后壁太远，也不能太近，以免造成对重导轨支架制作困难；同时，还应使其横向（井道宽度方向）位置必须满足所有厅门均能保持正常开启。

定位和放置轿厢导轨样板时，必须与厅门样板平行，轿厢中心与厅门中心距离必须符合安装规定要求。

定位和放置对重导轨样板时，对重后样板必须与厅门样板平行，对重中心与厅门中心距离必须符合安装规定要求。

放线可确定电梯厅门、轿厢对重等部件安装的位置关系及基准，其中，厅门净宽基准线、轿用导轨基准线、对重导轨基准线是电梯安装与检测的基准线。放线检测工作是对样板架设置及放线工作质量的全面校核。检测的主要工作有样板架工作台检测和放线定位时位置检测等。

课后习题

一、单选题

1. 样板架上的样板线可以指导（　　）的安装。

A. 轿厢导轨安装基准　　B. 缓冲器安装基准

C. 对重框安装基准　　D. 主机安装基准

2. 样板水平偏差不大于（　　）。

A. 3/100　　B. 3/1 000　　C. 1/100　　D. 1/1 000

3. 基准线尺寸必须符合图样要求，各线偏差不应大于（　　），基准线必须保证垂直。

A. ±0.2 mm　　B. ±0.3 mm　　C. ±0.4 mm　　D. ±0.5 mm

二、判断题

1. 电梯安装教师傅可以根据经验判断安装位置，为了提高效率，可以不放置样板架。（　　）

2. 放样板线时，底坑应站人来指挥放线人。（　　）

3. 一般情况下，顶部和底部各设置一个样板架。但在安装基准线时，由于环境影响，在可能发生偏移和建筑有较大日照变形的情况下，应增加一个或一个以上中间样板架。（　　）

4. 放样板架时，井道上下作业人员应保持联络畅通。（　　）

大国工匠英雄谱之一

为火箭焊接“心脏”的人——高凤林

焊接技术千变万化，为火箭发动机焊接，就更不是一般人能胜任的了。30 多年来，高凤林就是一个为火箭焊接“心脏”的人。高凤林先后参与“北斗”导航、“嫦娥探月”、载人航天等国家重点工程以及“长征五号”新一代运载火箭的研制工作，他攻克了火箭发动机喷管焊接技术世界级难关，出色地完成了亚洲最大的全箭振动试验塔的焊接攻关、修复苏联制“图－154”飞机发动机，还被丁肇中教授亲点，成功解决了反物质探测器项目难题。

项目二

电梯导轨的安装与调整

项目任务书

【项目描述】

电梯的导轨是轿厢和对重运行的轨道，为轿厢和对重垂直方向运动时导向，限制轿厢和对重在水平方向的移动。轿厢和对重在全行程内，必须至少各有两列刚性导轨导向；安全钳动作时，导轨作为被夹持的支承件，支撑轿厢或对重固定其上，防止由于轿厢偏载而产生的倾斜。

导轨作为电梯运行的保障，其安装质量直接影响电梯运行的平稳与安全。

本项目包括导轨支架的安装和导轨的安装、调整与检测两个任务。

要完成导轨支架的安装和导轨的安装、调整与检测两个任务，首先应知道导轨的结构和作用，理解导轨和导轨支架的安装与检测方法，知道导轨安装的技术标准；在教师的指导下，学会导轨的安装与调整。

在完成工作任务的过程中，注意安全，注意操作规范，注意与施工小组的配合，对电梯安装的职业要求有初步的认识和了解，培养良好的职业习惯。

【项目概况】

电梯导轨的安装与调整任务规划见表 2－1－1。

表 2－1－1　电梯导轨的安装与调整任务规划表

班级______　姓名______　学号______　工号______　日期______　测评______　等级______

工作任务	电梯导轨的安装与调整	学习模式	
建议学时	6 学时	教学地点	
任务描述	【案例】电梯公司（乙方）需要安装一部五层站乘客电梯，安装前期准备工作已经做好，设备已经到场并通过了验收，井道检验合格，脚手架搭建完成，并完成了样板架制造与放线工作，下一步需要进行电梯导轨的安装。		
学习目标	1. 知识目标 （1）掌握《电梯制造与安装安全规范》（GB/T 7588.1—2020）、《特种设备安全监察条例》《安全操作规程》《电梯工程施工质量验收规范》（GB 50310—2002）。 （2）掌握导轨及导轨支架安装技术要求。 （3）掌握电梯安装示意图及相关技术文件。		

续表

<table>
<tr><td>工作任务</td><td>电梯导轨的安装与调整</td><td>学习模式</td><td></td></tr>
<tr><td>建议学时</td><td>6 学时</td><td>教学地点</td><td></td></tr>
<tr><td></td><td colspan="3">2. 技能目标
（1）能遵守《电梯制造与安装安全规范》（GB/T 7588. 1—2020）、《特种设备安全监察条例》《安全操作规程》《电梯工程施工质量验收规范》（GB 50310—2002）。
（2）能对导轨及导轨距进行检测校正。
（3）能独立完成导轨支架、导轨的安装。
3. 思政目标
（1）认同并遵守《电梯制造与安装安全规范》（GB/T 7588. 1—2020）、《特种设备安全监察条例》《安全操作规程》《电梯工程施工质量验收规范》（GB 50310—2002）。
（2）树立学生严谨的工作态度，强化电梯安装调试规范操作的职业素养。
（3）在电梯安装与调试过程中，培养学生严谨的工作态度以及安全意识。</td></tr>
<tr><td>学时分配</td><td colspan="3">学时分配表
<table><tr><td>序号</td><td>学习任务</td><td>学时安排</td></tr><tr><td>1</td><td>导轨支架安装</td><td>3</td></tr><tr><td>2</td><td>导轨的安装、调整与检测</td><td>3</td></tr></table></td></tr>
</table>

学习任务 1　导轨支架安装

【任务目标】

项目二
导轨支架的安装

1. 知识目标

（1）掌握轿厢导轨支架的组成与作用。

（2）掌握对重导轨支架的安装要求和操作过程。

2. 技能目标

（1）能遵守《电梯安装验收规范》（GB/T 10060—2011）的要求，完成导轨支架位置的确定。

（2）能独立完成导轨支架的安装。

（3）能熟知导轨支架安装的技术要求。

3. 思政目标

（1）认同并接受《电梯制造与安装安全规范》（GB/T 7588. 1—2020）、《电梯安装验收规范》（GB/T 10060—2011）。

（2）注重严谨的工作态度以及安全意识，树立远大的理想信念。

（3）养成团队协作、独立思考、分析问题及解决问题的能力。

【案例引入】

电梯安装前期准备工作已经全部完成，根据施工进度安排，开始电梯机械部分的安装工作，那么应该先安装哪个部件呢？

【案例分析】

电梯安装准备工作完成之后，一般先进行导轨支架与导轨的安装，在安装导轨之前，先安装导轨支架，具体涉及的内容如下：

（1）确定导轨托架水平位置。

（2）固定导轨托架。

（3）安装导轨支架。

【知识链接】

一、导轨支架的分类及组成

导轨支架是把导轨固定在电梯井道内的支承件，设在井道壁和支承梁上，导轨则由导轨压板安装其上。

导轨支架按用途分为轿厢导轨支架、对重导轨支架和轿厢与对重共用支架，如图 2－1－1所示。

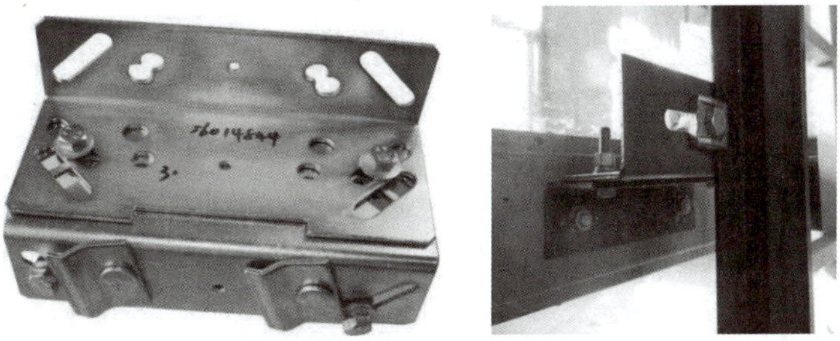

图 2－1－1　导轨支架

导轨支架一般包括托架和支架两部分，托架直接安装在井道壁上，而支架则安装在托架上。支架与托架之间可以相互调节，便于支架定位和导轨校正。

二、导轨支架安装的技术要求

电梯导轨支架安装的技术要求依据《电梯工程施工质量验收规范》（GB 50310—2002）。

（1）导轨支架安装前要复核基准线，其中一条为导轨中心线，另一条为导轨支架安装辅助线。一般导轨中心线距导轨端面 10 mm，与辅助线间距为 80～100 mm。

（2）每根导轨至少有 2 个导轨支架，最低导轨支架距底坑 1 000 mm 以内，最高导轨支架距井道顶距离≥500 mm，中间导轨支架间距≤500 mm 且均匀布置。

（3）安装导轨支架并找平校正，对于可调式导轨支架，调节定位后，紧固螺栓，并在可调位焊接两处，焊缝长度大于等于 20 mm，防止移位。

（4）导轨支架保持水平，其水平误差不大于1.5%；导轨支架应垂直，其垂直度误差不大于0.5 mm。

（5）托架在井道一般采用膨胀螺栓固定。根据固定托架所用膨胀螺栓的直径，选用相应直径的钻头，先在所标记的膨胀螺栓位置处钻好孔，打入膨胀螺栓，然后固定托架。根据膨胀螺栓直径选用的钻头直径和钻孔深度见表2－1－2。

表2－1－2 膨胀螺栓及钻头选用

膨胀螺栓直径/mm	钻头直径/mm	钻孔深度/mm
M12	$\phi18$	>55
M16	$\phi22$	>65

（6）垂直方向紧固导轨支架的螺栓应朝上，螺帽在上，便于查看其松紧。

（7）若井壁较薄，墙厚<150 mm，又没有预埋铁时，不宜使用膨胀螺栓固定，应采用穿墙螺栓固定。

（8）焊接的导轨支架要一次焊接成功，不可在调整轨道后再补焊，以防影响调整精度。组合式导轨支架在导轨调整完毕后，须将其连接部分点焊，以防位移。

三、导轨支架安装标准对接

GB/T 10060—2011《电梯安装验收规范》中关于导轨支架的规定如下：

5.2.5.2 每根导轨宜至少设置两个导轨支架，支架间距不宜大于2.5 m。当不能满足要求时，应有措施保证导轨安装满足GB/T 7588.1—2020中10.1.2规定的许用应力和变形要求。

5.2.5.3 安装固定导轨支架的预埋件，直接埋入墙的深度不宜小于120 mm。

采用建筑锚栓安装的导轨支架，只能用于具有足够强度的混凝土井道构件上，建筑锚栓的安装应垂直于墙面。

四、导轨支架的安装过程（表2－1－3～表2－1－5）

表2－1－3 导轨支架安装过程

序号	安装要求和工作过程	图示
1	导轨支架间距不得大于2.5 m，最低导轨支架距底坑不得大于1 m。最高导轨支架距井道顶不大于0.5 m。中间导轨架间距≤2.5 m且均匀布置，如与接导板位置干涉，间距可以调整，但相邻两层导轨支架间距不能大于2.5 m每条导轨宜至少设置两个导轨支架，最上段导轨如果长度小于800 mm，则可以用一挡导轨支架进行固定，具体数值按项目土建图标注执行	

续表

序号	安装要求和工作过程	图示
2	导轨的钢膨胀螺栓仅适用于水泥构件，即混凝土井道，不适用于砖结构的构件，且水泥强度不低于 180 kg/cm，水泥壁厚度不小于 120 mm	
3	钢膨胀螺栓尺寸为 M12、M16 等规格。打膨胀螺栓孔，位置要准确且要垂直于墙面，深度要适当。一般以膨胀螺栓被固定后，护套外端面和墙壁表面相平为宜。若墙面垂直误差较大，可局部剔修，使之和导轨支架接触面间隙不大于 1 mm，然后用薄垫片垫实	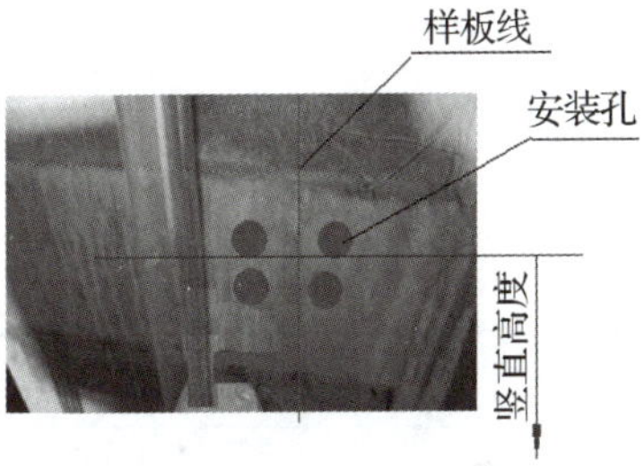
4	用铁凿清除工作面的浮土和不平整处，保证紧固构件与水泥工作面接触良好	
5	按要求垂直于水泥工作面钻孔，孔的深度通过调用竹枝或小木棍将钻好孔中的水泥灰清除干净	
6	将螺杆连套筒一起放入孔中，使用专用撞击螺栓套筒，直至专用撞击套筒上的红色标识线与水泥面平齐为止（套筒沉入水泥表面 10 mm）	

续表

序号	安装要求和工作过程	图示
7	用力臂长度不小于 240 mm 的 24 号扳手紧固 M16 螺栓，要求施加 40 ~ 57 kgf①；用力臂长度不小于 190 mm 的 19 号扳手紧固 M12 螺栓，要求施加 20 ~ 29 kgf。紧固后，应将膨胀螺栓的大垫圈两点焊在紧固构件上，如右图所示	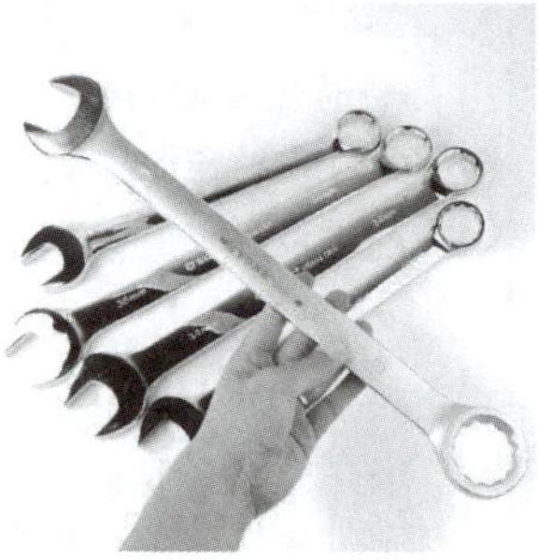

表 2-1-4　轿厢支架的安装

序号	安装要求和工作过程	图示
1	通过钢膨胀螺栓固定支撑角钢（固定支架）。根据现场井道实际尺寸，截取撑架脚长度	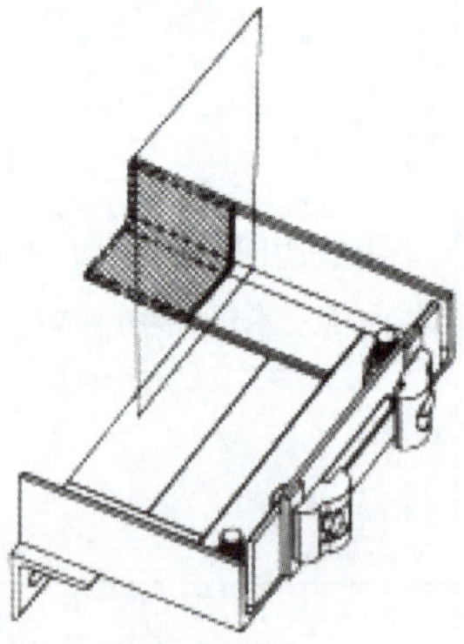
2	待安装调整完毕确保无误后，将连接处满焊，清除焊渣并补漆，焊接位置如右图所示	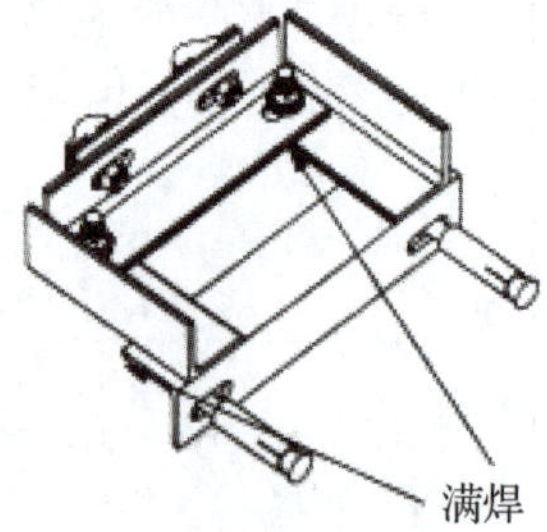

① 1 kgf = 9.807 N。

续表

序号	安装要求和工作过程	图示
3	导轨与导轨支架通过压导板固定	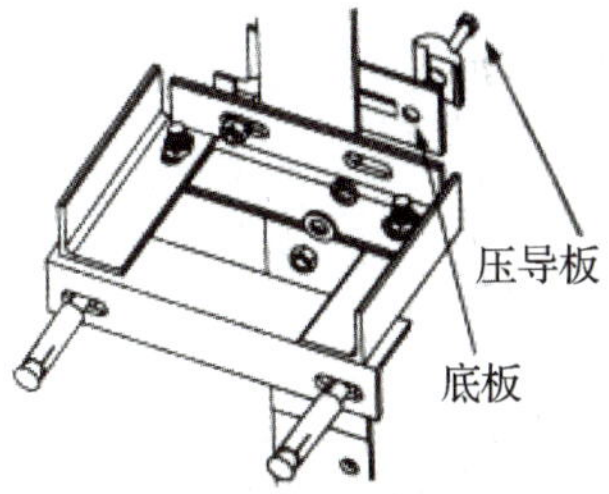
4	如有加强角钢，需将其与撑架脚及支撑角钢焊接牢固	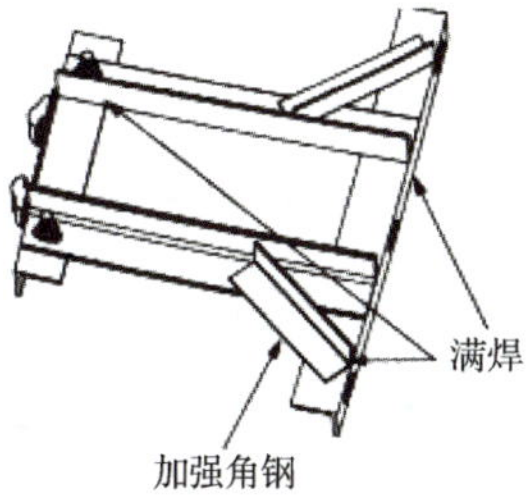

表 2-1-5　对重导轨支架的安装

序号	安装要求和工作过程	图示
1	通过钢膨胀螺栓固定支撑角钢（固定支架）。根据现场实际尺寸，截取撑架脚长度	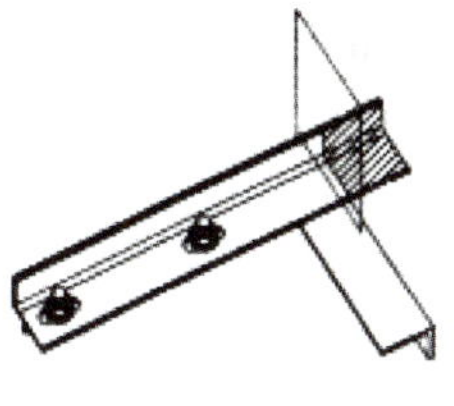
2	将撑架板与撑架脚（固定支架与可调支架）通过螺栓连接，待安装调整完毕确保无误后，将连接处满焊，清除焊渣并补漆	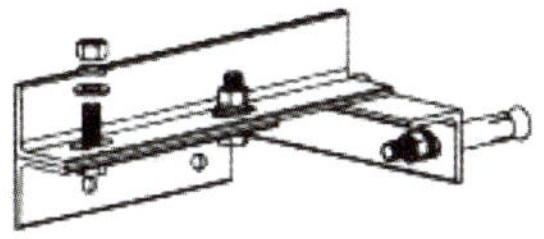
3	导轨与导轨支架通过压导板固定	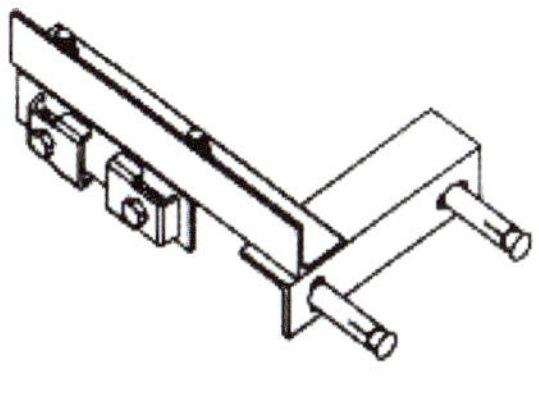

续表

序号	安装要求和工作过程	图示
4	安装完成后如右图所示	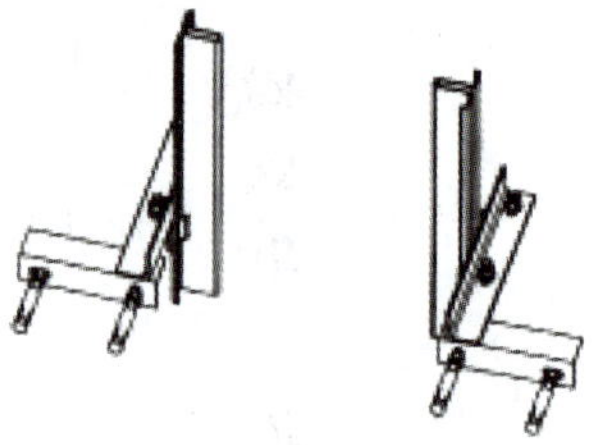

【任务实施】

班级		姓名		学号	
工号		日期		评价分数	

具体工作步骤及要求见表2-1-6。

表2-1-6 具体工作步骤及要求

序号	工作步骤	要求	学时	备注
1	识读任务书	能快速明确任务要求并清晰表达，在教师要求的时间内完成	0.25	
2	明确学习目标与方法	能够选择完成任务需要的方法，并进行时间和工作场所安排，掌握相关理论知识	0.5	
3	完成学习，填写任务工单	认真、准确填写任务工单	2	
4	评价		0.5	

一、工作过程及学习任务工单

(1) 导轨支架安装的工艺流程是什么？

（2）查阅《电梯工程施工质量验收规范》（GB 50310—2002）熟悉电梯导轨支架安装的技术要求。

____

____

____

（3）请同学自由分组，并选择正确工具完成导轨托架的定位与安装。

____

____

____

（4）请同学自由分组，并选择正确工具完成轿厢与对重导轨支架的定位与安装。

____

____

____

（5）请扫描二维码观看完整的安装教学视频，学习完成后，请谈谈感想，认真总结。

____

____

____

二、总结与评价

请根据评价表内容，客观、公正地进行评价（表 2－1－7）。

表 2－1－7　评价表

班级		姓名		学号			
评价指标	评价内容			分数	学生自评	小组互评	教师评定	企业导师评定
信息检索	能有效利用网络、图书资源、工作手册查找有用的相关信息等；能用自己的语言有条理地去解释、表述所学知识；能将查到的信息有效地传递到工作中			5				
感知工作	熟悉工作岗位，认同工作价值；在工作中能获得满足感			5				
参与态度	积极主动参与工作，能吃苦耐劳，崇尚劳动光荣、技能宝贵；与教师、同学之间相互尊重、理解、平等；与教师、同学之间能够保持多向、丰富、适宜的信息交流			5				

续表

班级		姓名		学号				
评价指标	评价内容			分数	学生自评	小组互评	教师评定	企业导师评定
参与态度	探究式学习、自主学习不流于形式，处理好合作学习和独立思考的关系，做到有效学习；能提出有意义的问题或能发表个人见解；能按要求正确操作；能够倾听别人意见、协作共享			5				
学习方法	学习方法得体，有工作计划；操作技能符合规范要求；能按要求正确操作；获得了进一步学习的能力			5				
学习过程	遵守管理规程，操作过程符合现场管理要求；平时上课的出勤情况和每天完成工种任务情况良好；善于多角度分析问题，能主动发现、提出有价值的问题			5				
思维态度	能发现问题、提出问题、分析问题、解决问题、创新问题			5				
知识、技能、思政	完成知识目标、技能目标与思政目标的要求			55				
自评反馈	按时按质完成工作任务；较好地掌握了专业知识点；具有较强的信息分析能力和理解能力；具有较为全面、严谨的思维能力，并能条理清楚、明晰表达成文			10				
分数								
学生自评（25%）+ 小组互评（25%）+ 教师评定（25%）+ 企业导师评定（25%）=								
总结、反馈、建议								

【任务小结】

导轨由导轨压板固定在导轨支架上，是把导轨固定在电梯井道内的支承件，安装在井道壁和支承梁上。

导轨支架按用途分为轿厢导轨支架、对重导轨支架和轿厢与对重共用支架；按组成可分为整体式和组合式。导轨支架一般包括托架和支架两部分，托架直接安装在井道壁上，而支架则安装在托架上。支架与托架之间可以相互调节，便于支架定位和导轨校正。

导轨支架安装的工艺流程：托架水平位置的确定→托架的定位→托架的固定→导轨支架的固定。

电梯导轨支架的安装位置和固定方法等应符合《电梯工程施工质量验收规范》中的要求。

课后习题

一、单选题

1. 导轨支架的托架应（　　）。

A. 直接安装在导轨上　　B. 直接安装在井道壁上

C. 直接安装在支架上　　D. 可安装在任意地方

2. 固定托架所用膨胀螺栓为 M12，在井道壁上用冲击钻打孔时，应选用的钻头直径为（　　）。

A. 12 mm　　B. 14 mm　　C. 16 mm　　D. 18 mm

3. 安装导轨支架的墙的厚度小于 150 mm 时，固定导轨支架的方式应采用（　　）。

A. 固定螺栓　　B. 膨胀螺栓　　C. 穿墙螺栓　　D. 预埋螺栓

二、填空题

1. 导轨支架一般包括________和________两部分，________直接安装在井道壁上，而________则安装在托架上。支架与托架之间可以相互调节，便于支架的________和________。

2. 导轨支架保持水平，其水平度误差不大于________；导轨支架应垂直，其垂直度误差不大于________。

3. 每根导轨至少有________个导轨支架，最低导轨支架距底坑________以内，最高导轨支架距井道顶距离________，中间导轨支架间距________且均匀布置。

4. 焊接的导轨支架要________次焊接成功，不可在调整轨道后再________，以防影响调整精度。

学习任务 2　导轨的安装、调整与检测

【任务目标】

1. 知识目标

（1）掌握轿厢导轨的安装要求和操作过程。

（2）掌握导轨的作用、种类。

（3）掌握对重导轨的安装要求和操作过程。

项目二
导轨支架的安装

2. 技能目标

（1）能遵守《电梯安装验收规范》（GB/T 10060—2011）的要求，完成导轨支架位置的确定。

（2）能独立完成导轨支架、导轨的安装。

（3）能对导轨及导轨距进行检测校正。

3. 思政目标

（1）认同并接受《电梯制造与安装安全规范》（GB/T 7588.1—2020）、《电梯安装验收规范》（GB/T 10060—2011）。

（2）培养爱党、爱国、遵纪守法的作风，树立严谨的工作态度以及安全意识。

（3）养成团队协作、规范认真的工作习惯，培养精益求精的大国工匠精神。

【案例引入】

导轨支架安装完成，下一步进行导轨的安装，导轨该如何安装？有哪些注意事项？

【案例分析】

电梯安装准备工作完成之后，导轨支架安装完成后，需要安装电梯导轨，具体内容如下：

（1）导轨及导轨支架安装技术要求的认知。

（2）轿厢导轨支架的安装及调整。

（3）对重导轨支架的安装及调整。

（4）导轨的安装与检查。

（5）导轨及导轨距的检测校正。

【知识链接】

一、导轨的作用与分类

电梯导轨，是由钢轨和连接板构成的电梯构件，它分为轿厢导轨和对重导轨。导轨在起导向作用的同时，承受轿厢、电梯制动时的冲击力及安全钳紧急制动时的冲击力等。这些力的大小与电梯的载质量及速度有关，因此，应根据电梯速度和载质量选配导轨。通常将轿厢导轨称为主轨，对重导轨称为副轨。

从截面形状来看，电梯的导轨可分为T形、L形和空心三种形式，如图2-1-1所示。

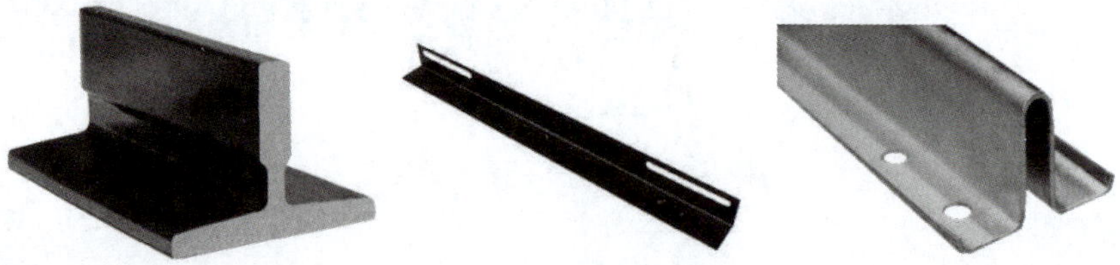

（a） （b） （c）

图2-2-1 电梯的导轨

（a）T形；（b）L形；（c）空心

二、导轨安装的工艺流程及技术要求

1. 导轨安装的工艺流程

放样板线→安装导轨→校正导轨垂直度→校正导轨平行度→修正接头→防锈处理。

2. 导轨安装的技术要求

（1）吊装导轨时，应用U形卡固定住接导板，吊钩应采用可旋转式，以消除导轨在提升过程中的转动。旋转式吊钩可采用推力轴承自行制作。若采用人力吊装，尼龙绳直径应不小于16 mm。

（2）导轨的凸榫头应朝上，便于清除榫头上的灰渣，确保接头处的缝隙符合规范要求。

（3）导轨应用导轨压板固定在导轨支架上，电梯导轨严禁焊接，不允许用气焊切割。

每根导轨必须有两个导轨支架，其间距不大于2.5 m。导轨最高端与井道顶距离50～100 mm，当电梯冲顶时，导靴不应越出导轨。

（4）调整导轨时，为了保证调整精度，要在导轨支架处及相邻的两导轨支架中间的导轨处设置测量点。

（5）调整导轨：

①将验导尺固定于两个导轨平行部位（导轨支架部位），拧紧固定螺栓。

②用钢板尺检查轿厢导轨端面与基准线的间距和中心距离，每5 m偏差不大于0.6 mm，对重每列导轨工作面对安装基准线每5 m偏差不大于1.0 mm。如不符合要求，应调整导轨前后距离和中心距离，以符合要求。导轨工作面接头处不应有连续缝隙，并且局部缝隙不大于0.5 mm，导轨接头处台阶应不大于0.05 mm，必要时需进行修光处理。

③绷紧验导尺之间用于测量扭曲度的连线并固定，校正导轨，使该线与扭曲度刻线吻合。

④用2 000 mm长钢板尺贴紧导轨工作面，校验导轨间距L，或用精校尺测量。允许偏差：轿厢导轨为L^{+2}_{0} mm，对重导轨为L^{+3}_{0} mm。

⑤调整导轨时，所用垫片不能超过三片，导轨支架和导轨背面的衬垫厚度不宜超过3 mm。垫片厚度大于3 mm且小于7 mm时，要在垫片间点焊；若超过7 mm，应先用与导轨宽度相当的钢板垫入，再用垫片调整。

⑥调整导轨应由下而上进行。

3. 导轨安装与调整作业安全注意事项

（1）导轨吊装前，认真检查吊具吊索是否完好无损，作业人员做好安全防护。

（2）导轨安装中，注意组织协调，防止碰伤、夹伤等事故的发生。

（3）井道中，不得立体交叉作业，防止坠物伤人。

三、导轨安装标准对接

GB/T 10060—2011《电梯安装验收规范》中关于导轨的规定如下：

5.2.5　导轨

5.2.5.1　轿厢、对重（或平衡重）各自应至少由两根刚性导轨导向。对于未设安全钳的对重（或平衡重）导轨，可以使用板材成型的空心导轨。

采用焊接方式连接的导轨支架，其焊接应牢固，焊缝无明显缺陷。

5.2.5.4　当轿厢压在完全压缩的缓冲器上时，对重导轨长度应能提供不小于$0.1+0.035v^2$（m）的进一步制导行程。

当对重压在完全压缩的缓冲器上时，轿厢导轨长度应能提供不小于 $0.1+0.035v^2$（m）的进一步的制导行程。

5.2.5.5　每列导轨工作面（包括侧面与顶面）相对于安装基准线每 5 m 长度内的偏差均不应大于下列数值：

a）轿厢导轨和设有安全钳的对重导轨为 0.6 mm；

b）不设安全钳的 T 形对重导轨为 1.0 mm。

5.2.5.7　两列导轨顶面间距离的允许偏差为：

a）轿厢导轨为 0～2 mm；

b）对重导轨为 0～3 mm。

5.2.5.8　导轨应用压板固定在导轨支架上，不应该采用焊接或螺栓方式与支架连接。

5.2.5.9　设有安全钳的对重导轨和轿厢导轨，除悬挂安装者外，其下端的导轨座应支撑在坚固的地面上。

四、导轨支架的安装过程（表 2－2－1）

表 2－2－1　导轨的安装

序号	安装要求和工作过程	图示
1. 检查导轨	导轨搬运至底坑时，需先在底坑内敷设木板，以防导轨搬移时导轨端口碰伤。应注意所有导轨的榫头或榫槽应在同一方向上。 检查导轨： （1）安装前，先检查导轨是否平直及是否有严重损伤，避免安装完成后无法保证舒适感。 （2）清理与修正导轨连接处及导轨表面的杂物和毛刺。清理后为防锈，应涂层油膜	
2. 底坑第一根导轨的安装	拆除导轨支架的基准线，从样板架上悬下铅垂线，铅垂线以导轨顶面 30 mm 为基准，准确地稳固在底坑样板架上，以此铅垂线作为导轨的初步固定基准线。 对准导轨样板垂线将导轨定位，并用压导板将导轨固定到支架上。用木块或者砖头将第一挡导轨底部垫高约 50 mm，其中，50 mm 为在卸荷校轨作业中抽去的部分。 小贴士：导轨校正时，必须将导轨安放在坚实地面或导轨座上	

续表

序号	安装要求和工作过程	图示
3. 中间导轨的安装	利用连接板螺栓孔将导轨逐条由下至上用卷扬机或者人力进行吊升，用棉纱抹干净接头部件后，利用加厚型连接板（厚为 24 mm）螺栓孔将 T114/B 导轨连接起来，螺母旋紧至弹簧垫圈略有压缩为止，待校轨时再进行紧固	
4. 最上端一根导轨的安装	对最上端导轨按实测尺寸切断，使得导轨顶离机房楼板底 50～100 mm，然后固定在导轨支架上，如右图所示	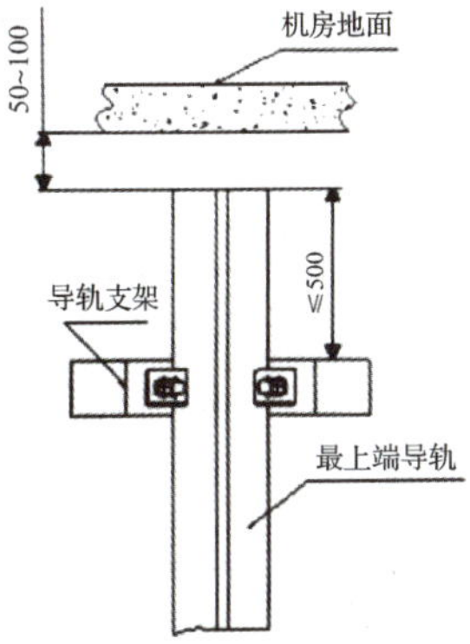

电梯导轨的调整即校正导轨安装精度，以保证电梯运行质量。速度低于 2 m/s 的电梯，使用初校卡板和导轨精校尺进行校正。

（1）从最下一根导轨开始校正。

（2）校第一根导轨时，将第二根导轨及以上导轨的压板收紧，然后将第一根导轨下面所垫木块拆除，再松开第一根导轨和第二根导轨的连接螺栓，让第一根导轨下沉，使导轨连接的榫头与榫槽分开。

（3）校正第一根导轨，使其符合垂直度要求，然后将第二根导轨沉下，校正第二根导轨。

（4）导轨的校正部位应在导轨接头处及导轨支架处。

导轨调整内容与方法见表 2－2－2。

表 2－2－2　导轨调整内容与方法

调整内容	调整方法
调整导轨横向垂直度误差	导轨支架位置校正： 拧紧导轨压板螺栓，测量样线与导轨面的距离，根据实际样板线与实际图纸的要求，校轨工具确定后，调整垫片的厚度。拧紧压板螺栓后，再次测量，若有偏差，则再适度增减垫片

续表

调整内容	调整方法
调整导轨横向垂直度误差	导轨连接板位置的校正： 连接板出现偏差是由连接板上下支架的垂直度误差引起的，解决的方法是在支架与导轨底面之间的上下位置单边插入垫片
调整导轨纵向垂直度误差	标准： 对于实心导轨，样线与基准线的对中偏差在 ±0.5 mm 以内； 对于空心导轨，样线与基准线的对中偏差在 ±1 mm 以内。 校正方法： 拧松导轨压板紧固螺栓半圈后用手锤敲击压板，使压板上的基准线与样线重合，然后拧紧压板螺栓
调整导轨对向平行度误差及轨距	校正方法： 采用专用校导尺对所有导轨支架进行测量，使校导尺的指针处于刻度的中心位置。若导轨对向平行度有偏差，可在导轨支架与导轨底面间插入单边垫片调整

【任务实施】

班级		姓名		学号	
工号		日期		评价分数	

具体工作步骤及要求见表 2－2－3。

表 2－2－3　具体工作步骤及要求

序号	工作步骤	要求	学时	备注
1	识读任务书	能快速明确任务要求并清晰表达，在教师要求的时间内完成	0.25	
2	明确学习目标与方法	能够选择完成任务需要的方法，并进行时间和工作场所安排，掌握相关理论知识	0.5	
3	完成学习，填写任务工单	认真、准确填写任务工单	2	
4	评价		0.25	

一、工作过程及学习任务工单

（1）自由分组并将样板架上轿厢和对重导轨支架定位样板线拆除，锯去安装导轨支架时用的样板部分，保留导轨端面定位样板线。

(2) 拆除底坑脚手架部分横杆（拆除的横杆应在导轨安装后立即恢复），以便吊装导轨。

(3) 检查并清洁导轨接头部分及导轨连接板的连接面，将导轨搬入井道内，垫在木板上（应注意所有导轨的榫头或榫槽在同一方向上，通常榫头向上）。

(4) 根据实际样板架确定导轨安装位置并校正导轨的安装误差，每列导轨都自下而上依次连接安装，两根导轨端部的榫头与榫槽楔合定位，底部用导轨连接板固定。

(5) 导轨通过导轨压板固定在导轨支架上，并安装顶、底层导轨。

(6) 安装完成后，调整、检测导轨。

二、总结与评价

请根据评价表内容客观、公正进行评价（表 2－2－4）。

表 2－2－4　评价表

班级		姓名		学号				
评价指标	评价内容			分数	学生自评	小组互评	教师评定	企业导师评定
信息检索	能有效利用网络、图书资源、工作手册查找有用的相关信息等；能用自己的语言有条理地去解释、表述所学知识；能将查到的信息有效地传递到工作中			5				

续表

<table>
<tr><th>班级</th><th></th><th>姓名</th><th></th><th>学号</th><th colspan="4"></th></tr>
<tr><th>评价指标</th><th colspan="3">评价内容</th><th>分数</th><th>学生自评</th><th>小组互评</th><th>教师评定</th><th>企业导师评定</th></tr>
<tr><td>感知工作</td><td colspan="3">熟悉工作岗位，认同工作价值；在工作中能获得满足感</td><td>5</td><td></td><td></td><td></td><td></td></tr>
<tr><td rowspan="2">参与态度</td><td colspan="3">积极主动参与工作，能吃苦耐劳，崇尚劳动光荣、技能宝贵；与教师、同学之间相互尊重、理解、平等；与教师、同学之间能够保持多向、丰富、适宜的信息交流</td><td>5</td><td></td><td></td><td></td><td></td></tr>
<tr><td colspan="3">探究式学习、自主学习不流于形式，处理好合作学习和独立思考的关系，做到有效学习；能提出有意义的问题或能发表个人见解；能按要求正确操作；能够倾听别人意见、协作共享</td><td>5</td><td></td><td></td><td></td><td></td></tr>
<tr><td>学习方法</td><td colspan="3">学习方法得体，有工作计划；操作技能符合规范要求；能按要求正确操作；获得了进一步学习的能力</td><td>5</td><td></td><td></td><td></td><td></td></tr>
<tr><td>学习过程</td><td colspan="3">遵守管理规程，操作过程符合现场管理要求；平时上课的出勤情况和每天完成工种任务情况良好；善于多角度分析问题，能主动发现、提出有价值的问题</td><td>5</td><td></td><td></td><td></td><td></td></tr>
<tr><td>思维态度</td><td colspan="3">能发现问题、提出问题、分析问题、解决问题、创新问题</td><td>5</td><td></td><td></td><td></td><td></td></tr>
<tr><td>知识、技能、思政</td><td colspan="3">完成知识目标、技能目标与思政目标的要求</td><td>55</td><td></td><td></td><td></td><td></td></tr>
<tr><td>自评反馈</td><td colspan="3">按时按质完成工作任务；较好地掌握了专业知识点；具有较强的信息分析能力和理解能力；具有较为全面、严谨的思维能力，并能条理清楚、明晰表达成文</td><td>10</td><td></td><td></td><td></td><td></td></tr>
<tr><td colspan="5">分数</td><td></td><td></td><td></td><td></td></tr>
<tr><td colspan="9">学生自评（25%）+小组互评（25%）+教师评定（25%）+企业导师评定（25%）=</td></tr>
<tr><td>总结、反馈、建议</td><td colspan="8"></td></tr>
</table>

【任务小结】

导轨在电梯运行中起导向作用，承受轿厢、电梯制动和安全钳紧急制动时的冲击力。电梯导轨分为轿厢导轨和对重导轨，它是由钢轨和连接板构成的电梯构件。电梯运行中对导轨产生的冲击力的大小与电梯的载质量及速度有关，因此，应根据电梯速度和载质量选配导轨。

按截面形状，导轨可分为T形、L形和空心三种形式。

导轨安装的工艺流程是：放样板线→安装导轨→校正导轨垂直度→校正导轨平行度→修正接头→防锈处理。

导轨安装要注意安全，导轨吊装前认真检查吊具吊索是否完好无损，作业人员应做好安全防护。导轨安装中，注意组织协调，防止碰伤、夹伤等事故的发生。井道中，不得立体交叉作业，防止坠物伤人。

课后习题

单选题

1. 安装电梯导轨时，导轨的凸榫头应（　　）。

A. 朝上　　B. 朝下　　C. 朝左　　D. 朝右

2. 导轨应用（　　）固定在导轨支架上。

A. 焊接方法　　B. 连接螺栓　　C. 压导板　　D. 铆钉

3. 若采用尼龙绳人力吊装电梯导轨时，尼龙绳直径应（　　）。

A. ≥10 mm　　B. ≥16 mm　　C. ≥20 mm　　D. ≥25 mm

4. 调整和校正导轨时，应从（　　）开始校正。

A. 任意一根导轨　　B. 中间一根导轨　　C. 最下一根导轨　　D. 最上一根导轨

大国工匠英雄谱之二

精益求精，匠心筑梦，将“学技术是其次，学做人是首位，干活要凭良心”作为座右铭的人——胡双钱

坚守航空事业近四十年，对质量的坚守已经融入血液，他加工数十万飞机零件而无一差错。钳工是进行零件加工最直接的手段，胡双钱利用几十年的积累和沉淀攻坚克难，创新工作方法，总结归纳出“对比复查法”和“反向验证法”，在飞机零件制造岗位上创造了奇迹，圆满完成了ARJ21－700飞机起落架钛合金作动筒接头特制件制孔、C919大型客机项目平尾零件制孔等各种特制件的加工工作。

项目三

电梯机房设备的安装与调整

项目任务书

【项目描述】

曳引机是电梯的一个主要部件，而曳引机承重梁则是承托这一主要部件的重要构件。由于电梯的结构特点，承重梁不仅承托着曳引机，整台电梯，包括轿厢、载重、对重、电缆、钢丝绳等，都通过曳引机而吊挂在承重梁上，真可谓系千钧于一梁。

承重梁是承受电梯轿厢、对重和其他设备重量的承重钢梁，它承受了电梯的全部静载和动载，一般固定在电梯井道最上端的机房土建承重梁上，所用的材料是槽钢或工字钢。采用上置式传动方式的电梯承重梁设在机房。对于有减速箱的曳引机，采用三根承重钢梁支撑，因建筑结构的不同，钢梁的位置也有所不同。

本项目包括承重梁的安装与检测、电梯曳引机安装两个任务。

在完成工作任务的过程中，请同学们注意安全，注意操作规范，注意与施工小组的配合，对电梯安装的职业要求有初步的认识和了解，培养良好的职业习惯。

【项目概况】

电梯机房设备的安装与调整的任务规划见表 3－1－1。

表 3－1－1　电梯机房设备的安装与调整的任务规划表

班级______　姓名______　学号______　工号______　日期______　测评______　等级______

工作任务	电梯机房设备的安装与调整	学习模式	
建议学时	6 学时	教学地点	
任务描述	【案例】电梯公司（乙方）需要安装一部五层站乘客电梯，电梯导轨已经安装完成，下一步需要进行电梯机房设备的安装工作。		
学习目标	1. 知识目标 （1）掌握《电梯制造与安装安全规范》（GB/T 7588.1—2020）、《特种设备安全监察条例》《安全操作规程》《电梯工程施工质量验收规范》（GB 50310—2002）。 （2）掌握机房安装尺寸定位的要求和操作过程。 （3）掌握电梯承重梁、曳引机组、导向轮、绳头板的安装过程。 2. 技能目标 （1）能严格按照标准完成机房安装尺寸的定位和确认。		

续表

<table>
<tr><td>工作任务</td><td>电梯机房设备的安装与调整</td><td>学习模式</td><td></td></tr>
<tr><td>建议学时</td><td>6 学时</td><td>教学地点</td><td></td></tr>
<tr><td></td><td colspan="3">（2）能协作完成电梯承重梁、曳引机组、导向轮、绳头板的安装与调整。
（3）能做好曳引机安装的原始记录。
3. 思政目标
（1）认同并遵守《电梯制造与安装安全规范》（GB/T 7588.1—2020）、《特种设备安全监察条例》《安全操作规程》《电梯工程施工质量验收规范》（GB 50310—2002）。
（2）养成团队协作、分析问题及解决问题的能力。
（3）注重严谨的工作态度以及安全意识。</td></tr>
<tr><td>学时分配</td><td colspan="3">学时分配表
<table><tr><td>序号</td><td>学习任务</td><td>学时安排</td></tr><tr><td>1</td><td>承重梁的安装与检测</td><td>3</td></tr><tr><td>2</td><td>电梯曳引机安装</td><td>3</td></tr></table></td></tr>
</table>

学习任务 1　承重梁的安装与检测

【任务目标】

承重梁与
曳引机安装

1. 知识目标

（1）掌握承重梁的安装要求和检测过程。

（2）掌握机房平面布置图的识读。

2. 技能目标

（1）能遵守《电梯安装验收规范》（GB/T 10060—2011）的要求，完成承重梁位置的确定。

（2）能合作完成承重梁的安装。

（3）能确定机房承重梁的安装位置。

3. 思政目标

（1）认同并接受《电梯制造与安装安全规范》（GB/T 7588.1—2020）、《电梯安装验收规范》（GB/T 10060—2011）。

（2）注重严谨的工作态度以及安全意识，坚定理想信念，提高勇于探索的品质。

（3）养成团队协作、独立思考、分析问题及解决问题的能力，激发科技报国的家国情怀。

【案例引入】

承重梁的作用是什么？安装在机房什么位置？

【案例分析】

电梯曳引机安装之前，首先要完成承重梁的安装，想要完成承重梁的安装，必须要完成以下任务的学习：

（1）识读机房平面布置图。

（2）机房划线。

（3）承重梁的安装与检测。

【知识链接】

一、机房平面布置图

根据建筑施工留下的井道空间和电梯安装的要求，确定电梯机房设备与井道设备位置关系的图纸。机房布置图主要反映承重梁的位置、机房孔洞位置、电源位置、控制柜位置、限速器位置等。

识读机房平面布置图，首先，要知道在平面图中，承重梁、电源、控制柜、限速器等与电梯相关的各种部件、元器件的图形符号。其次，要知道这些部件、元器件的安装具体位置。机房平面布置图如图 3-1-1 所示。

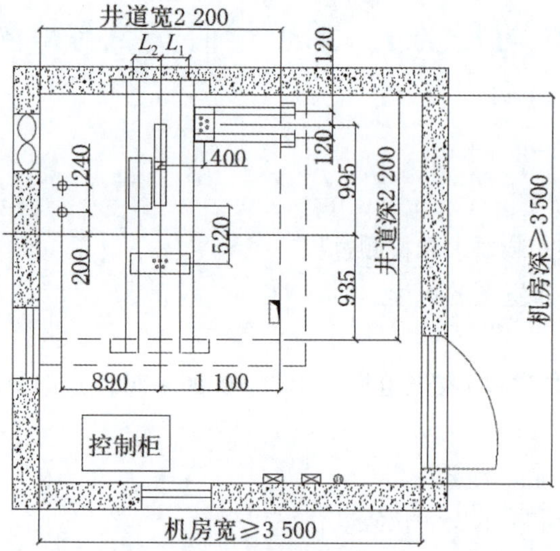

图 3-1-1　机房平面布置图

从图 3-1-1 所示的机房内井道平面布置图中，可以获得如下信息：

（1）机房平面的尺寸：宽≥3 500 mm，深（长）≥3 500 mm。

（2）井道最小净尺寸：井道宽 2 200 mm，井道深（长）2 200 mm。

（3）电梯为对重后置式，传动比为 2∶1，采用 5 根钢丝绳（轿厢侧绳头承接板在主承重梁上，对重侧绳头承接板在辅承重梁上）。

（4）轿厢中心距井道前壁 935 mm（左右中心对称线的交点处）。

（5）对重中心距轿厢中心 995 mm，向右偏 200 mm（对重反绳轮直径的一半）。

（6）曳引轮直径为 735 mm，轿顶反绳轮直径为 520 mm；对重反绳轮直径为 400 mm。

（7）限速器距轿厢中心左侧 890 mm、后侧 200 mm；限速器轮直径为 240 mm。

（8）主承重梁支撑在电梯井道前后井道壁的承重墙（圈梁）上，以电梯左右中心对称线分别保证 L_1、L_2 的距离关系（L_1、L_2 根据曳引机型号确定）。

（9）辅承重梁跨接在主承重梁与井道右壁的承重墙（圈梁）上，以对重中心前后对称（120 mm）。

（10）电源箱在进门左边墙上。控制柜在进门正对靠近井道处（井道前壁前面）。

（11）机房设有两个窗子，一个通风窗（靠近主机位置），可以保持室内空气流动。

二、机房划线

机房划线是在机房内划出设备定位的基准线。有了基准线，机房内安装的部件、元器件才能准确定位，才能保证电梯的安装质量。识读机房平面布置图可以发现，一般机房设备的定位依据是电梯轿厢中心与对重中心，而井道中的样板架也反映轿厢中心与对重中心位置。如何使机房中心与样板中心重合、方位一致是机房划线的重点。

常采用的方法是：在机房对应井道中心约 1 m 高度拉 1 根或 2 根细钢丝，重钢丝上吊下线坠，穿过机房孔洞，使线坠与样板架上的轿厢中心（或曳引轮对称中心）、对重中心（或对重反绳轮对称中心）重合，然后根据几何作图的原则，确定机房的横、纵两条中心线，并在线上找出平面上各定位点的位置。用墨斗弹出各线，作为安装的基准。

三、标准对接

GB 10060—2012《电梯安装与验收规范》：

5.1.7.2　所要求承重梁要置于承重墙体之上，如果要埋入墙体时，要求承重梁支撑长度超过墙厚中心 20 mm，并不低于 75 mm。

ZJQ08 - SGJB 3102017《电梯工程施工技术标准》中相关要求如下：

4.4.4　曳引系统安装
施工顺序：承重梁安装→曳引机安装→钢丝绳安装。

四、承重梁安装

1. 承重梁的材料

承重梁一般使用工字钢或槽钢制作，必须保证有足够的承载力，一般为 2～3 根。承重梁安装前要除锈并刷防锈漆，交工前再刷成与机器颜色一致的装饰漆。承重梁如图 3－1－2 所示。

2. 承重梁的底座

安装在混凝土墩上时，混凝土墩内必须按设计要求加钢筋，钢筋通过地脚螺丝和楼板相连。混凝土墩上设有厚度不小于 16 mm 的钢板，如图 3－1－3 所示。

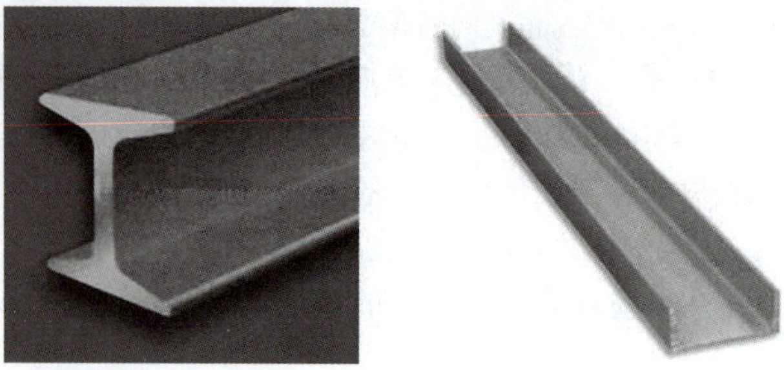

图 3－1－2　承重梁

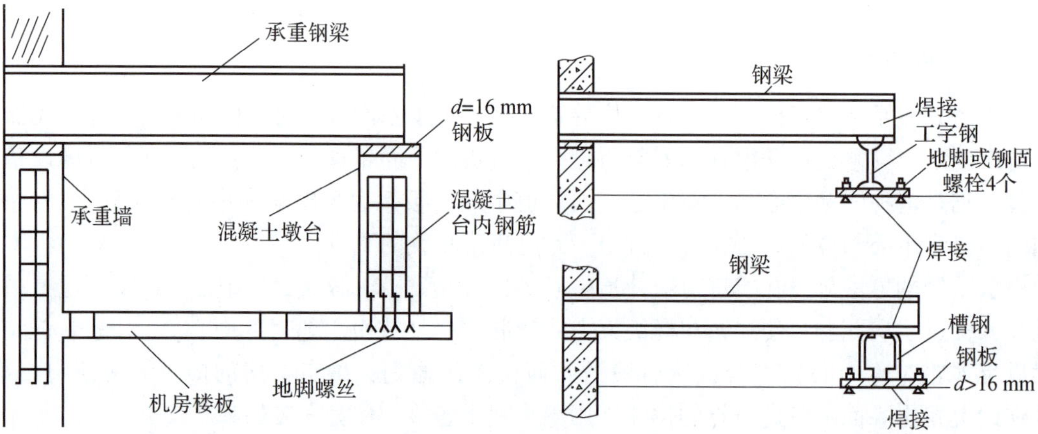

图 3－1－3　承重梁底座

采用型钢架起钢梁的方法，如型钢垫起高度不合适，或不宜采用型钢时，可采用现场制作金属钢架架设钢梁的方法，如图 3－1－4 所示。

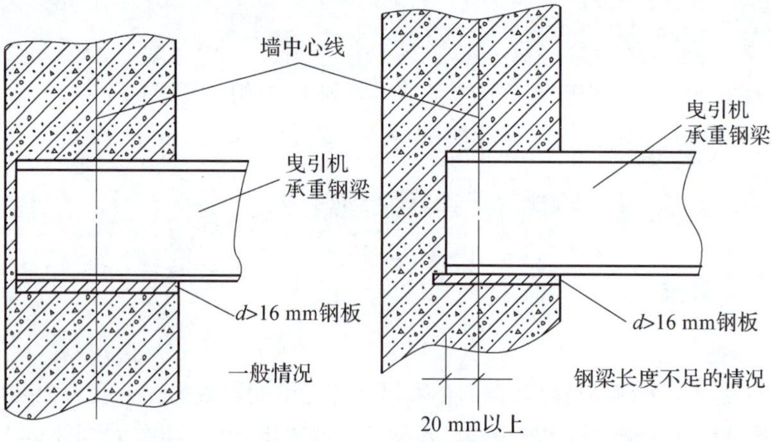

图 3－1－4　承重梁安装

3. 承重梁的定位与固定要求

根据机房划线安装承重钢梁，其两端必须放于井道承重墙或承重梁上，如需埋入承重墙内，则埋入墙内的厚度应超过墙中心 20 mm，并且不应小于 75 mm，在曳引机承重钢梁与承重墙（或梁）之间垫一块面积大于钢梁接触面、厚度不小于 16 mm 的钢板，并找平垫实。

曳引机承重钢梁安装找平找正后，用电焊将承重梁和垫铁焊牢。承重梁在墙内的一端及在地面上坦露的一端用混凝土灌实抹平。在浇灌混凝土之前，要经质检人员与工程监理签字确认后，才能进行下一道工序。

在安装过程中，应始终使承重钢梁上下翼缘和腹板同时受垂直方向的弯曲载荷，而不允许其侧向受水平方向的弯曲载荷，以免产生变形。

4. 承重梁安装橡胶减震的要求

（1）按厂家的要求安装减震胶垫，减震胶垫需严格按规定找平垫实。

（2）曳引机底座与承重梁采用长螺栓安装。

（3）曳引机底座与承重梁采用专用减震垫。

（4）曳引机底座与承重梁用螺栓直接固定，在承重梁两端下面加减震垫。

5. 承重梁的检测

根据 GB/T 7588.1—2020 规定：曳引机承重钢梁两端必须放于井道承重梁或墙上。承重钢梁埋入长度应与梁或墙外皮齐，其间垫厚度 $d \geqslant 16$ mm 钢板，如曳引机承重钢梁长度不足时，其埋入长度应保证至少超出梁或墙的中心线 2 cm 以上，且至少为 7.5 cm。

承重梁的水平度误差应小于 0.5/1 000；相邻两梁的平行度误差小于 0.5 mm。

五、承重梁的安装流程（表 3-1-2）

表 3-1-2　承重梁的安装流程

序号	安装要求和工作过程	图示
1	利用机房顶上的吊钩和手拉葫芦将承重梁吊起就位，应注意吊钩、吊索、葫芦和吊带等的起吊能力必须能满足安全要求	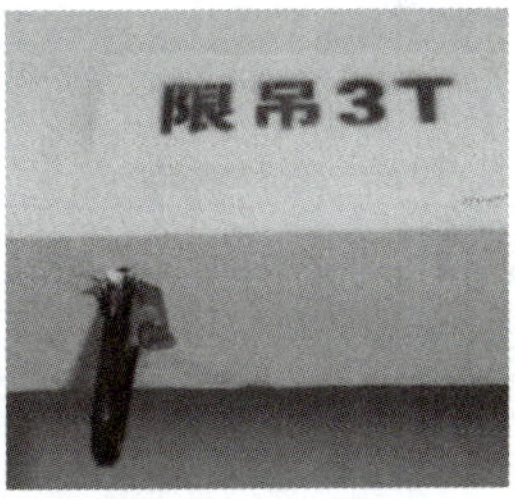
2	承重梁安装过程中应始终使其上下翼缘和腹板同时受垂直（沿铅垂线）方向的弯曲载荷，而不允许其侧向受水平方向的弯曲载荷，以免产生变形	

续表

序号	安装要求和工作过程	图示
3	由于承重梁自重较大，移动时应注意用力适当，防止翻转压伤手指或脚背	
4	承重梁两端固定在机房的坚实承重墙上，其支承长度应超过墙厚中心 20 mm，且不应小于 75 mm。承重墙上应放平整的钢板，水平度误差不大于 2/1 000	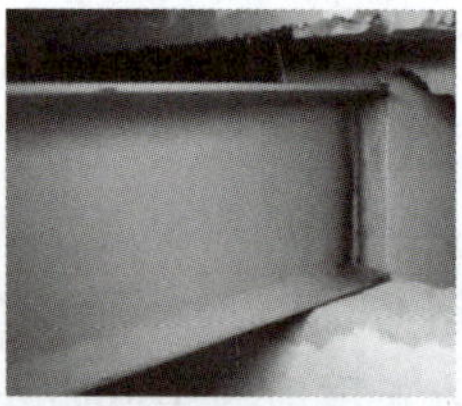
5	用垫片调节搁机大梁的水平度和相互间的高度差，多根承重梁安装好后，上平面的水平度应不大于 0.5/1 000，承重梁上平面相互间的高度差不大于0.5 mm，且相互间的平行度不大于 2 mm	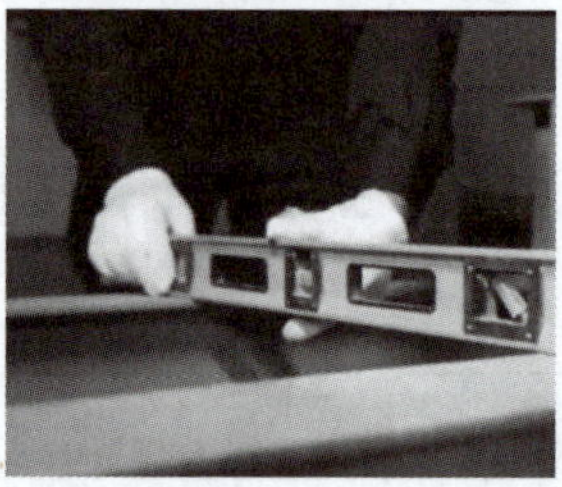

【任务实施】

班级		姓名		学号	
工号		日期		评价分数	

具体工作步骤及要求见表 3－1－3。

表 3－1－3　具体工作步骤及要求

序号	工作步骤	要求	学时	备注
1	识读任务书	能快速明确任务要求并清晰表达，在教师要求的时间内完成	0.25	
2	明确学习目标与方法	能够选择完成任务需要的方法，并进行时间和工作场所安排，掌握相关理论知识	0.5	

续表

序号	工作步骤	要求	学时	备注
3	完成学习，填写任务工单	认真、准确填写任务工单	2	
4	评价		0.25	

一、工作过程及学习任务工单

（1）以小组为单位，根据教师的指导，分组讨论并识读机房平面布置图（图3－1－1），并填写好相关数据。

①对重布置方式：________；

②井道尺寸：________；

③轿厢中心位置：________；

④对重与轿厢位置尺寸：________；

⑤曳引轮直径：________；轿厢反绳轮直径：________；对重反绳轮直径：________；

⑥传动比：________；

⑦限速器位置：________；

⑧限速器轮直径：________；

⑨主承重梁位置：____________________；

⑩辅承重梁位置：____________________；

⑪两根主承重梁距离：________；

⑫两根辅承重梁距离：________；

⑬控制柜位置：________；电源箱位置：________；

⑭机房预留孔洞：________个；

⑮门净宽尺寸：________。

（2）学生自由分组并在承重墙上开孔，在孔内填好16 mm的钢板，将钢板调整水平。

____

____

____

（3）使用吊装工具，在施工组组长或教师的指挥下，吊入第一根承重梁吊。吊入的第一根承重梁应保证安装的位置和水平，并根据机房平面布置图和机房划线进行复核。

____

____

____

（4）在施工组组长或教师的指挥下，吊入另一根承重梁。这一根承重梁除了保证安装的位置和水平外，还要保证与第一根承重梁平行。

(5) 吊装到位的承重梁，经与机房平面布置图和机房划线进行对比、复核后，将其焊接在孔洞钢板上，或先用膨胀螺栓固定后再进行焊接。

(6) 承重梁检验，见表3-1-4。

表3-1-4 承重梁检验表

检验项目	检查结果
测量承重梁的安装尺寸，并与机房平面布置图对照，检查偏差是否在规定范围	
检查承重梁的水平，用水平尺检查两根承重梁是否水平	
检查两根承重梁的平行度，在教师的提示或指导下，测量两根承重梁的平行度是否符合要求	
检查承重梁埋入墙的深度是否符合要求	
检查承重梁是否按要求设置防震垫	
检查承重梁的焊接是否符合要求	

二、总结与评价

请根据评价表内容，客观、公正地进行评价（表3-1-5）。

表3-1-5 评价表

班级		姓名		学号				
评价指标	评价内容			分数	学生自评	小组互评	教师评定	企业导师评定
信息检索	能有效利用网络、图书资源、工作手册查找有用的相关信息等；能用自己的语言有条理地去解释、表述所学知识；能将查到的信息有效地传递到工作中			5				

续表

班级		姓名		学号				
评价指标	评价内容			分数	学生自评	小组互评	教师评定	企业导师评定
感知工作	熟悉工作岗位，认同工作价值；在工作中能获得满足感			5				
参与态度	积极主动参与工作，能吃苦耐劳，崇尚劳动光荣、技能宝贵；与教师、同学之间相互尊重、理解、平等；与教师、同学之间能够保持多向、丰富、适宜的信息交流			5				
	探究式学习、自主学习不流于形式，处理好合作学习和独立思考的关系，做到有效学习；能提出有意义的问题或能发表个人见解；能按要求正确操作；能够倾听别人意见、协作共享			5				
学习方法	学习方法得体，有工作计划；操作技能符合规范要求；能按要求正确操作；获得了进一步学习的能力			5				
学习过程	遵守管理规程，操作过程符合现场管理要求；平时上课的出勤情况和每天完成工种任务情况良好；善于多角度分析问题，能主动发现、提出有价值的问题			5				
思维态度	能发现问题、提出问题、分析问题、解决问题、创新问题			5				
知识、技能、思政	完成知识目标、技能目标与思政目标的要求			55				
自评反馈	按时按质完成工作任务；较好地掌握了专业知识点；具有较强的信息分析能力和理解能力；具有较为全面、严谨的思维能力，并能条理清楚、明晰表达成文			10				
分数								
学生自评（25%）+小组互评（25%）+教师评定（25%）+企业导师评定（25%）=								
总结、反馈、建议								

【任务小结】

机房平面布置图是根据建筑施工留下的井道空间和电梯安装的要求，确定电梯机房设备与井道设备的位置关系的图纸。机房平面布置图主要反映承重梁的位置。识读机房平面布置图，首先，要知道在平面图中，承重梁、电源、控制柜、限速器等与电梯相关的各种部件、元器件的图形符号。其次，要知道这些部件、元器件安装的具体位置。

机房划线是在机房内划出设备定位的基准线。有了基准线，机房内安装的部件、元器件才能准确定位，保证电梯的安装质量。划线常用的方法是：在机房对应井道中心约 1 m 高度拉 1 根或 2 根细钢丝，重钢丝上吊下线坠，穿过机房孔洞，使线坠与样板架上的轿厢中心（或曳引轮对称中心）、对重中心（或对重反绳轮对称中心）重合，然后根据几何作图的原则，确定机房的横、纵两条中心线，并在线上找出平面上各定位点的位置。

承重梁一般使用工字钢或槽钢制作，承重钢梁安装在混凝土墩上时，混凝土墩内必须按设计要求加钢筋。承重钢梁安装找平找正后，用电焊将承重梁和垫铁焊牢。按厂家的要求，可在承重梁两端下面加减震垫，减震垫需严格按规定找平垫实。

课后习题

一、单选题

1. 承重梁两端固定在机房的坚实承重墙上，其支撑长度应超过墙厚中心（　　）。

A. 10 mm　　B. 15 mm　　C. 20 mm　　D. 30 mm

2. 承重梁两端固定在机房的坚实承重墙上，其支撑长度不应小于（　　）。

A. 80 mm　　B. 75 mm　　C. 70 mm　　D. 90 mm

二、判断题

1. 安装在混凝土墩上时，混凝土墩内必须按设计要求加钢筋，钢筋通过地脚螺丝和楼板相连。混凝土墩上设有厚度不小于 16 mm 的钢板。(　　)

2. 采用型钢架起钢梁的方法，如型钢垫起高度不合适，或不宜采用型钢时，不可采用现场制作金属钢架架设钢梁的方法。(　　)

学习任务 2　电梯曳引机安装

【任务目标】

1. 知识目标

（1）掌握曳引机的定位、安装方法和步骤。

（2）掌握曳引机的安装标准。

2. 技能目标

（1）能严格按照标准完成机房安装尺寸的定位和确认。

（2）能合作完成曳引机的安装。

（3）能做好曳引机安装的原始记录。

承重梁与曳引机安装

3. 思政目标

（1）认同并接受《电梯制造与安装安全规范》（GB/T 7588.1—2020）、《电梯安装验收规范》（GB/T 10060—2011）。

（2）培养学生爱国、爱党、遵纪守法，勇于探索的品质。

（3）激发学生科技报国的家国情怀和使命担当。

【案例引入】

电梯的核心动力来源是曳引机，那么该如何安装？

【案例分析】

电梯承重梁安装完成后，下一步进行曳引机的安装，主要包括以下任务的学习：

（1）曳引机定位、安装的方法与步骤。

（2）曳引机安装的质量标准。

（3）在教师指导下完成曳引机的安装。

【知识链接】

一、曳引机的安装

1. 安装前的准备

（1）检查承重梁的安装质量。

（2）曳引机起吊准备。首先进行起吊器具的检查，如起吊钢丝绳、倒链、吊钩等有无损伤；其次确认机房起吊环的起重荷载能满足曳引机的起吊；最后检查手动葫芦工作是否正常。

（3）确定曳引机安装需要的减震垫是否到位。

（4）安全注意事项。作业人员必须戴上安全帽和手套；手拉葫芦使用前，必须检查其完好性以及吊钩的可靠性；重物吊起时，工作人员间必须有联络信号和大声复述；曳引机拉离地面 5～15 mm 后，应静置 2～3 min，确认无异常，方可进行下一步操作；起吊后，如需中途停工，曳引机不得停置在空中；起吊过程中，人体各个部位均不能置于被吊起重物的底下。

2. 曳引机的定位

1∶1 曳引机的定位原则：在机房曳引机上方固定两根相互平行的水平铁丝，先在一根铁丝上挂上铅垂，使铅垂中心正对轿厢中心与对重中心。然后调整另一水平铁丝使其与前铁丝平行，并且相互距离为曳引轮、导向轮宽度的一半。在适当位置挂上铅垂，这两根铅垂线代表着曳引轮与导向轮的侧面位置。精密调整曳引机位置使曳引轮、导向轮外缘（钢丝绳中心的位置）与 1、2 号铅垂线相切，侧面与 3、4 号铅垂线相贴合，如图 3－2－1 所示。

曳引机底座采用减震胶垫时，在其未挂曳引绳时，曳引轮外端面应向内倾斜，倾斜值 E 视曳引机轮直径及载重量而定，一般为 +1 mm，待曳引轮挂绳承重后，再检测曳引机水平度和曳引轮垂直度应满足标准要求，如图 3－2－2 所示。

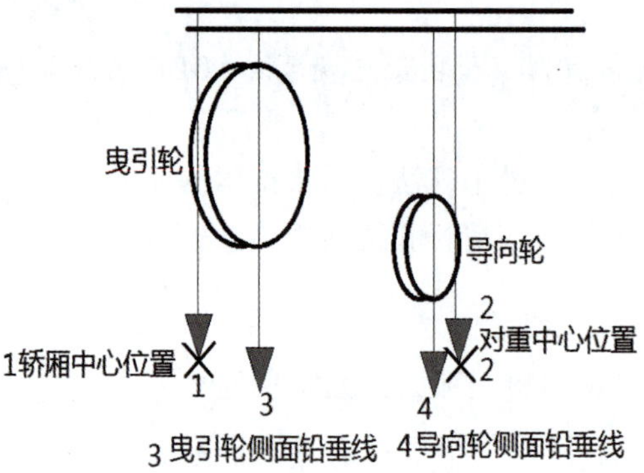

图 3-2-1　1:1 曳引机的定位原则

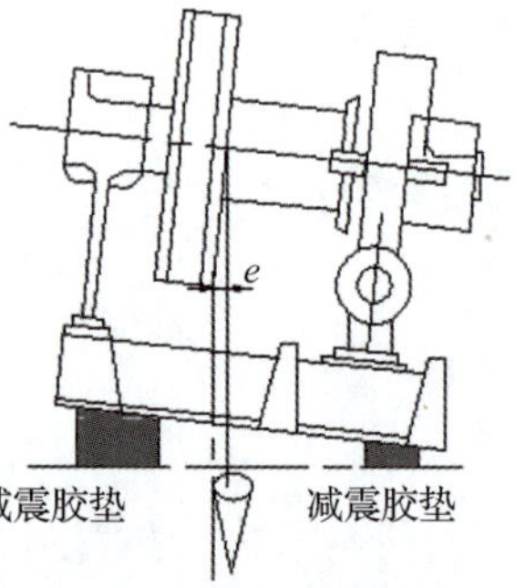

图 3-2-2　曳引机底座采用减震胶垫的安装

曳引比为 2:1 的曳引机，在机房承重梁上需要确定曳引轮的位置与绳头承接板的位置。在机房相应位置固定一根水平铁丝，在铁丝上挂上两个铅垂线坠，使线坠中心正对轿厢反绳轮轮缘中心和对重反绳轮轮缘中心。这两根铅垂线决定曳引机的位置。移动曳引机，使曳引轮的外缘中心位置（钢丝绳中心位置）与轿厢反绳轮及对重反绳轮的外缘中心位置（钢丝绳中心位置）重合，同时，调整曳引轮铅垂误差不超过 0.5 mm，曳引机定位完成。

3. 曳引机的固定

曳引机定位完成后，需要进行固定，保证曳引机在使用中不会因为震动、受力冲击而产生位移或倾倒。一般曳引机固定有螺栓固定与压板、挡板固定两种常用的方法。

螺栓固定是在设计的底座固定点用规定大小的螺栓与承重梁固定。这种固定方法一般在承重梁与底座之间需要按设计规定安装减震橡胶块压板，挡板固定一般采用规定规格压板将曳引机固定在承重梁上或承重梁上焊接的底板上（底板厚度大于 16 mm）。这种固定除了在曳引机与底板间加装减震橡胶块外，在压板、挡板与曳引机连接处也需要加装减震橡胶。

在曳引机固定中还需要注意，承重梁一般采用型材制作，其螺栓连接面一般不是平面，连接时可以将连接面打磨平整或采用专用的螺纹垫片，如图 3-2-3 所示。

4. 曳引机安装质量的检测

电梯曳引机安装质量的检查项目和技术标准应执行《电梯工程施工质量验收规范》，曳引机自身安装质量与导向轮安装质量的主要技术要求有：

（1）曳引机旋转部件距机房楼顶的最小距离为 300 mm，惯性轮距机房侧墙壁的最小距离为 200 mm，以便留出维修机器的工作空间。

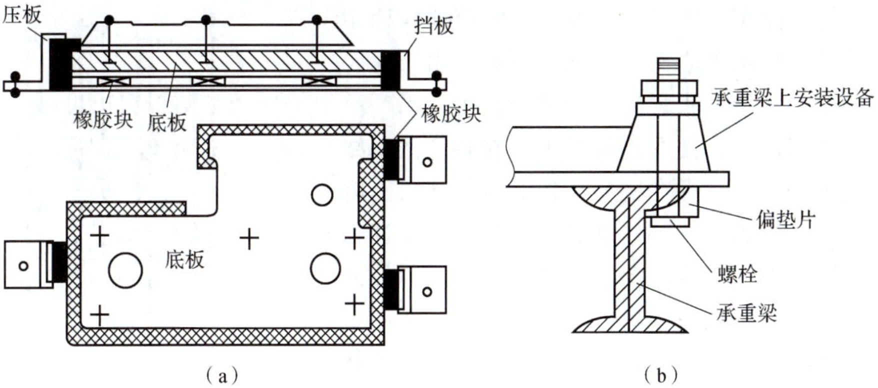

图 3-2-3　曳引机的固定

(a) 采用压板、挡板固定；(b) 螺栓连接的专用垫片

(2) 曳引轮与导向轮或轿厢顶轮的平行度不大于 1 mm。

(3) 导向轮中心线位置偏差不大于1 mm，轮缘位置偏差不大于3 mm，垂直度偏差不大于0.5 mm。

(4) 曳引机制动器动作应灵活，制动时两侧闸瓦应紧密、均匀地贴合在制动轮的工作面上，松闸时两侧闸瓦应同步离开，其最大间隙不大于0.7 mm。

(5) 检查减速箱内注入的润滑油是否至规定油位线。

(6) 曳引机安装完后，在曳引轮上应有标明轿厢上升方向盘的箭头标识。曳引轮、导向轮、反绳轮轮缘及盘车手轮应涂成醒目的黄色，松闸扳手涂成红色，并挂在机房内容易接近的墙壁上。

二、限速器的安装

限速器是电梯最重要的安全保护构件之一，其安装质量将影响电梯的运行安全。一般情况下，限速器安装在机房楼板上，也可以安装在辅承重梁上。安装时根据楼板厚度与强度，选用单边钢板底座或穿板双边加强钢板底座，制造底座的钢板厚度一般不小于 12 mm，如图 3-2-4 所示。

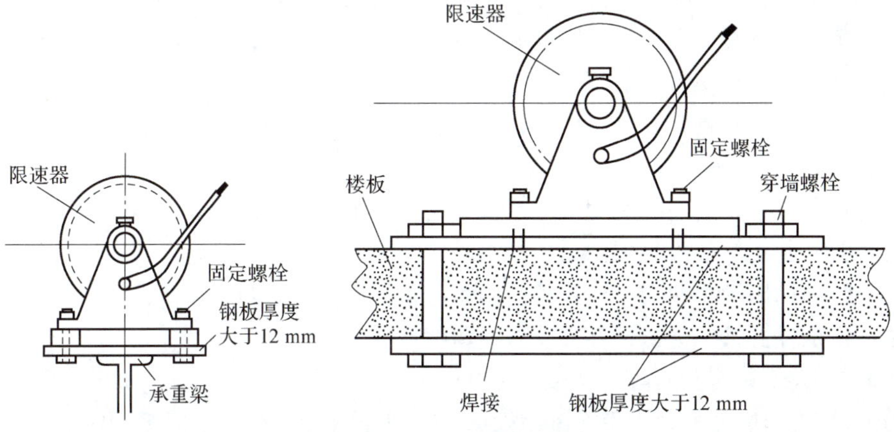

图 3-2-4　限速器安装底座

根据机房平面布置图所给位置，由限速器轮槽中心向轿厢拉杆上绳头中心吊一垂线，同时，由限速轮另一边绳槽中心直接向张紧轮相应的绳槽中心吊一垂线，调整限速器位置，使上述两对中心在相应的垂线上，位置即可确定。然后在机房楼板对应位置打上膨胀螺栓，将限速器就位，再一次进行调整，使限速器位置和底座的水平度都符合要求，随后可在限速器底面与底座间加垫片来调整限速器轮的垂直度误差，限速器轮的垂直度误差不得大于0.5 mm。然后将膨胀螺栓紧固，如图3－2－5所示。

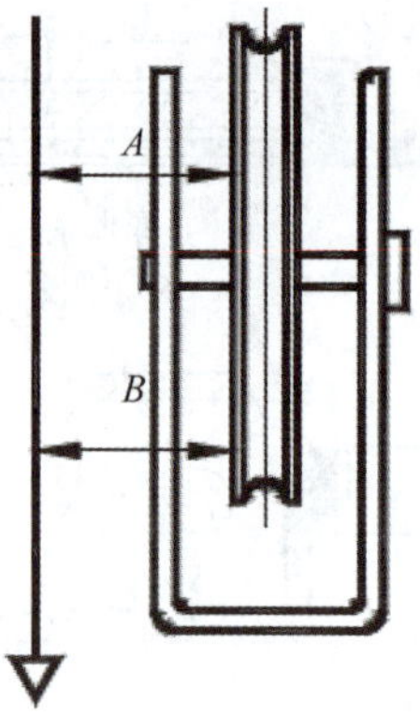

图3－2－5　限速器轮的垂直度误差

限速器就位后，绳孔要求穿导管（钢管）固定，并高出楼板50 mm，同时，找正后，钢丝绳和导管的内壁均应有5 mm以上间隙。

限速器上应标明与安全钳动作相应的旋转方向。限速器在任何情况下，都应是可接近的。若限速器装于井道内，则应能从井道外面接近它。

三、标准对接

GB/T 7588.1—2020《电梯制造与安装安全规范》中关于驱动主机的规定如下：

12　电梯驱动主机

12.1　总则

每部电梯至少应有一台专用的电梯驱动主机。

12.2　轿厢和对重（或平衡重）的驱动

12.2.1　允许使用两种驱动方式：

a）曳引式（使用曳引轮和曳引绳）；

b）强制式，即：

1）使用卷筒和钢丝绳，或

2）使用链轮和链条。

对强制式电梯，额定速度不应大于0.63 m/s，不能使用对重，但可使用平衡重。

在计算传动部件时，应考虑到对重或轿厢压在其缓冲器上的可能性。

12.4.2　机电式制动器

12.4.2.1　当轿厢载有125%额定载荷并以额定速度向下运行时，操作制动器应能使曳引机停止运转。

在上述情况下，轿厢的减速度不应超过安全钳动作或轿厢撞击缓冲器所产生的速度。

所有参与向制动轮或盘施加制动力的制动器机械部件应分两组装设。如果组部件不起作用，应仍有足够的制动力使载有额定载荷以额定速度下行的轿厢减速下行。

电磁线圈的铁芯被视为机械部件，而线圈则不是。

12.10　电动机运转时间限制器

12.10.1　曳引驱动电梯应设有电动机运转时间限制器，在下述情况下使电梯驱动主机停止转动并保持在停止状态：

a）当启动电梯时，曳引机不转；

b）轿厢或对重向下运动时由于障碍物而停住，导致曳引绳在曳引轮上打滑。

12.10.2　电动机运转时间限制器应在不大于下列两个时间值的较小值时起作用：

a）45 s；

b）电梯运行全程的时间再加上 10 s。若运行全程的时间小于 10 s，则最小值为 20 s。

12.10.3　恢复正常运行只能通过手动复位。恢复断开的电源后，曳引机无须保持在停止位置。

12.10.4　电动机运转时间限制器不应影响到轿厢检修运行和紧急电动运行。

四、曳引机的安装（表 3－2－1～表 3－2－3）

表 3－2－1　曳引机的安装

序号	安装要求和工作过程	图示
1	吊起机架，将减震垫安装到机架底部，如右图所示。组装完成后，将整个机架下放到承重梁上，要求放置稳固，须根据项目土建图确定上机架中心线位置	
2	吊起曳引机，将曳引机安装到机架上，采用螺栓组连接，如右图所示，调整曳引机和机架座的位置，使得曳引机达到如下安装技术要求： （1）曳引机位置偏差：在水平面内，曳引轮直径方向安装误差不大于 2 mm；轴向安装误差不大于 1 mm。在安装、检验时，可在曳引轮中心绳槽内挂铅垂线，通过查看铅垂线与样板架上的基准位置是否重合来校正曳引机的位置。 （2）曳引轮端面对铅垂线的平行度在空载或满载工况下均不大于 2 mm。在安装、检验时，在曳引轮端面（远离曳引机的电机侧）挂两根线锤，测量同一线锤与曳引轮端面上两个测量点的水平距离的差值不大于 2 mm	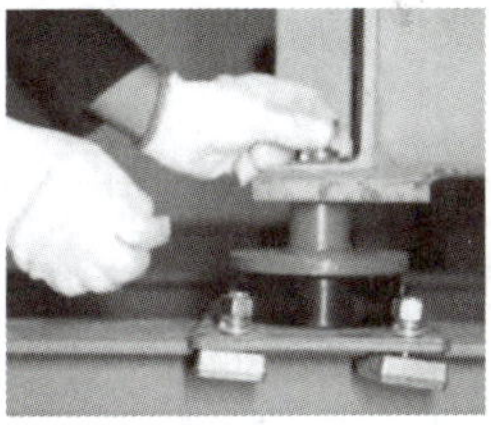
3	曳引机和机架位置定位准确后，将机架组件安装到承重梁上，采用螺栓组和压导板固定	

表 3-2-2　导向轮的安装

序号	安装要求和工作过程	图示
3	将导向轮组件安装到机架上，采用螺栓组紧固件。调整导向轮组件（可在连接处加调整垫片），使得导向轮达到如下要求： （1）导向轮位置偏差：在水平面内，导向轮直径方向的安装偏差不大于 2 mm，轴向安装偏差不大于 1 mm；校验方法与曳引轮一致。 （2）导向轮端面对铅垂线的平行度在空载或满载工况下均不大于 2 mm。在安装、检验时，在导向轮端面挂两根线锤，通过测量同一线锤与导向轮端面上两个测量点的水平距离的差值不大于 2 mm。 （3）安装后，导向轮应转动灵活，运转时无异常声音	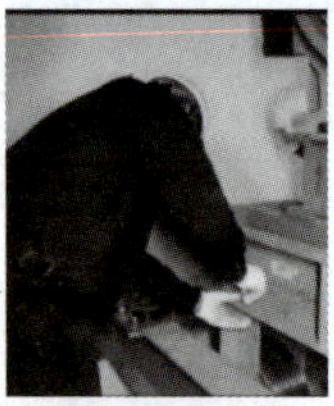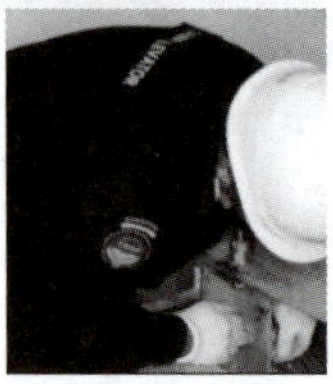

表 3-2-3　绳头板的安装

序号	安装要求和工作过程	图示
1. 轿厢绳头板安装	以焊接方式固定。固定绳头槽钢组件焊接在支撑槽钢和承重梁上，然后将轿厢绳头板焊接在固定槽钢组件上	
2. 对重绳头板的安装	将对重绳头板槽钢一端固定在机房的坚实承重墙上，其技术要求同承重梁的安装，另一端焊接在承重梁上	

【任务实施】

班级		姓名		学号	
工号		日期		评价分数	

具体工作步骤及要求见表 3-2-4。

表 3-2-4　具体工作步骤及要求

序号	工作步骤	要求	学时	备注
1	识读任务书	能快速明确任务要求并清晰表达，在教师要求的时间内完成	0.25	

续表

序号	工作步骤	要求	学时	备注
2	明确学习目标与方法	能够选择完成任务需要的方法，并进行时间和工作场所安排，掌握相关理论知识	0.5	
3	完成学习，填写任务工单	认真、准确填写任务工单	2	
4	评价		0.25	

一、工作过程及学习任务工单

(1) 先观看配套教学视频，熟悉曳引机安装流程与规范要求。

(2) 在教师指导下完成曳引机吊装、定位、固定。

(3) 在教师指导下完成限速器的安装。

(4) 在教师指导下完成控制柜的安装。

(5) 以小组为单位完成曳引机、限速器安装质量检测，并完成表3－2－5。

表3－2－5　曳引机、限速器安装质量检测

检验项目	检查结果
用磁力线坠和钢直尺，检查曳引机曳引轮的定位偏差和垂直偏差	
用磁力线坠和钢直尺曳引机导向轮的位置偏差、垂直度偏差，检查曳引轮与导向轮相互位置偏差	
检查限速器底座情况、限速器的定位偏差以及限速器的垂直偏差	
观察制动器，闸瓦应紧密地合于制动轮的工作面上；松闸时间隙均匀，用塞尺检查松闸时，间隙不大于0.7 mm	

二、总结与评价

请根据评价表内容客观、公正地进行评价（表3-2-6）。

表3-2-6 评价表

班级		姓名		学号				
评价指标	评价内容			分数	学生自评	小组互评	教师评定	企业导师评定
信息检索	能有效利用网络、图书资源、工作手册查找有用的相关信息等；能用自己的语言有条理地去解释、表述所学知识；能将查到的信息有效地传递到工作中			5				
感知工作	熟悉工作岗位，认同工作价值；在工作中能获得满足感			5				
参与态度	积极主动参与工作，能吃苦耐劳，崇尚劳动光荣、技能宝贵；与教师、同学之间相互尊重、理解、平等；与教师、同学之间能够保持多向、丰富、适宜的信息交流			5				
参与态度	探究式学习、自主学习不流于形式，处理好合作学习和独立思考的关系，做到有效学习；能提出有意义的问题或能发表个人见解；能按要求正确操作；能够倾听别人意见、协作共享			5				
学习方法	学习方法得体，有工作计划；操作技能符合规范要求；能按要求正确操作；获得了进一步学习的能力			5				
学习过程	遵守管理规程，操作过程符合现场管理要求；平时上课的出勤情况和每天完成工种任务情况良好；善于多角度分析问题，能主动发现、提出有价值的问题			5				
思维态度	能发现问题、提出问题、分析问题、解决问题、创新问题			5				
知识、技能、思政	完成知识目标、技能目标与思政目标的要求			55				

续表

班级		姓名		学号				
评价指标	评价内容			分数	学生自评	小组互评	教师评定	企业导师评定
自评反馈	按时按质完成工作任务；较好地掌握了专业知识点；具有较强的信息分析能力和理解能力；具有较为全面、严谨的思维能力，并能条理清楚、明晰表达成文			10				
分数								
学生自评（25%）+ 小组互评（25%）+ 教师评定（25%）+ 企业导师评定（25%）=								
总结、反馈、建议								

【任务小结】

电梯曳引机安装一般在承重梁安装结束后进行，主要内容有曳引机、导向轮和限速器的定位与安装。曳引机吊装工作具有一定的危险性，起吊前除按规定进行准备外，还需要再次强调安全与沟通的要求，并明确一位有起吊经验的负责人进行指挥，他人不得干扰，起吊的吊环应有防松脱装置。

曳引机吊装到位后应固定，固定应分步进行。先按照机电设备固定要求的对角紧固方法逐步固定，曳引机在挂放钢丝绳受力后，还需要对曳引机的安装尺寸进行复核。

限速器是电梯最重要的安全保护构件之一，其安装质量将影响电梯的运行安全。安装时应保证质量要求。

电梯曳引机安装质量的检查项目和技术标准应执行《电梯工程施工质量验收规范》，曳引机自身安装质量与导向轮安装质量的主要技术要求有位置偏差、水平偏差、垂直偏差等，检查这些偏差有规定的工具，也有相应的检查方法。

曳引机安装完后，在曳引轮上应有标明轿厢上升方向盘的箭头标识。曳引轮、导向轮、反绳轮轮缘及盘车手轮应涂成醒目的黄色，松闸扳手涂成红色，并挂在机房内容易接近的墙壁上。

课后习题

一、单选题

1. 曳引机制动器在打开状态时，闸瓦应（　　）制动轮的工作表面。

A. 轻触　　B. 靠近

C. 紧密、均匀地贴合于　　D. 靠近且间隙均匀于

2. 曳引机采用刚性联轴器安装时，同轴度要求（　　）采用弹性联轴器的要求。

A. 高于　　B. 低于　　C. 无所谓　　D. 相等

3. 当轿厢载有（　　）额定载荷并以额定速度向下运行时，切断制动器电源后，应能使曳引机停止运转。

A. 110%　　B. 115%　　C. 125%　　D. 130%

二、判断题

1. 曳引驱动电梯应设有电动机运转时间限制器，在下述情况下使电梯驱动主机停止转动并保持在停止状态：当启动电梯时，曳引机不转；轿厢或对重向下运动时由于障碍物而停住，导致曳引绳在曳引轮上打滑。(　　)

2. 电梯曳引机靠近盘车手轮附近，应标出轿厢的运行方向。(　　)

3. 在曳引机附近，进行人工紧急救援操作的地方，应有不小于0.5 m×0.8 m的水平净空面积。(　　)

大国工匠英雄谱之三

“蛟龙号”载人潜水器首席装配钳工技师、深海“蛟龙”的守护者——顾秋亮

“蛟龙号”载人潜水器是目前世界上下潜最深的载人潜水器，其研制难度不亚于航天工程。10多年来，顾秋亮带领全组成员在这个高、精、尖的重大技术攻关项目中，保质保量完成了“蛟龙号”总装集成、数十次水池试验和海试过程中“蛟龙号”部件的拆装与维护，还和科技人员一道攻关，解决了海上试验中遇到的技术难题，用实际行动演绎着对祖国载人深潜事业的忠诚与热爱。

项目四

轿厢和对重的安装与调整

项目任务书

【项目描述】

电梯轿厢是电梯中运载乘客或货物的部件，也是乘客乘坐电梯最直观、直接接触的电梯部件，为保障电梯轿厢的安全，需要安装一系列的电梯器件。

本项目设计了轿厢与安全钳的安装与调整、对重与曳引钢丝绳的安装与调整、缓冲器和限速器的安装与调整三个工作任务。通过完成这两个工作任务，理解电梯轿厢安装施工作业的操作规程，了解限速器、安全钳、导靴等部件的基本结构和类型；在完成工作任务过程中，注意安全操作、工艺规范，注意分工和合作，逐步养成并提升自己的规范意识、安全意识。

【项目概况】

轿厢与对重设备安装前期准备工作的任务规划见表 4－1－1。

表 4－1－1　轿厢与对重设备安装前期准备工作的任务规划表

班级______　姓名______　学号______　工号______　日期______　测评______　等级______

工作任务	轿厢与对重设备的安装与调整	学习模式	
建议学时	8 学时	教学地点	
任务描述	【案例】电梯公司（乙方）需要安装一部五层站乘客电梯，电梯机房设备已经安装完成，下一步需要进行轿厢和对重设备的安装工作。		
学习目标	1. 知识目标 （1）掌握《电梯制造与安装安全规范》（GB/T 7588.1—2020）、《安全操作规程》（GB/T 10060—2011）。 （2）掌握电梯轿厢和对重安装的工具及使用方法。 （3）掌握电梯轿厢和对重安装的工作过程。 2. 技能目标 （1）能掌握《电梯制造与安装安全规范》（GB/T 7588.1—2020）、《安全操作规程》（GB/T 10060—2011）。 （2）能正确使用电梯轿厢安装工具。 （3）知道电梯轿厢安装工作过程。		

续表

<table>
<tr><td>工作任务</td><td>轿厢与安全钳的安装与调整</td><td>学习模式</td><td></td></tr>
<tr><td>建议学时</td><td>8 学时</td><td>教学地点</td><td></td></tr>
<tr><td>学习目标</td><td colspan="3">3. 思政目标
（1）认同并遵守《电梯制造与安装安全规范》（GB/T 7588.1—2020）、《安全操作规程》（GB/T 10060—2011）。
（2）树立合作意识、安全意识，培养交流沟通能力。
（3）养成良好的工作习惯，提升自己的职业素养。</td></tr>
<tr><td>学时分配</td><td colspan="3">学时分配表
<table><tr><td>序号</td><td>学习任务</td><td>学时安排</td></tr><tr><td>1</td><td>轿厢与安全钳的安装与调试</td><td>2</td></tr><tr><td>2</td><td>对重与曳引钢丝绳的安装与调试</td><td>3</td></tr><tr><td>3</td><td>缓冲器与限速器的安装与调试</td><td>3</td></tr></table></td></tr>
</table>

学习任务1　轿厢和安全钳的安装与调试

【任务目标】

1. 知识目标

（1）掌握电梯轿厢和对重安装示意图、主要部件安装示意图。

（2）掌握轿厢、安全钳的安装步骤、安全注意事项和验收要求。

（3）掌握电梯轿厢、安全钳的主要性能参数。

（4）掌握《电梯制造与安装安全规范》（GB/T 7588.1—2020）、《电梯安装验收规范》（GB/T 10060—2011）、《电梯工程施工技术标准》和其他相关技术标准。

（5）掌握轿厢、安全钳的验收要求。

轿厢安装

2. 技能目标

（1）能按照6S标准，相互协作完成轿厢、安全钳的安装。

（2）能说出电梯轿厢、安全钳、零部件主要性能参数。

（3）能对电梯轿厢、安全钳进行调试和验收。

3. 思政目标

（1）遵守安全技术规范、国家标准。

（2）树立学生严谨的工作态度，强化电梯安装调试规范操作的职业素养。

（3）在实际操作中，强化安全意识、责任意识、合作意识。

【案例引入】

轿厢是装载乘客的部件，安全钳可以对轿厢起到安全保护作用，那么二者该如何安装？注意事项有哪些？

【案例分析】

电梯机房设备安装完成之后，根据安装工艺流程，进行轿厢与安全钳的安装，具体流程如下：

(1) 轿厢架与轿厢体的安装与调整。

(2) 导靴和安全钳的安装与调整。

【知识链接】

电梯轿厢是用于运送乘客或货物的电梯组件，在曳引钢丝绳的作用下，通过导靴沿导轨在井道中上下运行。

安全钳是设置在轿厢上最重要的安全保护装置，其作用是当轿厢或对重向下超速或曳引钢丝绳断绳情况下，限速器装置动作，夹住限速器安全钳连动绳，带动安全钳动作，使轿厢制停并夹紧在导轨上。

导靴是使轿厢和对重沿导轨上下运动的装置。导靴按其在工作面的运动方式，可分为滑动导靴和滚动导靴两种。

一、轿厢

轿厢一般由轿底、轿壁、轿顶、轿门等部件构成，其内部净高度至少应为 2 m，如图 4－1－1 所示。

图 4－1－1 轿厢的结构

1. 轿厢架

轿厢架是轿厢的承载结构，轿厢的自重和载重由它传递到曳引钢丝绳。当安全钳动作或蹲底撞击缓冲器时，还要承受由此产生的反作用力，因此，轿厢架要有足够的强度。

轿厢架由上梁、立柱、底梁等组成，上梁和底梁各用两根槽钢制成，立柱用槽钢或角钢制成。用圆钢制作的四根拉杆一端固定在轿底框架侧面的支架上，另一端固定在轿厢架的立柱上，其作用是支撑轿底四角，平衡轿底的负荷。轿厢架上梁和底梁四角有供安装导靴和安全钳用的平板，立柱侧有供安装限位开关打板的支架。如图 4 –1 –2 所示，上梁和底梁各用两根槽钢制成，立柱用槽钢或角钢制成。

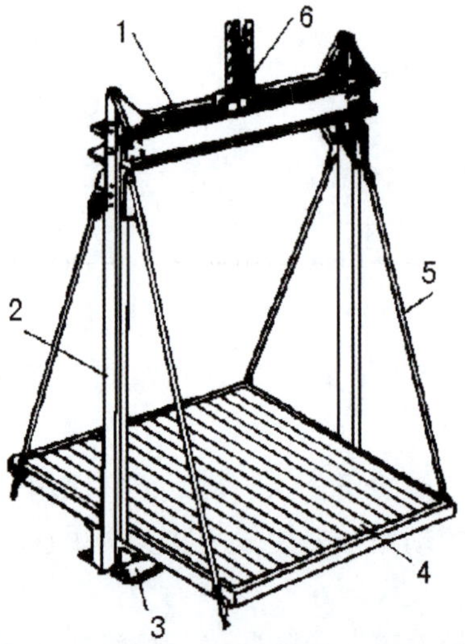

1—上梁；2—立柱；3—底梁；4—轿底；5—拉杆；6—绳头组合。

图 4 –1 –2　轿厢架

2. 轿厢体

轿厢体由轿底、轿壁和轿顶等组成封闭围壁，形成运送乘客或货物的空间。轿底安装到轿厢架底梁的底框架之上，轿厢体的其他部分再依次安装在轿底上，并用四根拉杆平衡负荷。轿底承受全部载重，轿壁和轿顶则对轿内乘客或货物起保护作用。轿厢体由不易燃和不产生有害气体或烟雾的材料组成。为了乘员的安全和舒适，要求轿厢入口和内部的净高度不得小于 2 m，如图 4 –1 –3 所示。

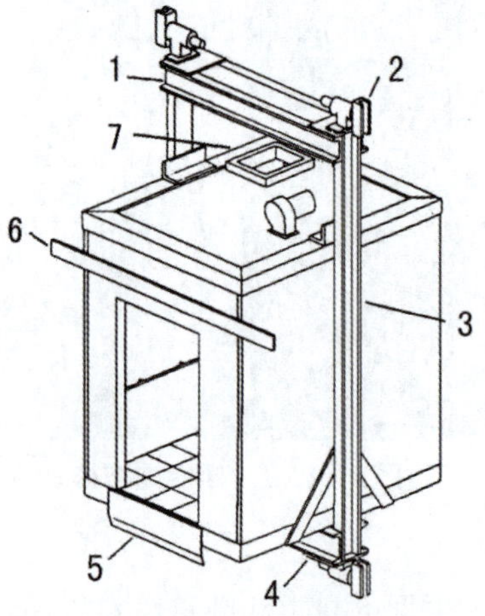

1—上梁；2—导靴；3—立柱；4—底梁；5—护脚板；6—轿门导轨；7—安全窗。

图 4 –1 –3　轿厢体

3. 轿厢有效面积的确定

轿厢有效面积是指在轿厢地板以上 1 m 高度处测量的轿厢面积，为防止乘员过多而引起超载，轿厢的有效面积必须予以限制。电梯轿厢有效面积与电梯的额定载重量及载客人数有关，具体可参见《电梯制造与安装安全规范》（GB/T 7588.1—2020）对额定载重量和轿厢最大有效面积的对应规定。

安全钳的安装与调试

二、安全钳与导靴

1. 限速器与安全钳

限速器安装在电梯机房内，限速器的绳轮垂直于井道中轿厢的侧面。绳轮上的钢丝绳在井道与轿厢上梁安全钳连杆相连接，再通过井道底坑的张紧轮返回到限速器轮上形成环状。这样，限速器的绳轮就随轿厢运动而转动，如图 4－1－4 所示。

图 4－1－4　限速器与安全钳

限速器和安全钳组合为限速装置，限速器的绳轮随轿厢运动而转动。安全钳安装在轿厢架下梁上，两端各装一副，其位置在导靴之上，随轿厢沿导轨运动。安全钳楔块由连杆、拉杆、回位弹簧等传动机构与轿厢上限速器钢丝绳连接。当电梯出现故障，轿厢超过额定速度的 115% 运行，处于危险状态时，限速器开始动作。首先，通过限速器电气开关切断运行电路，使电梯失去动力；其次，限速器的卡块卡住限速轮。连接限速器钢丝绳的拉杆上提，连杆系统通过拉杆带动安全钳楔块动作，夹持导轨，使轿厢制停，并通过连杆机构上的电气开关切断控制电路电源，完全停止轿厢运动。

安全钳分瞬时式和渐进式两种。其中，瞬时式安全钳一般用于速度小于或等于 0.63 m/s 的低速货梯，渐进式安全钳则用于速度大于 0.63 m/s 的客梯。

2. 导靴

导靴是电梯导轨与轿厢之间的可以滑动的尼龙块，它可以将轿厢固定在导轨上，让轿厢只可以上下移动，导靴上部还有油杯，减小靴衬与导轨的摩擦力。电梯轿厢的四只导靴分别安装在上梁两侧和轿厢底部安全钳座下面。还有四只对重导靴，安装在对重架四角的对重梁的底部和上部。

导靴按运动方式分为滑动导靴和滚动导靴两种，滑动导靴主要用于速度不大于 1.75 m/s 的电梯，滚动导靴主要用于速度在 2.0 m/s 及以上的电梯，如图 4－1－5 所示。

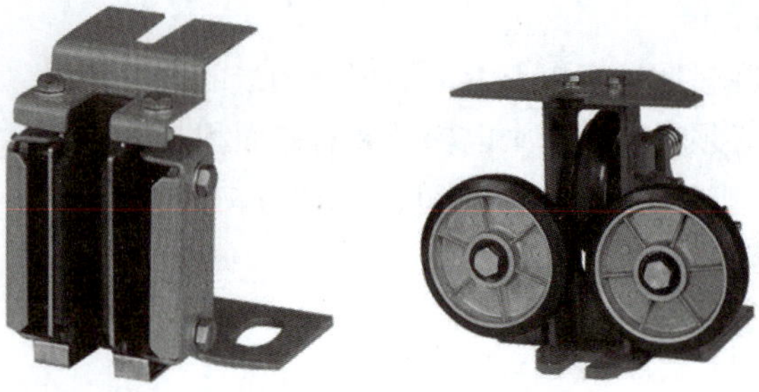

滑动导靴　　　　滚动导靴

图 4－1－5　电梯导靴

三、轿厢、安全钳安装的工艺流程及技术要求

1. 轿厢、导靴和安全钳安装的工艺流程

安装下梁→安装立柱→安装上梁→安装轿底→安装安全钳→安装导靴→挂曳引钢丝绳→拼装轿厢体。

2. 轿厢安装的技术要求

（1）下梁放好后，应调整下梁水平度，使其横、纵向的水平度误差不大于 1/1 000。

（2）装立柱时，应使其自然垂直，若达不到要求，要在上、下梁和立柱间加垫片进行调整，不可强行安装。立柱与下梁连接后，立柱应垂直且不扭曲，不铅垂度在整个立柱高度上不大于 1.5 mm。

（3）上梁与立柱连接，装上所有的连接螺栓时，应调整上梁的横、纵向水平度，使其水平度误差不大于 1/2 000。上梁带绳轮时，要调整绳轮与上梁的间隙，绳轮四角与上梁的间隙差不大于 1 mm。

（4）轿厢底就位后，轿厢底与立柱、下梁装上紧固螺栓后不要拧紧，需要装上斜拉杆并调整轿厢底水平度，水平度误差不大于 2/1 000 时，将斜拉杆用双螺母紧固后，再拧紧轿厢底与立柱、下梁的紧固螺栓。轿厢各连接螺栓压接紧固、垫圈齐备。

（5）轿厢底盘调整水平后，轿厢底与底座之间、底座与下梁之间的各连接处都要接触严密，若有缝隙，要用垫片垫实，不可使斜拉杆过分受力。

3. 导靴安装的技术要求

（1）上、下导靴中心与安全钳中心三点在同一条垂线上，不能有歪斜、偏扭现象。

（2）要调整导靴内衬与导轨端面间隙一致，内衬与导轨端面间隙两侧之和为 2.5 mm。

4. 安全钳安装的技术要求

（1）安全钳楔块面与导轨侧面间隙为 3～4 mm，各间隙最大差值不大于 0.3 mm。

（2）安全钳钳口与导轨顶面间隙不小于 3 mm，各间隙差值不大于 0.3 mm。

四、轿厢安装标准对接

GB/T 7588.1—2020《电梯制造与安装安全规范》中关于轿厢的规定如下：

> 8.3.1　轿厢应由轿壁、轿厢地板和轿顶完全封闭，只允许有下列开口：
> a）使用人员正常出入口；

b）轿厢安全窗和轿厢安全门；

c）通风孔。

8.3.2 轿壁、轿厢地板和轿顶应具有足够的机械强度，包括轿厢架、导靴、轿壁、轿厢地板和轿顶的总成也须有足够的机械强度，以承受在电梯正常运行、安全钳动作或桥厢撞击缓冲器的作用力。

8.3.2.1 轿壁应具有这样的机械强度：即用 300 N 的力，均匀地分布在 5 cm^2 的圆形或方形面积上，沿轿厢内向轿厢外方向垂直作用于轿壁的任何位置上，轿壁应：

a）无永久变形；

b）弹性变形不大于 15 mm。

8.4 护脚板

8.4.1 每一轿厢地坎上均须装设护脚板，其宽度应等于相应层站入口的整个净宽度。护脚板的垂直部分以下应成斜面向下延伸，斜面与水平面的夹角应大于60°，该斜面在水平面上的投影深度不得小于 20 mm。

8.4.2 护脚板垂直部分的高度不应小于 0.75 m。

8.4.3 对于采用对接操作的电梯，其护脚板垂直部分的高度应是在轿厢处于最高装卸位置时，延伸到层门地坎线以下不小于 0.10 m。

8.13 轿顶

除了 8.3 要求外，轿顶应满足下列要求：

8.13.1 在轿顶的任何位置上，应能支撑两个人的体重，每个人按 0.20 m×0.20 m 面积上作用 1 000 N 的力，应无永久变形。

8.13.2 轿顶应有一块不小于 0.12 m^2 的站人用的净面积，其短边不应小于 0.25 m。

8.13.3 离轿顶外侧边缘有水平方向超过 0.30 m 的自由距离时，轿顶应装设护栏。

自由距离应测量至井道壁，井道壁上有宽度或高度小于 0.30 m 的凹坑时，允许在凹坑处有稍大一点的距离。

护栏应满足下列要求：

8.13.3.1 护栏应由扶手、0.10 m 高的护脚板和位于护栏高度一半处的中间栏杆组成。

8.13.3.2 考虑到护栏扶手外缘水平的自由距离，扶手高度为：

a）当自由距离不大于 0.85 m 时，不应小于 0.70 m；

b）当自由距离大于 0.85 m 时，不应小于 1.10 m。

8.13.3.3 扶手外缘和井道中的任何部件［对重（或平衡重）、开关、导轨、支架等］之间的水平距离不应小于 0.10 m。

8.13.3.4 护栏的入口，应使人员安全和容易地通过，以进入轿顶。

8.13.3.5 护栏应装设在距轿顶边缘最大为 0.15 m 之内。

8.13.4 在有护栏时，应有关于俯伏或斜靠护栏危险的警示符号或须知，固定在护栏的适当位置。

8.13.5 轿顶所用的玻璃应是夹层玻璃。

8.13.6 固定在轿顶上的滑轮和（或）链轮应按 9.7 要求设置防护装置。

【任务实施】

班级		姓名		学号	
工号		日期		评价分数	

具体工作步骤及要求见表 4 –1 –2。

表 4 –1 –2　具体工作步骤及要求

序号	工作步骤	要求	学时	备注
1	识读任务书	能快速明确任务要求并清晰表达，在教师要求的时间内完成	0.25	
2	明确学习目标与方法	能够选择完成任务需要的方法，并进行时间和工作场所安排，掌握相关理论知识	0.5	
3	完成学习，填写任务工单	认真、准确填写任务工单	2	
4	评价		0.25	

一、工作过程及学习任务工单

（1）观看教材配套教学视频，熟悉轿厢安装流程与规范要求。

____

____

____

（2）学生自由分组，由教师带领完成轿厢架安装（表 4 –1 –3）。

表 4 –1 –3　轿厢架安装

步骤	安装过程记录
1. 工作准备	
2. 下梁安装	
3. 立柱安装	
4. 轿底安装	
5. 上梁安装	

（3）由教师带领完成轿厢壁、轿顶安装。

____

____

____

（4）由教师带领将轿厢组装完成（表4－1－4）。

表4－1－4　轿厢组装

步骤	安装过程记录
1. 轿厢壁组装	
2. 轿顶安装	
3. 轿门立柱位置调整	
4. 轿厢操纵箱位置调整	

（5）学生分组根据步骤完成安全钳的安装（表4－1－5）。

表4－1－5　安全钳的安装

安装步骤	工作过程记录
将安全钳楔块分别放入已经安装在轿厢架上的安全钳座内，并使楔块拉杆与上梁拉杆拨架相连接，调整各楔块拉杆上端螺母，用塞尺检查，使各楔块工作面与导轨侧工作面间的间隙 $C=3\sim4$ mm	
拉起安全钳拉杆，使安全钳楔块轻轻接触导轨时，限位螺钉部分留有一定间隙	
调整上梁上安全钳联动机构的安全开关，使得在安全钳装置动作的同时，断开控制电路	

（6）学生分组根据步骤完成导靴和油盒的安装。

导靴安装的工艺流程为拼装轿厢架、对重架→安装导靴（螺钉不固定）→考虑各基准值的安装允差（如导轨面距、轿门地坎与层门地坎间隙、轿厢水平度等）→调整导靴内部相关间隙距离（表4－1－6）。

表4－1－6　导靴和油盒的安装

安装步骤	工作过程记录
固定滑动导靴安装时，在最小导轨面距的位置使一侧顶隙为零时，另一侧的靴衬与导轨之间的间隙为0.5～1.0 mm	
弹性滑动导靴在工厂已装配好，现场只固定到与导轨配合的位置上，调节螺母，使导靴安装两侧与导轨间隙保持一致，不得偏向	
轿厢油盒安装在轿厢架上横梁的导靴上，安装后使油毡紧贴导轨，并且油盒与导轨各工作面保持均匀间隙	

二、总结与评价

请根据评价表内容客观、公正进行评价（表4－1－7）。

表4－1－7　评价表

班级		姓名		学号				
评价指标	评价内容			分数	学生自评	小组互评	教师评定	企业导师评定
信息检索	能有效利用网络、图书资源、工作手册查找有用的相关信息等；能用自己的语言有条理地去解释、表述所学知识；能将查到的信息有效地传递到工作中			5				
感知工作	熟悉工作岗位，认同工作价值；在工作中能获得满足感			5				
参与态度	积极主动参与工作，能吃苦耐劳，崇尚劳动光荣、技能宝贵；与教师、同学之间相互尊重、理解、平等；与教师、同学之间能够保持多向、丰富、适宜的信息交流			5				
	探究式学习、自主学习不流于形式，处理好合作学习和独立思考的关系，做到有效学习；能提出有意义的问题或能发表个人见解；能按要求正确操作；能够倾听别人意见、协作共享			5				
学习方法	学习方法得体，有工作计划；操作技能符合规范要求；能按要求正确操作；获得了进一步学习的能力			5				
学习过程	遵守管理规程，操作过程符合现场管理要求；平时上课的出勤情况和每天完成工种任务情况良好；善于多角度分析问题，能主动发现、提出有价值的问题			5				
思维态度	能发现问题、提出问题、分析问题、解决问题、创新问题			5				
知识、技能、思政	完成知识目标、技能目标与思政目标的要求			55				

续表

班级		姓名		学号				
评价指标	评价内容			分数	学生自评	小组互评	教师评定	企业导师评定
自评反馈	按时按质完成工作任务；较好地掌握了专业知识点；具有较强的信息分析能力和理解能力；具有较为全面、严谨的思维能力，并能条理清楚、明晰表达成文			10				
分数								
学生自评（25%）+小组互评（25%）+教师评定（25%）+企业导师评定（25%）=								
总结、反馈、建议								

【任务小结】

轿厢一般由轿底、轿壁、轿顶、轿门等部件组成，其内部净高度至少为 2 m。

电梯轿厢是用于运送乘客或货物的电梯组件，在曳引钢丝绳的作用下，通过导靴沿导轨在井道中上下运行。

安全钳是设置在轿厢上最重要的安全保护装置，其作用是在轿厢或对重向下超速或曳引钢丝绳断绳情况下，限速器装置动作，夹住限速器安全钳连动绳，带动安全钳动作，使桥厢制停并夹紧在导轨上。

导靴是使轿厢和对重沿导轨上下运动的装置。导靴按其在工作面的运动方式，可分为滑动导靴和滚动导靴两种。

课后习题

一、问答题

1. 在安装与调试安全钳时出现了什么问题？你是如何解决的？
2. 轿厢一般由哪些部分组成？每个部分有什么作用？
3. 你在安装电梯轿厢时，遇到哪些困难？你是怎样克服这些困难的？

二、填空题

1. 下梁放好后，应调整下梁水平度，使其________不大于 1/1 000。

2. 轿厢底就位后，轿厢底与立柱、下梁装上紧固螺栓________，需要装上斜拉杆并调整轿厢底水平度，不水平度________时，将斜拉杆用双螺母紧固后，再拧紧轿厢底与________紧固螺栓。

学习任务2　对重与曳引钢丝绳安装与调试

【任务目标】

1. 知识目标

（1）掌握对重和曳引钢丝绳装置的结构。

（2）掌握曳引钢丝绳的规格和型号分类。

（3）掌握对重装置和曳引钢丝绳安装的技术要求。

（4）掌握对重的安装方法。

（5）掌握《电梯制造与安装安全规范》（GB/T 7588.1—2020）、《电梯安装验收规范》（GB/T 10060—2011）、《电梯工程施工技术标准》和其他相关技术标准。

2. 技能目标

（1）能按照6S标准，相互协作完成对重和曳引钢丝绳安装。

（2）能说出对重和曳引钢丝绳安装的技术要求。

（3）能对对重和曳引钢丝绳进行调试与验收。

3. 思政目标

（1）遵守《电梯制造与安装安全规范》（GB/T 7588.1—2020）、《电梯安装验收规范》（GB/T 10060—2011）的要求。

（2）形成爱岗敬业的工作作风。

（3）增强安全意识、责任意识、合作意识。

（4）树立严谨的工作态度，追求精益求精的工匠精神。

对重安装及调整

【案例引入】

轿厢和对重是配对使用，接下来安装对重和曳引钢丝绳。

【案例分析】

电梯轿厢与安全钳安装完成之后，根据安装工艺流程，下面进行对重与曳引钢丝绳的安装。具体流程如下：

（1）根据对重装置安装技术要求，安装对重架、对重块等对重装置。

（2）安装曳引钢丝绳。

【知识链接】

一、对重的组成

对重由对重架、对重块、导靴、补偿蹲等组成，对重架通常用槽钢作为主体结构，其高度一般不宜超出轿厢高度。

对重位于井道内，通过曳引绳经曳引轮与轿厢连接，并使轿厢与对重的重量通过曳引绳作用于曳引轮，保证足够的驱动力。一般情况下，只有轿厢的载荷达到50%的额定载荷时，对重一侧和轿厢一侧才完全平衡，这时的载荷称为电梯的平衡点。这时由于曳引绳两端的静载荷相等，使电梯处于最佳的平衡状态。但是在电梯的实际运行中，曳引绳两端的载荷是不相等且不断变化的，对重能起到相对平衡的作用，如图 4－2－1 所示。

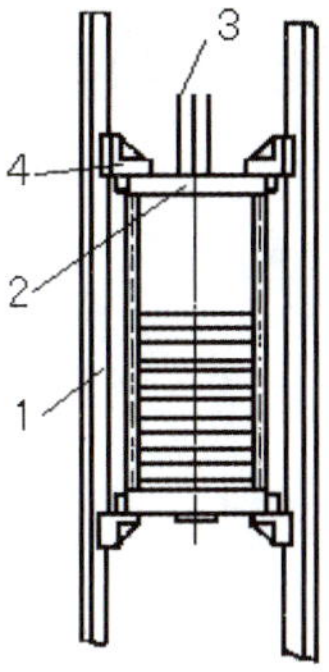

1—导轨；2—对重；3—曳引绳；4—导靴。

图 4－2－1　对重

对重装置由曳引绳悬挂在轿厢的另一端，起到平衡轿厢以及部分载重量的作用，曳引机只需克服轿厢侧与对重侧的重量差便能驱动电梯，减少对曳引机输出功率的需求。对重装置主要由对重架、对重块等部件组成，当拆除对重块时，重量平衡失效，轿厢迅速滑落，启动电梯使曳引轮空转，钢丝绳没有被带动起来，可见对重装置在电梯里是十分重要的一环。

对重架用槽钢和钢板焊接而成，对重架顶部安装反绳轮或绳头装置，下部为笼式护架。对重分为无对重轮式和有对重轮式两种，其中，无对重轮式用于曳引比为 1∶1 的电梯，有对重轮（反绳轮）式用于曳引比为 2∶1 的电梯，如图 4－2－2 所示。

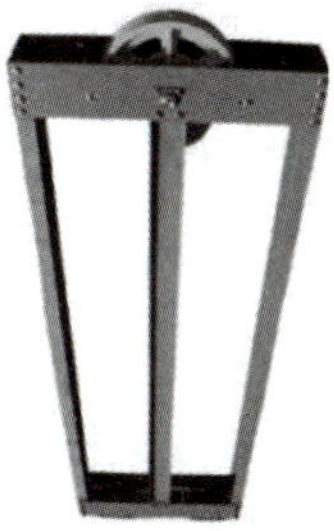

图 4－2－2　对重架

对重块用铸铁或铁框混凝土做成，对重块的质量有 50 kg、70 kg、100 kg 和 125 kg 等几种，对重块放入对重架后，需用压板压紧，以防止电梯在运行时发生松动而影响运行平稳性，产生噪声。

为使对重装置能很好地平衡轿厢，须正确计算对重装置的总质量。对重装置的总质量与电梯轿厢的自重及轿厢的额定载重量有关。它们之间的关系可用下式来确定：

$$W_{对} = G_{净} + KQ$$

式中，$W_{对}$为对重装置的总质量，单位为千克（kg）；$G_{净}$为轿厢的净质量，单位为千克（kg）；K 为平衡系数（一般取 0.4~0.5）；Q 为电梯额定载重量，单位为千克（kg）。

二、重量补偿装置

当电梯提升高度超过 30 m 以上时，电梯在运行过程中，轿厢和对重侧的钢丝绳及轿厢下的随行电缆的长度在不断变化，为减小曳引机承受的载荷差，提高电梯的曳引性能，需采用重量补偿装置，对电梯运行中重量变化实行动态补偿，如图 4－2－3 所示。

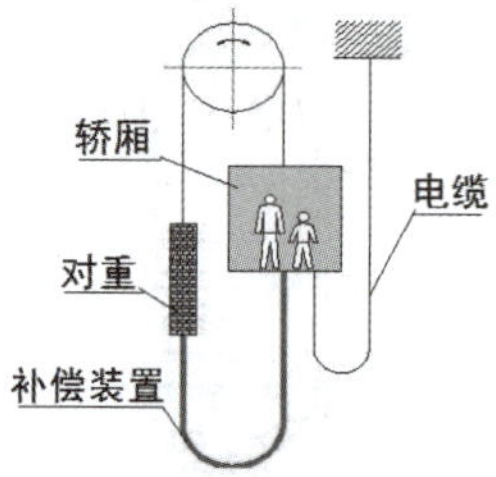

图 4－2－3　重量补偿装置示意图

常用的重量补偿装置有三种：补偿链（图 4－2－4（a）），用于速度小于 1.75 m/s 的电梯；补偿绳（图 4－2－4（b）），用于速度大于 1.75 m/s 的电梯；补偿缆（图 4－2－4（c）），用于高速电梯，如图 4－2－4 所示。

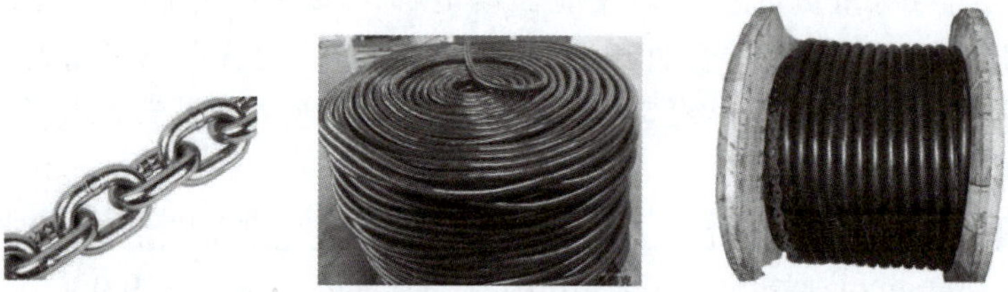

（a）　（b）　（c）

图 4－2－4　重量补偿装置

三、曳引钢丝绳

曳引钢丝绳是连接轿厢和对重的重要部件，承载着轿厢、对重、额定载重等质量的总和。电梯用曳引钢丝绳是按国家标准生产的电梯专用钢丝绳，钢丝绳分为 6×19S＋NF 和 8×19S＋NF 两种，均采用天然或人造纤维作绳芯，如图 4－2－5 所示。

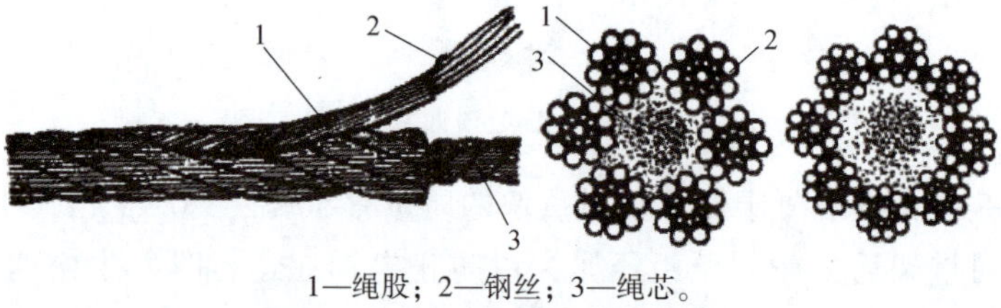

1—绳股；2—钢丝；3—绳芯。

图 4－2－5　电梯用曳引钢丝绳

电梯用曳引钢丝绳具有较大强度，具有较高的径向韧性、较好的抗磨性，能很好地承受冲击负荷。

四、对重装置安装的工艺流程及技术要求

对重架的吊装就位→对重架安装→对重块安装→曳引钢丝绳安装→曳引钢丝绳张力调整。

【任务实施】

班级		姓名		学号	
工号		日期		评价分数	

具体工作步骤及要求见表 4－2－1。

表 4－2－1　具体工作步骤及要求

序号	工作步骤	要求	学时	备注
1	识读任务书	能快速明确任务要求并清晰表达，在教师要求的时间内完成	0.25	
2	明确学习目标与方法	能够选择完成任务需要的方法，并进行时间和工作场所安排，掌握相关理论知识	0.5	
3	完成学习，填写任务工单	认真、准确填写任务工单	2	
4	评价		0.25	

一、工作过程及学习任务工单

（1）学生分组，在教师指导下完成对重架的安装并完成表 4－2－2。

表 4－2－2　对重架的安装

步骤	安装过程记录
在对重导轨的中心距底坑地面 5～6 m 高导轨支架处悬挂手拉葫芦	
根据底坑深度及轿厢下梁和缓冲器计算出轿厢和对重到缓冲器的行程 S 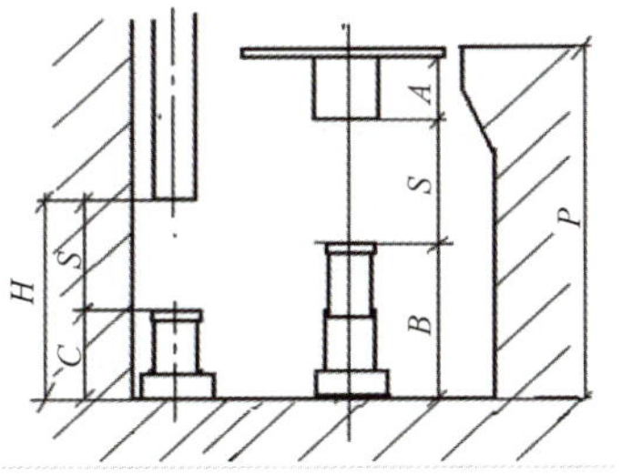 $S=P-(A+B)$ $H=S+C$ 式中，P 为底坑深度；A 为轿厢地坎至下梁碰板的距离；B、C 为缓冲顶面至底坑地面的距离；H 为对重架到坑底距离	
根据计算出的数值将对重架吊至所需高度，用木梁支撑，安装两侧上下导靴并调整，对于刚性滑动导靴，使其与导轨顶面间隙调至 2 mm	

（2）在教师指导下完成对重块的安装并完成表4－2－3。

表4－2－3　对重块的安装

步骤	安装过程记录
将对重块由下至上装到对重架内，对重装置的总质量可由下式计算： 对重装置的总质量＝轿厢总质量＋(40%~50%)的额定载荷 装入对重块的数量应由下列公式决定： 块数＝(对重装置总质量－对重框架质量)÷对重块的质量 这只是一个估算值，具体数量应在做完平衡载荷实验后确定。装入配重块后，应按厂家要求装上对重块压紧装置，并上紧螺母，防止对重块在电梯运行时发出撞击声	
安装防护栏，在井道的底部，在电梯运动部件（轿厢和对重）之间设置不低于2.5 m的防护栅栏	

（3）在教师指导下完成补偿装置的安装并完成表4－2－4。

表4－2－4　补偿装置的安装

步骤	安装过程记录
补偿链的安装：将补偿链的一端通过U形卡安装在对重底部，并在补偿链下端加上50~60 kg的载荷，使对重向最上层移动，观察并确认链条无扭转	
在保证链下部最低点到井道底坑地面的距离为200~300 mm时，用U形卡将链条的另一端安装到轿底吊架上，保留300 mm，多余部分截去	
装好链条导向装置，将电梯分别在最上层和最下层附近反复进行二层运转，以检验链条安装是否正确	

（4）在教师指导下完成曳引钢丝绳的安装并完成表4－2－5。

表4－2－5　曳引钢丝绳的安装

步骤	安装过程记录
曳引钢丝绳长度L在轿厢和对重组装完成后，根据电梯安装的实际要求和电梯总体布置图的高度确定	
在宽敞清洁的场地放开钢丝绳束盘，检查钢丝绳有无锈蚀、打结、断丝、松股现象。按照已测量好的钢丝绳长度，在距断绳两端5 mm处用铅丝进行绑扎，绑扎长度最少20 mm。然后用钢锯、切割机、压力钳等工具截断钢丝绳，不得使用电、气焊截断，以免破坏钢丝绳机械强度	

续表

步骤	安装过程记录
曳引比 1∶1 电梯：将钢丝绳一头从曳引轮侧放下，与轿厢绳头吊板的锥套孔连接，另一头锥套从导向轮侧放下井道，与对重架板上对应锥套孔连接，依次将其他几根钢丝绳顺序安装好，并确保各曳引绳间不缠绕	
曳引比 2∶1 电梯：将一侧从机房轿厢曳引孔放下，绕过轿顶反绳轮（或轿底导向轮）回到机房轿厢侧绳头固定板；将另一端钢丝绳连同锥套沿对重曳引孔放下，到对重反绳轮回到机房对重侧绳头固定板	
拧紧锥套螺母与锁紧螺母，安装好保护开口销	
调整曳引绳张力，绳头组合与轿厢、对重的连接均采用缓冲调节装置来实现。弹簧起缓冲作用，螺母可调整各绳间的张力。调整方法是将电梯运行至与对重架同一水平位置，通过绳头螺母调整各绳头弹簧的压缩长度，使最大值与最小值偏差不超过 2 mm，也可用拉力秤测量各曳引绳的变形拉力，各绳之间的张力差值不应超过 5%	

二、总结与评价

根据评价表内容客观、公正地进行评价（表 4－2－6）。

表 4－2－6　评价表

班级		姓名		学号			
评价指标	评价内容			分数	学生自评	小组互评	教师评定	企业导师评定
信息检索	能有效利用网络、图书资源、工作手册查找有用的相关信息等；能用自己的语言有条理地去解释、表述所学知识；能将查到的信息有效地传递到工作中			5				
感知工作	熟悉工作岗位，认同工作价值；在工作中能获得满足感			5				
参与态度	积极主动参与工作，能吃苦耐劳，崇尚劳动光荣、技能宝贵；与教师、同学之间相互尊重、理解、平等；与教师、同学之间能够保持多向、丰富、适宜的信息交流			5				

续表

班级		姓名		学号				
评价指标	评价内容			分数	学生自评	小组互评	教师评定	企业导师评定
参与态度	探究式学习、自主学习不流于形式，处理好合作学习和独立思考的关系，做到有效学习；能提出有意义的问题或能发表个人见解；能按要求正确操作；能够倾听别人意见、协作共享			5				
学习方法	学习方法得体，有工作计划；操作技能符合规范要求；能按要求正确操作；获得了进一步学习的能力			5				
学习过程	遵守管理规程，操作过程符合现场管理要求；平时上课的出勤情况和每天完成工种任务情况良好；善于多角度分析问题，能主动发现、提出有价值的问题			5				
思维态度	能发现问题、提出问题、分析问题、解决问题、创新问题			5				
知识、技能、思政	完成知识目标、技能目标与思政目标的要求			55				
自评反馈	按时按质完成工作任务；较好地掌握了专业知识点；具有较强的信息分析能力和理解能力；具有较为全面、严谨的思维能力，并能条理清楚、明晰表达成文			10				
分数								
学生自评（25%）+小组互评（25%）+教师评定（25%）+企业导师评定（25%）=								
总结、反馈、建议								

【任务小结】

对重用于平衡轿厢的重量和部分电梯载重，减少电机功率消耗。当轿厢或对重撞到缓冲器后，电梯即失去曳引条件，可避免冲顶事故的发生，从而保障电梯安全。

对重装置由对重架、对重块及其附件、防护栅栏等部分组成。对重架用槽钢和钢板焊接而成，对重块用铸铁铸造而成。对重装置的安装工艺步骤是：对重架的吊装就位→对重架安装→对重块安装→引钢丝绳安装→曳引钢丝绳张力调整。

曳引钢丝绳是连接轿厢和对重的重要构件，承载着轿厢、对重、额定载重等质量的总和。曳引钢丝绳的安装一般分绳长测量、绳头处理、安装曳引绳和调整钢丝绳张力 4 个步骤。绳头组合与轿厢、对重的连接均采用缓冲调节装置来实现。弹簧起缓冲作用，螺母可调整各绳间的张力。

对于提升高度大于 30 m 的电梯，还需安装重量补偿装置。

课后习题

一、问答题

1. 对重装置由哪几部分组成？
2. 完成工作任务时，有哪些注意事项？
3. 曳引钢丝绳安装中，用什么方法确定钢丝绳的长度？

二、选择题

1. 当轿厢或对重撞到缓冲器后，电梯（　　）。

A. 保持曳引力不变　B. 曳引力增大　C. 曳引力减小　D. 失去曳引力

2. 对重装置中对重块的质量为（　　）。

A. 轿厢总质量与额定载荷之和

B. 轿厢总质量 +（40%～50%）的额定载荷

C. 对重装置总质量与对重架质量之差

D. 对重装置总质量与对重架质量之和

学习任务3　缓冲器和限速器的安装与调试

【任务目标】

1. 知识目标

（1）掌握缓冲器和限速器装置的结构。

（2）掌握缓冲器和限速器的规格与型号分类。

（3）掌握缓冲器和限速器安装的技术要求。

（4）掌握缓冲器和限速器的安装方法。

（5）掌握《电梯制造与安装安全规范》（GB/T 7588.1—2020）、《电梯安装验收规范》（GB/T 10060—2011）、《电梯工程施工技术标准》和其他相关技术标准。

2. 技能目标

（1）能按照 6S 标准，相互协作完成缓冲器和限速器安装。

（2）能说出缓冲器和限速器安装的技术要求。

（3）能对缓冲器和限速器调试与验收。

缓冲器的
安装与调试

3. 思政目标

（1）遵守《电梯制造与安装安全规范》（GB/T 7588.1—2020）、《电梯安装验收规范》（GB/T 10060—2011）的要求。

（2）形成爱岗敬业的工作作风。

（3）增强安全意识、责任意识、合作意识。

（4）树立扎实、严谨的工作作风，追求精益求精的工匠精神。

【案例引入】

缓冲器是电梯最后一道安全保护装置，限速器和安全钳配合为电梯安全行驶保驾护航，那么，二者是如何安装的呢?

【案例分析】

轿厢和对重成功安装完成后，接下来要安装缓冲器和限速器，主要内容如下：

（1）缓冲器与限速器的安装、调整和技术要求。

（2）完成缓冲器与限速器的安装任务。

【知识链接】

一、缓冲器

缓冲器是电梯最后一道安全保护装置，当电梯失控撞向底坑时，巨大的冲击能将造成严重后果。缓冲器可吸收和消耗电梯的能量，使其以安全速度减速停止在底坑。缓冲器对电梯的冲顶起保护作用。当轿厢冲顶时，对重缓冲器使轿厢避免冲击楼顶。当缓冲器动作时，触动安装在缓冲器上的不可自动复位的电开关，一旦缓冲器被触动，必须由维修人员手动复位电开关后，电梯方可运行。缓冲器安装在井道底坑内，轿底下方安装一个或两个，对重下方安装一个。缓冲器按结构，分为蓄能缓冲器和油压缓冲器两种。

1. 蓄能缓冲器

蓄能缓冲器在受到冲击后，以自身的变形，将电梯的动能转化为弹性势能，使电梯得到缓冲。按蓄能缓冲器的结构，有弹簧缓冲器和聚氨酯缓冲器两种。蓄能缓冲器的工作特点是缓冲结束后存在回弹现象。弹簧缓冲器一般用于梯速小于 1 m/s 的载货电梯或对重缓冲器，曳引电梯的对重缓冲器常用聚氨酯缓冲器代替弹簧缓冲器，如图 4－3－1 所示。

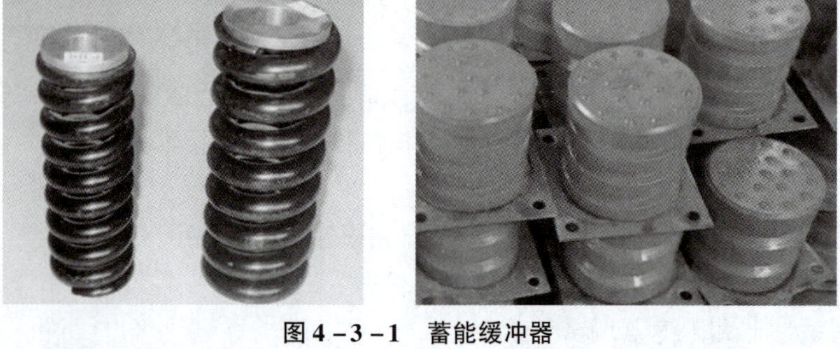

图 4－3－1　蓄能缓冲器

2. 油压缓冲器

油压缓冲器又称耗能型缓冲器。液压缸内充满液压油，当轿厢或对重撞击缓冲器时，柱塞在轿厢或对重的作用下向下运动，压缩缸内油，将电梯的动能转化为液压能，从而起到缓冲作用。当轿厢或对重离开缓冲器时，施加在柱塞上的力消失，柱塞在复位弹簧的作用下向上复位。油压缓冲器具有缓冲平稳的优点，在条件相同的情况下，油压缓冲器所需的行程比弹簧缓冲器少一半，因此，多用于快速梯、高速梯及轿厢缓冲器，如图 4－3－2 所示。

图 4－3－2　油压缓冲器

3. 缓冲器安装的技术要求

轿厢在两端站平层位置时，轿厢、对重装置的撞板与缓冲器顶面间的距离规定为：耗能型缓冲器应为 150～400 mm，蓄能型缓冲器为 200～350 mm。轿厢、对重撞板中心与缓冲器中心的偏差不大于 20 mm。油压缓冲器垂直度误差不大于 0.5%，A 和 B 间之差不超过 0.5 mm。同一基础上安装两个液压缓冲器时，其水平误差不超过 2 mm。如图 4－3－3 所示。

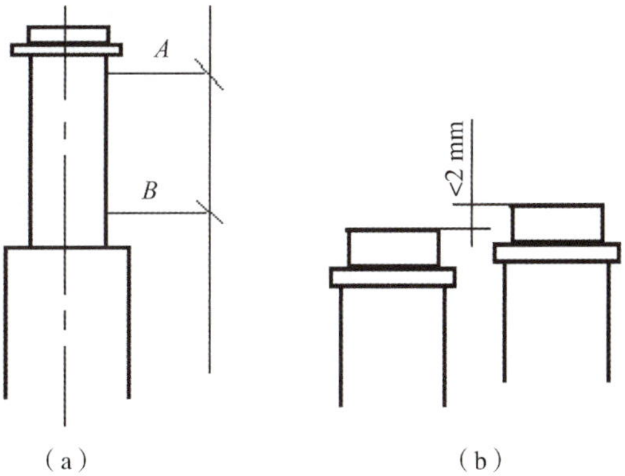

图 4－3－3　缓冲器安装的垂直度（a）、水平度（b）

二、限速器

当电梯失控，轿厢超速下降时，限速器和安全钳装置可使电梯停止下降，从而使电梯安全地停在井道某个位置。限速器和安全钳组成轿厢快速制停的装置。限速器（主体）安装在机房里，其张紧装置安装在井道底坑。安全钳安装在轿厢两侧，它们之间由钢丝绳和拉杆连接，如图 4－3－4 所示。

图 4-3-4　限速器与张紧装置

轿厢的运行速度达到 115% 的额定速度时，限速器开始动作，分两步迫使电梯停下来。第一步是限速器立即通过限速器开关切断控制电路，使曳引电动机和电磁制动器失电，电机停止转动，制动器抱闸，电梯停止运行。若轿厢因曳引绳与曳引轮打滑仍未停或曳引绳断裂，限速器进行第二步制动，即限速器立即卡住限速器绳，拉动安全钳拉杆，提起安全钳楔块，牢牢夹住导轨，使轿厢停止运动，保证电梯安全。

【任务实施】

班级		姓名		学号	
工号		日期		评价分数	

具体工作步骤及要求见表 4-3-1。

表 4-3-1　具体工作步骤及要求

序号	工作步骤	要求	学时	备注
1	识读任务书	能快速明确任务要求并清晰表达，在教师要求的时间内完成	0.25	
2	明确学习目标与方法	能够选择完成任务需要的方法，并进行时间和工作场所安排，掌握相关理论知识	0.5	
3	完成学习，填写任务工单	认真、准确填写任务工单	2	
4	评价		0.25	

一、工作过程及学习任务工单

（1）观看教材配套教学视频，熟悉缓冲器和限速器的安装流程与规范要求。

（2）学生分组，在教师指导下完成油压缓冲器的安装并完成表4－3－2。

表4－3－2　油压缓冲器的安装

步骤	安装过程记录
油压缓冲器的安装： 依照土建图，在底坑地面找缓冲器中心点，在中心点上钻一个中心孔	
依照布置图安装4个膨胀螺栓，将缓冲器立在确定的中心位置，将缓冲器延长件或缓冲器安装到底坑地面，用手紧固4个膨胀螺栓。用提供的垫片调节缓冲器的垂直度，完成调节后，用扳手紧固4个膨胀螺栓	

（3）在教师指导下完成聚氨酯（对重）缓冲器的安装并完成表4－3－3。

表4－3－3　聚氨酯（对重）缓冲器的安装

步骤	安装过程记录
聚氨酯（对重）缓冲器的安装： 依照土建图，在底坑地面找缓冲器中心点，在中心点上钻一个中心孔	
依照土建图，用膨胀螺栓将缓冲器安装到底坑地面，并在缓冲器上固定撞板	
调整缓冲器的高度，用提供的垫片调节缓冲器的垂直度，然后收紧膨胀螺栓	

（4）在教师指导下完成限速器的安装并完成表4－3－4。

表4－3－4　限速器的安装

步骤	安装过程记录
依照限速器绳的位置标记，使用垂线定位限速器。使用4个M10×100膨胀螺栓将限速器固定到机房地面上 （注意：限速器垂直度偏差不大于0.5 mm。限速器制动方向对应轿厢制动臂位置。）	
依照土建图，在底坑导轨上恰当的高度安装限速器张紧装置	
装好链条导向装置，将电梯分别在最上层和最下层附近反复进行二层运转，以检验链条安装是否正确	

二、总结与评价

请根据评价表内容客观、公正进行评价（表4－3－5）。

表4－3－5　评价表

班级		姓名	学号				
评价指标	评价内容		分数	学生自评	小组互评	教师评定	企业导师评定
信息检索	能有效利用网络、图书资源、工作手册查找有用的相关信息等；能用自己的语言有条理地去解释、表述所学知识；能将查到的信息有效地传递到工作中		5				
感知工作	熟悉工作岗位，认同工作价值；在工作中能获得满足感		5				
参与态度	积极主动参与工作，能吃苦耐劳，崇尚劳动光荣、技能宝贵；与教师、同学之间相互尊重、理解、平等；与教师、同学之间能够保持多向、丰富、适宜的信息交流		5				
	探究式学习、自主学习不流于形式，处理好合作学习和独立思考的关系，做到有效学习；能提出有意义的问题或能发表个人见解；能按要求正确操作；能够倾听别人意见、协作共享		5				
学习方法	学习方法得体，有工作计划；操作技能符合规范要求；能按要求正确操作；获得了进一步学习的能力		5				
学习过程	遵守管理规程，操作过程符合现场管理要求；平时上课的出勤情况和每天完成工种任务情况良好；善于多角度分析问题，能主动发现、提出有价值的问题		5				
思维态度	能发现问题、提出问题、分析问题、解决问题、创新问题		5				
知识、技能、思政	完成知识目标、技能目标与思政目标的要求		55				

续表

班级		姓名		学号				
评价指标	评价内容			分数	学生自评	小组互评	教师评定	企业导师评定
自评反馈	按时按质完成工作任务；较好地掌握了专业知识点；具有较强的信息分析能力和理解能力；具有较为全面、严谨的思维能力，并能条理清楚、明晰表达成文			10				
分数								
学生自评（25%）+小组互评（25%）+教师评定（25%）+企业导师评定（25%）=								
总结、反馈、建议								

【任务小结】

缓冲器有蓄能型和油压型两种。蓄能缓冲器在受到冲击后，以自身的变形，将电梯的动能转化为弹性势能，使电梯得到缓冲。蓄能缓冲器用于梯速小于 1 m/s 的载货电梯或对重缓冲器，聚氨酯缓冲器用于曳引电梯的对重缓冲器。油压缓冲器为耗能型缓冲器，液压缸内充满液压油，当轿厢或对重撞击缓冲器时，柱塞在轿厢或对重的作用下向下运动，压缩缸内油，将电梯的动能转化为液压能，从而起到缓冲作用。缓冲器安装在井道底坑内，轿底下方安装一个或两个，对重下方安装一个。

当轿厢的运行速度超过规定速度时，限速器开始动作，分两步迫使电梯停止下来。第一步是限速器立即通过限速器开关切断控制电路，使曳引电动机和电磁制动器失电，电机停止转动，制动器抱闸，电梯停止运行。若轿厢因曳引绳与曳引轮打滑仍未停止或曳引绳断裂，限速器进行第二步制动，即限速器立即卡住限速器绳，拉动安全钳拉杆，提起安全钳楔块，牢牢夹住导轨，使轿厢停止运动，保证电梯安全。

课后习题

一、问答题

1. 缓冲器有什么作用？缓冲器有哪些类型？各有什么特点？
2. 限速器有什么作用？限速器是怎样保证电梯安全的？
3. 安装缓冲器、限速器应做哪些准备工作？

二、填空题

1. 缓冲器安装在________，________下方安装一个或两个，________下方安装一个。
2. 当缓冲器动作时，触动安装在缓冲器上的________的电开关；电开关一旦被触动，必须由维修人员________后电梯方可运行。

3. 油压缓冲器具有缓冲平稳的优点，在条件相同的情况下，油压缓冲器所需的行程比弹簧缓冲器________，因此，油压缓冲器多用于________和________的缓冲器。

4. 限速器开关动作后，须________，电梯方可运行。

大国工匠英雄谱之四

以独创的“一枪三焊”方法破解转向架焊接的核心技术的人——李万君

“复兴号”是现今世界上大范围运行的动车组列车，目前最高运营速度为350 km/h。李万君以独创的“一枪三焊”方法破解转向架焊接的核心技术，实现我国动车组列车研制完全自主知识产权的重大突破，也焊出了世界新标准，推动“复兴号”的批量生产成为现实。如今每天290多对“复兴号”追风逐电，已成为闪耀世界的中国名片。

项目五

电梯门机构的安装与调试

项目任务书

【项目描述】

电梯门机构包括轿厢门机构与厅门机构，装在井道入口层站处的为厅门，装在轿厢入口处的为轿厢门。层门和轿厢门按结构形式，可分为中分门、旁开门、垂直滑动门、铰链门等。

在本项目中，设计轿厢门的安装与调试和厅门机构的安装与调试两个任务。通过完成工作任务：

知道电梯轿厢门与厅门的组成、安装与调试方法和技术标准，能在教师的指导下完成电梯轿厢门与厅门安装。

另外，在完成工作任务的过程中，注意安全操作、工艺规范；与同伴的交流、分工与合作，逐步养成和提升自己的规范意识、安全意识。

【项目概况】

电梯门机构的安装与调试前期准备工作的任务规划见表 5－1－1。

表 5－1－1　电梯门机构的安装与调试前期准备工作的任务规划表

班级______　姓名______　学号______　工号______　日期______　测评______　等级______

工作任务	电梯门机构的安装与调试	学习模式	
建议学时	6 学时	教学地点	
任务描述	【案例】电梯公司（乙方）需要安装一部五层站乘客电梯，轿厢和对重装置已经安装完成并通过了验收，下一步需要进行电梯门机构的安装工作。		
学习目标	1. 知识目标 （1）掌握电梯轿厢门和厅门的结构及开关门方式。 （2）掌握电梯轿厢门和厅门的安装示意图、主要部件的安装示意图。 （3）掌握电梯轿厢门和厅门的安装步骤、安全注意事项、验收要求。 （4）掌握电梯轿厢门和厅门零部件的主要性能参数。 （5）掌握电梯轿厢门和厅门零部件的安装要求和步骤。 （6）掌握《电梯制造与安装安全规范》（GB/T 7588.1—2020）、《电梯安装验收规范》（GB/T 10060—2011）中电梯轿厢门和厅门的安装要求。		

续表

<table>
<tr><td>工作任务</td><td>电梯门机构的安装与调试</td><td>学习模式</td><td></td></tr>
<tr><td>建议学时</td><td>6 学时</td><td>教学地点</td><td></td></tr>
<tr><td></td><td colspan="3">2. 技能目标
（1）能遵循6S标准，相互协作完成电梯轿厢门和厅门的安装。
（2）能说出电梯轿厢门和厅门零部件的主要性能参数。
（3）能对电梯轿厢门和厅门进行调试和验收。
（4）能精细地对地坎水平度及间隙、偏心轮间隙、门球与轿厢地坎间隙、门刀与门球间隙进行检查与调整。
3. 思政目标
（1）遵守《电梯制造与安装安全规范》（GB/T 7588.1—2020）、《电梯安装验收规范》（GB/T 10060—2011）。
（2）形成爱岗敬业的工作作风。
（3）增强安全意识、责任意识、合作意识。
（4）树立扎实、严谨的工作作风，追求精益求精的工匠精神。</td></tr>
<tr><td>学时分配</td><td colspan="3">学时分配表<table><tr><td>序号</td><td>学习任务</td><td>学时安排</td></tr><tr><td>1</td><td>轿门的安装与调试</td><td>3</td></tr><tr><td>2</td><td>厅门的安装与调试</td><td>3</td></tr></table></td></tr>
</table>

学习任务1　轿厢门的安装与调试

【任务目标】

1. 知识目标

（1）掌握电梯轿厢门安装图。

（2）掌握电梯轿厢门安装与调试的常用方法和步骤。

2. 技能目标

（1）能在教师指导下完成电梯轿厢门的安装与调试。

（2）能说出电梯轿厢门的结构组成。

轿门安装及调整

3. 思政目标

（1）遵守安全技术规范、国家标准。

（2）树立学生扎实、严谨的工作作风，强化电梯安装与调试规范操作的职业素养。

（3）在实际操作中养成良好的职业习惯。

【案例引入】

轿门是电梯必不可少的重要装置，那么轿门该如何安装？安装时有哪些注意事项？

【案例分析】

轿厢门安装复杂，要求较高，本任务轿厢门安装主要包括以下内容：

（1）轿门地坎安装。

（2）轿门头安装。

（3）轿门扇安装。

（4）轿门刀安装。

（5）调试。

【知识链接】

一、轿厢门的结构

轿门一般由门扇、门刀、导轨架、滑轮、滑块、门框、地坎等部件组成。由变频器控制的交流电动机作为开关门动力的轿厢门机构。

轿厢门门扇一般由薄钢板制成，为了使门扇具有一定的机械强度和刚性，在门板的背面配有加强筋。为减小门扇运动中产生的噪声，门板背面涂贴防震材料。门导轨有扁钢和C形折边导轨两种。门扇通过滑轮与导轨相连，门扇的下部装有滑块，插入地坎的滑槽中，门扇的下部导向用的地坎采用铝或铜制作。

轿厢门开门装置一般设置在轿厢顶部，拖动开门装置的电动机可以是交流电机，也可以是直流电机。由于交流电动机结构简单，使用变频器调速方便，所以现在多使用交流电动机。当到达平层位置，需要开门时，变频器控制的交流电动机转动，将开关门的动力传递给皮带。门扇通过滑轮与皮带夹相连，皮带夹与皮带一起运动时，门扇也随之运动，如图 5－1－1 所示。

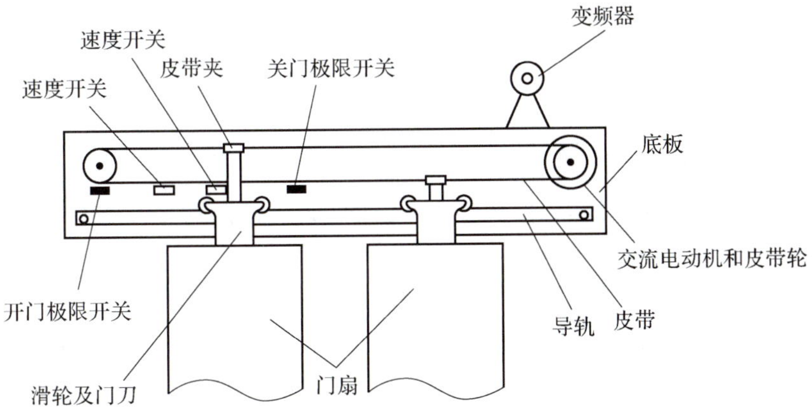

图 5－1－1　轿厢门机构

二、轿厢门安装标准对接

《电梯制造与安装安全规范》（GB/T 7588.1—2020）中关于轿厢安装的一些要求如下：

1. 轿厢门地坎的安装要求

轿厢门地坎中心与厅门中心对齐，水平度误差不超过 1/1 000。

2. 轿厢门门头的安装要求

（1）轿厢门门头中心与地坎中心对齐，水平度误差不超过1/1 000。

（2）轿厢门门头滑轨与地坎高度距离等于门扇高度加9 mm。

（3）轿厢门门头滑轨与地坎槽不平行度小于1/1 000。

3. 轿厢门门扇的安装要求

（1）门扇与地坎间隙4~6 mm。

（2）门扇纵向、横向垂直度小于1/1 000。

（3）门扇与门扇间隙小于2 mm。

4. 门刀的安装要求

（1）门刀能正常开关。

（2）门刀与碰轮距离5~10 mm且居中。

（3）门刀到厅门地坎距离5~10 mm。

三、轿厢门安装步骤

1. 轿厢门地坎安装

（1）从上样板架上放下两条厅门安装标准线，对层楼高的，可采用导轨的二次定位法将其固定在自然静止的状态下，下端仍用铁丝捆扎在下样板架上。

（2）根据轿门路板中心及净开门宽度，在踏板上画出净开门中心线和净开门宽度线。

（3）根据净开门宽度，确定轿厢门踏板长度。

（4）制作轿厢门踏板安装支架，并以两条厅门地坎标准线为参考基准，校正后将其固定再精校。

2. 轿厢门门头的安装

（1）首先确定门导轨的高度，同时保证它的水平度。

（2）调整机架，使门导轨正面与轿厢地坎槽内侧垂直。

（3）调整好门机本身的垂直度。检查方法是用线垂调皮带轮，或用线垂调门机架与门导轨两端接板使之垂直，调整好后拧紧连接螺钉。

3. 轿厢门门扇的安装

（1）将门底导脚、门滑轮装在门扇上，把偏心轮调到最大值（和滑道距离最大）。然后将门底导脚放入地坎槽，门轮挂到滑道上。

（2）在门扇和地坎间垫上6 mm厚的支撑物。门滑轮架和门扇之间用专用垫片进行调整，使之达到要求，然后将滑轮架与门扇的连接螺钉紧固，将偏心轮调回到与滑道间距小于0.5 mm的位置，撤掉门扇和地坎间所垫物，进行门滑行试验，以达到轻快自如为合格。

四、门刀的安装

（1）门刀与厅门地坎之间距离以5~10 mm为佳，并且保证这一方向的垂直。

（2）确定门刀的固定刀片与厅门门锁的脱钩滚轮之间的距离为5~10 mm。

（3）门刀固定刀片的两个面即推滚轮的一面必须垂直。

（4）轿厢门在带动厅门时，可动刀片不应有异常声响。

【任务实施】

班级		姓名		学号	
工号		日期		评价分数	

具体工作步骤及要求见表 5－1－2。

表 5－1－2　具体工作步骤及要求

序号	工作步骤	要求	学时	备注
1	识读任务书	能快速明确任务要求并清晰表达，在教师要求的时间内完成	0.25	
2	明确学习目标与方法	能够选择完成任务需要的方法，并进行时间和工作场所安排，掌握相关理论知识	0.5	
3	完成学习，填写任务工单	认真、准确填写任务工单	2	
4	评价		0.25	

一、工作过程及学习任务工单

（1）观看教材配套教学视频，熟悉轿门安装流程与规范要求。

____

____

____

（2）学生自由分组，在教师的指导下完成轿厢门地坎的安装并完成表 5－1－3。

表 5－1－3　轿厢门地坎的安装

步骤	安装过程记录
从上样板架上放下两条厅门安装标准线，对层楼高的，可采用导轨的二次定位法将其固定在自然静止的状态下，下端仍用铁丝捆扎在下样板架上	
根据轿厢门踏板中心及净开门宽度，在踏板上画出净开门中心线和净开门宽度线	
根据净开门宽度，确定轿厢门踏板长度	
制作轿厢门踏板安装支架，并以两条厅门地坎标准线为参考基准，校正后，将其固定再精校	

（3）学生自由分组，在教师的指导下完成轿厢门门头的安装并完成表 5－1－4。

表 5－1－4　轿厢门门头的安装

步骤	安装过程记录
首先要求确定门导轨的高度，同时保证它的水平度	
调整机架，使门导轨正面与轿厢地坎槽内侧垂直	
根据净开门宽度，确定轿厢门踏板长度	
调整好门机本身的垂直度。用线垂调皮带轮，或用线垂调门机架与门导轨两端接板，使之垂直，调整好后拧紧连接螺丝	

（4）学生自由分组，在教师的指导下完成轿厢门门扇的安装并完成表 5－1－5。

表 5－1－5　轿厢门门头的安装

步骤	安装过程记录
将门底导脚、门滑轮装在门扇上，把偏心轮调到最大值（和滑道距离最大）。然后将门底导脚放入地坎槽，门轮挂到滑道上	
在门扇和地坎间垫上 6 mm 厚的支撑物。门滑轮架和门扇之间用专用垫片进行调整，使之达到要求，然后将滑轮架与门扇的连接螺丝进行紧固，将偏心轮调回到与滑道间距小于 0.5 mm，撤掉门扇和地坎间所垫之物，进行门滑行试验，达到轻快自如为合格	

（5）学生自由分组，在教师的指导下完成轿厢门门刀的安装并完成表 5－1－6。

表 5－1－6　轿厢门门头的安装

步骤	安装过程记录
门刀与厅门地坎之间距离以 5～10 mm 为佳，并且保证这一方向的垂直	
确定门刀的固定刀片与厅门门锁的脱钩滚轮之间的距离为 5～10 mm	
门刀固定刀片的两个面调整垂直	
检查轿厢门在带动层门时，可动刀片不应有异常声响	

二、总结与评价

请根据评价表内容客观、公正进行评价（表5-1-7）。

表5-1-7　评价表

班级		姓名		学号				
评价指标	评价内容			分数	学生自评	小组互评	教师评定	企业导师评定
信息检索	能有效利用网络、图书资源、工作手册查找有用的相关信息等；能用自己的语言有条理地去解释、表述所学知识；能将查到的信息有效地传递到工作中			5				
感知工作	熟悉工作岗位，认同工作价值；在工作中能获得满足感			5				
参与态度	积极主动参与工作，能吃苦耐劳，崇尚劳动光荣、技能宝贵；与教师、同学之间相互尊重、理解、平等；与教师、同学之间能够保持多向、丰富、适宜的信息交流			5				
	探究式学习、自主学习不流于形式，处理好合作学习和独立思考的关系，做到有效学习；能提出有意义的问题或能发表个人见解；能按要求正确操作；能够倾听别人意见、协作共享			5				
学习方法	学习方法得体，有工作计划；操作技能符合规范要求；能按要求正确操作；获得了进一步学习的能力			5				
学习过程	遵守管理规程，操作过程符合现场管理要求；平时上课的出勤情况和每天完成工种任务情况良好；善于多角度分析问题，能主动发现、提出有价值的问题			5				
思维态度	能发现问题、提出问题、分析问题、解决问题、创新问题			5				
知识、技能、思政	完成知识目标、技能目标与思政目标的要求			55				

续表

班级		姓名		学号			
评价指标	评价内容			分数	学生自评	小组互评	教师评定	企业导师评定
自评反馈	按时按质完成工作任务；较好地掌握了专业知识点；具有较强的信息分析能力和理解能力；具有较为全面、严谨的思维能力，并能条理清楚、明晰表达成文			10				
分数								
学生自评（25%）+小组互评（25%）+教师评定（25%）+企业导师评定（25%）=								
总结、反馈、建议								

【任务小结】

轿厢门一般由门扇、门刀、导轨架、滑轮、滑块、门框、地坎等部件组成。轿厢门门扇一般由薄钢板制成，为了使门扇具有一定的机械强度和刚性，在门板的背面配有加强筋。为减小门运动中产生的噪声，门板背面涂贴防震材料。门导轨有扁钢和C形折边导轨两种。门通过滑轮与导轨相连。门扇的下部装有滑块，插入地坎的滑槽中；门扇的下部导向用的地坎采用铝或铜制作。

变频器控制的开门装置一般设置在轿厢顶部，拖动开门装置的电动机可以是交流电动机，也可以是直流电动机。由于交流电动机结构简单，使用变频器调速方便，所以现在多使用交流电动机。当到达平层位置需要开门时，变频器控制的交流电动机转动，将开关门的动力传递给皮带。门扇通过滑轮与皮带夹相连，皮带夹与皮带一起运动时，门扇也随之运动。

课后习题

1. 安装轿厢门地坎时，轿厢门地坎中心与________对齐，水平度误差不超过________。
2. 安装门扇时，门扇与门扇间隙小于________。
3. 安装门刀时，门刀与碰轮距离________且居中；门刀到________的距离为5~10 mm。
4. 在门扇和地坎间垫上________厚的支撑物。门滑轮架和门扇之间用________进行调整，使之达到要求。然后将滑轮架与门扇的连接螺钉紧固，将偏心轮调回到与滑道间距小于________，撤掉门扇和地坎间所垫之物，进行门滑行试验。

学习任务2　厅门安装与调试

【任务目标】

厅门安装
及调整

1. 知识目标

（1）能够识读电梯厅门安装图。

（2）掌握电梯厅门安装与调试的常用方法和步骤。

2. 技能目标

（1）能遵循6S标准，相互协作完成电梯厅门的安装。

（2）能说出电梯厅门零部件的主要性能参数。

（3）能对电梯厅门进行调试和验收。

3. 思政目标

（1）遵守《电梯制造与安装安全规范》（GB/T 7588.1—2020）、《电梯安装验收规范》（GB/T 10060—2011）。

（2）形成爱岗敬业的工作作风。

（3）增强安全意识、责任意识、合作意识。

（4）树立认真、严谨的工作作风，追求精益求精的工匠精神。

【案例引入】

电梯厅门安装在每一个层站，在电梯运行中厅门关闭，可以防止有人掉入井道。

【案例分析】

本任务主要完成电梯厅门的安装学习，厅门安装具体内容如下：

（1）厅门地坎的安装。

（2）厅门门头的安装。

（3）厅门门扇的安装。

（4）调试。

【知识链接】

一、厅门结构

电梯厅门安装在层站，每个层站都有厅门，并且每部电梯都有自己独立的厅门。在轿厢没有到平层位置时，厅门关闭，防止有人掉入井道。电梯厅门在建筑中有防火作用，用于分隔防火分区，如图5-2-1所示。

电梯厅门由门框、门扇、导轨、滑轮、门锁、地坎等部件组成。厅门和轿厢门按照结构形式，可分为中分门、旁开门、垂直滑动门、铰链门等。中分门主要用于乘客电梯。

厅门门扇一般由薄钢板制成，为使门扇有足够的机械强度和刚性，在门板的背面配有加强筋。为减小门扇运动中产生的噪声，门板背面涂贴防震材料。厅门应是无孔的门，高度不

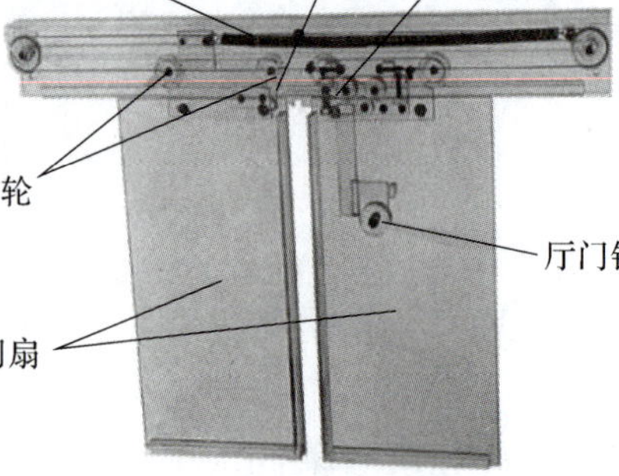

图 5-2-1　电梯厅门结构

得小于 2 m。为了避免运行期间发生剪切的危险，自动厅门的外表面不应有大于 3 mm 的凹进或凸出部分，这些凹进或凸出部分的边缘应在两个方向上倒角。厅门净进口宽度比轿厢净入口宽度在任何一侧的超出部分均不应大于 50 mm。

厅门地坎用于承受通过它进入轿厢的载荷。

厅门的顶部和底部都应设有导向装置，厅门在正常运行中应避免脱轨、卡住或在行程终端时错位。

厅门门锁由电气和机械两部分组成。电气部分负责门锁回路的控制，有主锁和辅锁之分。

二、厅门安装标准对接

《电梯制造与安装安全规范》（GB/T 7588.1—2020）中关于厅门的要求：

1. 厅门地坎的安装要求

（1）厅门地坎中心与轿厢中心对齐，水平度误差不超过 2/1 000。

（2）各层站地坎应高出装饰后地面 2～5 mm，以防止层站地面洗涮、洒水时，水流进井道。

2. 厅门门头的安装要求

（1）厅门门头中心与地坎中心对齐，水平度误差不超过 1/1 000。

（2）厅门门头滑轨与地坎高度距离等于门扇高度加 9 mm。

（3）厅门门头滑轨与地坎槽平行度误差小于 1/1 000。

3. 厅门门扇的安装要求

（1）门扇与地坎间隙为 4～6 mm，门扇纵向、横向垂直度误差小于 1/1 000。

（2）厅门关闭后，门扇之间及门扇与立柱、门楣和地坎之间间隙应尽可能小；门扇与门扇间隙小于 2 mm，门扇与立柱、门楣和地坎之间间隙应为 1～6 mm。

4. 门锁的安装要求

（1）门锁能正常开关。

（2）门锁啮合深度大于 7 mm。

（3）门锁滚轮与轿厢地坎的间隙应为 5～10 mm。

三、厅门安装步骤

1. 厅门地坎安装

(1) 从上样板架上放下两条厅门安装基准线，对层楼高的，可采用导轨的二次定位法将其固定在自然静止的状态下，下端仍用铁丝捆扎在下样板架上，如图 5－2－2 所示。

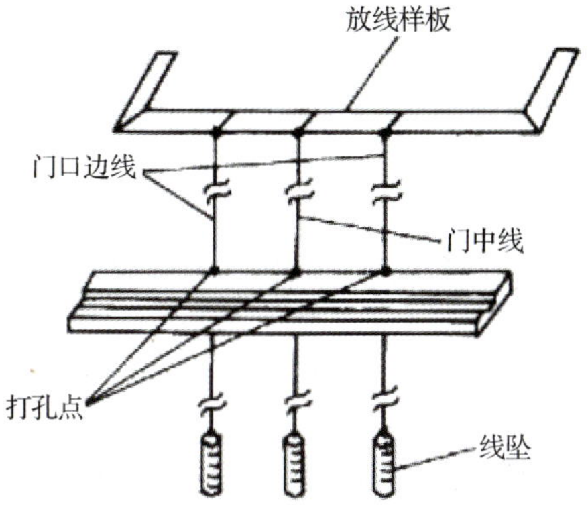

图 5－2－2　放安装基准线

(2) 根据厅门踏板中心及净开门宽度，在踏板上画出净开门中心线和净开门宽度线，如图 5－2－3 所示。

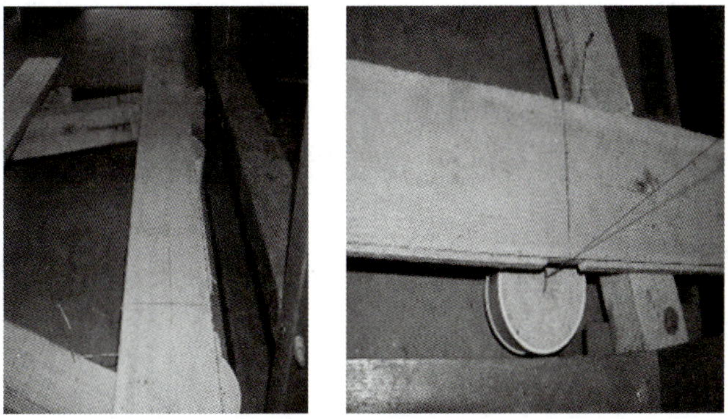

图 5－2－3　净开门中心线和净开门宽度线

(3) 根据净开门宽度，确定厅门踏板长度。

(4) 与土建单位协商确定厅门地坎标准高度线，使地坎高出装饰后的地面 5～10 mm，如图 5－2－4 所示。

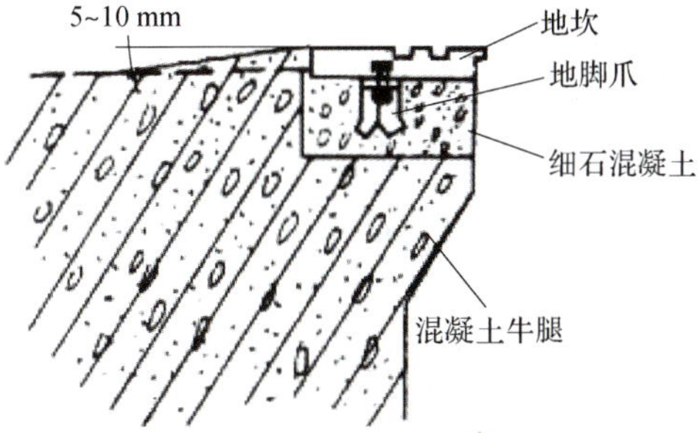

图 5－2－4　厅门踏板高度

(5) 制作厅门踏板安装支架，并以两条厅门地坎标准线为参考基准，校正后将其固定再精校。

2. 厅门门头的安装

(1) 若混凝土结构墙上有预埋铁，可将厅门门头的固定螺钉直接焊接在预埋铁上；若在混凝土结构墙上没有预埋铁，可在相应位置加 2 条 M12 膨胀螺栓，安装 150 mm × 100 mm × 10 mm 的钢板作为预埋铁使用。

(2) 若门滑道、门立柱离墙超过 30 mm，应加地圈固定，若垫圈较高，宜采用后铁管两端加焊板的方法加工制成，以保证其牢固性。

3. 厅门门扇的安装

(1) 将门底导脚、门滑轮装在门扇上，把偏心轮调到最大值（和滑道距离最大）。然后将门底导脚放入地坎槽，门轮挂到滑道上。

(2) 在门扇和地坎间垫上 6 mm 厚的支撑物。门滑轮架和门扇之间用专用垫片进行调整，使之达到要求，然后将滑轮架与门扇的连接螺钉紧固，将偏心轮调回到与滑道间距小于 0.5 mm 的位置，撤掉门扇和地坎间所垫之物，进行门滑行试验，以达到轻快自如为合格。

门锁的安装与调试

四、门锁的安装

(1) 安装前应对锁钩、锁臂、滚轮、弹簧等按要求进行调整，使其灵活可靠。

(2) 门锁和厅门的安全性能不符合图纸要求的，要进行修改。

(3) 调整厅门门锁和门安全开关，使其达到：只有当两扇门（或多扇）关闭达到要求后，才能使门锁电接点和门安全开关接通。如门锁固定螺孔可调，门锁安装调整就位后，必须加定位螺钉，防止门锁移位。

(4) 当轿厢门与厅门联动时，钩铁应无脱钩及夹刀现象，在开关门时应运行平稳，无抖动和撞击声。

【任务实施】

班级		姓名		学号	
工号		日期		评价分数	

具体工作步骤及要求见表 5-2-1。

表 5-2-1 具体工作步骤及要求

序号	工作步骤	要求	学时	备注
1	识读任务书	能快速明确任务要求并清晰表达，在教师要求的时间内完成	0.5	
2	明确学习目标与方法	能够选择完成任务需要的方法，并进行时间和工作场所安排，掌握相关理论知识	0.5	

续表

序号	工作步骤	要求	学时	备注
3	完成学习，填写任务工单	认真、准确填写任务工单	1	
4	评价		0.5	

厅轿门调整

一、工作过程及学习任务工单

（1）观看本教材配套教学视频，熟悉安装过程与规范要求。

（2）学生自由分组，由教师带领完成厅门地坎的安装并完成表5－2－2。

表5－2－2　厅门地坎的安装

步骤	安装过程记录
从上样板架上放下两条厅门安装基准线，对层楼高的，可采用导轨的二次定位法将其固定在自然静止的状态下，下端仍用铁丝捆扎在下样板架上	
根据厅门踏板中心及净开门宽度，在踏板上画出净开门中心线和净开门宽度线	
根据净开门宽度，确定厅门踏板长度，与土建单位协商确定厅门地坎标准高度线，使地坎高出装饰后地面的5～10 mm	
制作厅门踏板安装支架，并以两条厅门地坎标准线为参考基准，校正后，将其固定在找正的导轨上再精校	

（3）学生自由分组，由教师带领完成厅门门头的安装并完成表5－2－3。

表5－2－3　厅门门头的安装

步骤	安装过程记录
混凝土结构墙上有预埋铁，可将厅门门头的固定螺丝直接焊接在预埋铁上	
若在混凝土结构墙上没有预埋铁，可在相应位置加2条M12膨胀螺栓安装150 mm×100 mm×10 mm的钢板作为预埋铁使用	
若门滑道、门立柱离墙超过30 mm，应加地圈固定，若垫圈较高，宜采用厚铁管两端加焊铁板的方法加工制成，以保证其牢固	

(4) 学生自由分组，由教师带领完成厅门门扇的安装并完成表 5-2-4。

表 5-2-4　厅门门扇的安装

步骤	安装过程记录
将门底导脚、门滑轮装在门扇上，把偏心轮调到最大值（和滑道距离最大）。然后将门底导脚放入地坎槽，门轮挂到滑道上	
在门扇和地坎间垫上 6 mm 厚的支撑物。门滑轮架和门扇之间用专用垫片进行调整，使之达到要求。然后将滑轮架与门扇的连接螺丝进行紧固，将偏心轮调回到与滑道间距小于 0.5 mm，撤掉门扇和地坎间所垫之物，进行门滑行试验，达到轻快自如为合格	

(5) 学生自由分组，由教师带领完成厅门门锁的安装并完成表 5-2-5。

表 5-2-5　厅门门锁的安装

步骤	安装过程记录
安装前应对锁钩、锁臂、滚轮、弹簧等按要求进行调整，使其灵活可靠	
调整厅门门锁和门安全开关，使其达到：只有当两扇门（或多扇）关闭达到有关要求后，才能使门锁电接点和门安全开关接通。如门锁固定螺孔为可调者，门锁安装调整就位后，必须加定位螺丝，防止门锁移位	

二、总结与评价

根据评价表内容客观、公正地进行评价（表 5-2-6）。

表 5-2-6　评价表

班级		姓名		学号				
评价指标	评价内容			分数	学生自评	小组互评	教师评定	企业导师评定
信息检索	能有效利用网络、图书资源、工作手册查找有用的相关信息等；能用自己的语言有条理地去解释、表述所学知识；能将查到的信息有效地传递到工作中			5				
感知工作	熟悉工作岗位，认同工作价值；在工作中能获得满足感			5				

续表

班级		姓名		学号				
评价指标	评价内容			分数	学生自评	小组互评	教师评定	企业导师评定
参与态度	积极主动参与工作，能吃苦耐劳，崇尚劳动光荣、技能宝贵；与教师、同学之间相互尊重、理解、平等；与教师、同学之间能够保持多向、丰富、适宜的信息交流			5				
	探究式学习、自主学习不流于形式，处理好合作学习和独立思考的关系，做到有效学习；能提出有意义的问题或能发表个人见解；能按要求正确操作；能够倾听别人意见、协作共享			5				
学习方法	学习方法得体，有工作计划；操作技能符合规范要求；能按要求正确操作；获得了进一步学习的能力			5				
学习过程	遵守管理规程，操作过程符合现场管理要求；平时上课的出勤情况和每天完成工种任务情况良好；善于多角度分析问题，能主动发现、提出有价值的问题			5				
思维态度	能发现问题、提出问题、分析问题、解决问题、创新问题			5				
知识、技能、思政	完成知识目标、技能目标与思政目标的要求			55				
自评反馈	按时按质完成工作任务；较好地掌握了专业知识点；具有较强的信息分析能力和理解能力；具有较为全面、严谨的思维能力，并能条理清楚、明晰表达成文			10				
分数								
学生自评（25%）+小组互评（25%）+教师评定（25%）+企业导师评定（25%）=								
总结、反馈、建议								

【任务小结】

电梯厅门由门框、门扇、导轨、滑轮、门锁、地坎等部件组成。在轿厢到达层站的平层位置，轿厢门开启的同时厅门开启，让人进入电梯的轿厢；轿厢不在层站的平层位置，厅门关闭，防止有人掉入井道。电梯厅门在建筑中有防火作用，用于分割防火分区。

电梯厅门的开与关，是通过安装在轿厢门上的门刀来实现的。当电梯轿厢运行到指定的平层位置，轿厢门开启或关闭时，轿厢门门机的门刀插入厅门的碰轮，使厅门的门扇沿导轨移动，实现厅门的开启与关闭。每个厅门都装有一把门锁，厅门关闭后，门锁的机械锁钩啮合，同时，厅门与轿厢门电气联锁触点闭合，电梯控制回路接通，此时电梯才能启动运行。轿厢门安全开关能保证门在没有安全关闭到位或者没有锁好的状态下，电梯不能启动运行。

课后习题

一、问答题

1. 厅门的作用是什么？
2. 厅门是如何开启和关闭的？
3. 厅门门锁的作用是什么？

二、选择题

1. 厅门安装完成后，门扇与门扇间隙应（　　）才符合要求。

A. 大于 1 mm　　B. 小于 1 mm　　C. 小于 2 mm　　D. 小于 5 mm

2. 厅门地坎安装完成后，厅门地坎应高出地面（　　）。

A. 1 ~ 2 mm　　B. 3 ~ 5 mm　　C. 5 ~ 10 mm　　D. 10 ~ 15 mm

大国工匠英雄谱之五

技艺吹影镂尘，组装妙至毫巅的钳工大师——夏立

作为通信天线装配责任人，夏立先后承担了“天马”射电望远镜、远望号、索马里护航军舰、“9·3”阅兵参阅方阵上通信设施等的卫星天线预研与装配、校准任务，装配的齿轮间隙仅有 0.004 mm，相当于一根头发丝的 1/20 粗细。在生产、组装工艺方面，夏立攻克了一个又一个难关，创造了一个又一个奇迹。30 多年来，他用一次次极致的磨砺，一点点提升着“中国精度”。

项目六

电梯电气控制系统的安装与调试

项目任务书

【项目描述】

电梯的电气控制系统主要是指对电梯曳引机及开门机的启动、减速、停止、运行方向的控制，以及对指层显示、层站召唤、轿厢内指令、安全保护等指令信号进行处理。曳引电动机及电磁制动器、控制箱、开关门电器、指层器、呼梯盒、平层装置、检修开关、层楼检测器、安全保护器件等，是电梯电气控制系统的主要部件和器件。

电梯电气控制系统的功能和性能决定电梯的运行性能和安全性能，随着微电子技术、自动控制技术、交流调速技术在电梯中的应用，用于电梯的微处理器、变频器和各种传感器，不仅提高了电梯的运行性能和电梯的自动化程度，还增加了电梯运行的可靠性和安全性。

本项目设计了电梯控制柜和电源箱的安装与调试、曳引机控制电路的安装与调试、轿厢电气装置的安装与调试、层站和井道电气装置的安装与调试共四个工作任务。通过完成这些工作任务，了解电梯电气控制系统的组成和作用，理解电梯电气设备的安装与调试方法，能按照电梯安装与验收规范，在教师的指导下学会电梯电气控制系统的安装与调试。通过完成工作任务：

（1）能复述电梯电气控制系统的组成，说明电梯机房、井道、轿厢、底坑及层站使用的电气元器件和部件的名称与作用。

（2）能识读电梯电气控制系统的电路原理图，了解电梯机房、井道、轿厢、底坑及层站电气控制设备的安装与调试方法及相关的技术要求。

（3）学会电梯机房、井道、轿厢、底坑及层站电气控制设备的安装与调试，能在教师的指导下按技术要求完成机房、井道、轿厢、底坑及层站电气控制设备的安装和电梯线槽、线管的安装。

（4）了解电梯电气控制系统安装与调试的规范和技术标准。

【项目概况】

电梯电气控制系统的安装与调试的任务规划见表 6-1-1。

表 6-1-1　电梯电气控制系统的安装与调试的任务规划表

班级______　姓名______　学号______　工号______　日期______　测评______　等级______

<table>
<tr><td>工作任务</td><td>电梯电气控制系统安装与调试的前期准备工作</td><td>学习模式</td><td></td></tr>
<tr><td>建议学时</td><td>10 学时</td><td>教学地点</td><td></td></tr>
<tr><td>任务描述</td><td colspan="3">【案例】电梯公司（乙方）需要安装一部五层站乘客电梯，电梯机械装置已经全部安装完成，接下来需要对电梯电气控制系统进行安装与调试。</td></tr>
<tr><td>学习目标</td><td colspan="3">1. 知识目标
（1）熟悉电气安装原理图和电气安装布线图。
（2）熟悉《电梯制造与安装安全规范》（GB/T 7588. 1—2020）、《电梯安装验收规范》（GB/T 10060—2011）与《电气装置安装工程电梯电气装置施工及验收规范》（GB 50182—1993）。
（3）掌握控制柜、机房电源箱、平层感应装置、人机交换系统安装与调试的知识和技能。
2. 技能目标
（1）能遵循 6S 标准完成各种电气线路的铺设。
（2）能协助完成各种线槽的制作和铺设。
（3）能严格按照《电梯制造与安装安全规范》（GB/T 7588. 1—2020）、《电梯安装验收规范》（GB/T 0060—2011）完成各种电气元件、开关及支架的安装和调整。
（4）能说出电梯群控系统的功能和种类。
3. 思政目标
（1）认同并遵守《电梯制造与安装安全规范》（GB/T 7588. 1—2020）、《特种设备安全监察条例》《安全操作规程》《电梯工程施工质量验收规范》（GB 50310—2002）。
（2）通过技术细节的完善，培养学生谨慎细致、精益求精的工匠精神。
（3）注重严谨的工作态度以及安全意识。</td></tr>
<tr><td>学时分配</td><td colspan="3">学时分配表
<table><tr><td>序号</td><td>学习任务</td><td>学时安排</td></tr><tr><td>1</td><td>任务 1　电梯控制柜和电源箱的安装与调试</td><td>1</td></tr><tr><td>2</td><td>任务 2　曳引机控制电路的安装与调试</td><td>3</td></tr><tr><td>3</td><td>任务 3　轿厢电气装置的安装与调试</td><td>3</td></tr><tr><td>4</td><td>任务 4　层站和井道电气装置的安装与调试</td><td>3</td></tr></table></td></tr>
</table>

学习任务1　电梯控制柜和电源箱的安装与调试

【任务目标】

1. 知识目标

（1）掌握电梯的供电电源、电源箱主要开关的作用。

（2）掌握电梯电气控制柜的主要部件及其作用。

（3）掌握电梯电源安装的主要内容、安装方法和技术要求。

2. 技能目标

（1）能遵守《电梯安装验收规范》（GB/T 10060—2011）的要求，完成电梯电源箱的安装。

（2）能协助完成各种线槽的制作和铺设。

（3）能遵循6S标准完成各种电气线路的铺设。

3. 思政目标

（1）认同并接受《电梯制造与安装安全规范》（GB/T 7588.1—2020）、《电梯安装验收规范》（GB/T 10060—2011）。

（2）注重严谨的工作态度以及安全意识，提高理想信念。

（3）培养刻苦学习、认真钻研的精神，具有勇于探索的品质。

电源箱与
控制柜的安装

【案例引入】

电梯是机电一体化设备，机械部件安装完毕后，下一步要开始电气系统的安装。

【案例分析】

电梯机械装置安装完成之后，开始进行电梯电气控制系统的安装与调试工作，需要完成以下工作的学习：

（1）根据电梯机房电气设备布置图，安装机房的电源箱和电气控制柜。

（2）根据电梯电源箱配电系统图，安装并连接从配电间到电梯的电源箱的线路。

（3）根据电梯电源控制电路图，安装并连接从电源箱到控制柜的电路。

【知识链接】

一、电梯的供电电源和电源箱

电梯的电源必须是由配电间直接送到机房的专用电源。配电间送到电梯的电源为三相五线制的TN－S系统，即三条相线、一条零线和一条保护线的供电系统，如图6－1－1所示。

TN－S系统进入电梯配电箱的是380 V、50 Hz的三相交流电源，该电源的三条相线分别连接在三相断路器的三个进线端子上，在三相断路器的一个进线端子上，引出一条相线到井道照明断路器进线端的相线端子上和到轿厢照明断路器（有漏电保护的断路器）进线端的相线端子上。

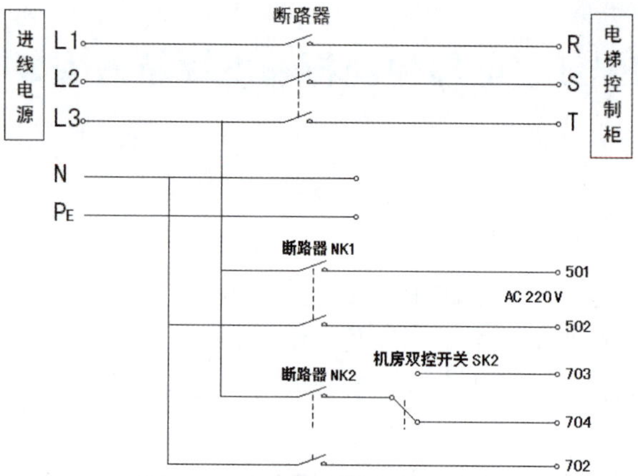

图 6－1－1　电源箱配电系统图

在电源箱内，三相断路器的出线端，将导线引到电气控制柜；在井道照明断路器的出线端，连接 220 V、50 Hz 的井道照明回路，在轿厢照明断路器的出线端，连接 220 V、50 Hz 的轿厢照明回路。

二、电梯电源安装的技术标准

根据《电气装置安装工程电梯电气装置施工及验收规范（GB 50182—1993)》，电梯电源安装的技术标准有：

配电柜（屏、箱)、控制柜（屏、箱）的安装应布局合理，固定牢固，垂直度偏差应不大于 1.5/1 000。

屏、柜应尽量远离门、窗，其与门、窗正面的距离不应小于 600 mm；屏、柜的维修侧与墙壁的距离不应小于 600 mm，其封闭侧宜不小于 50 mm；屏、柜与机械设备的距离不应小于 500 mm。

机房内配电柜（屏)、控制柜（屏）应用螺栓固定于型钢或混凝土基础上，基础应高出地面 50～100 mm。

电气装置的附属构件、线管、线槽等非带电金属部分有防腐措施，紧固螺栓应有防松措施。电气设备的金属外壳必须根据规定采用接地保护，保护接零应用铜线，其截面积不小于相线的 1/3，最小截面裸线不小于 4 mm^2，绝缘铜线不小于 1.5 mm^2。铜管接头及接线盒之间应用 ϕ6 mm 铜筋焊牢；轿厢应可靠接地，可通过电梯随行电缆或芯线接地，同电缆芯线接地时，不少于 2 根零线至机房电源开关距离不得超过 50 m，如超过，应在井道中设置重复接地，并符合接地要求。

控制线与动力线应始终分离敷设。用 500 V 兆欧表测量设备的绝缘强度，每千伏定电压不小于 1 kΩ。双色线（黄绿线）为接地专用线，接地点应有明显接地标志。

三、电气控制柜

1. 电气控制柜中的电源控制电路

电气控制柜是对电梯运行进行控制的装置，主要有微处理器、各类电气控制板、调速装置等。

从图 6－1－2 可以看出，电气机房控制柜电源由机房配电箱送来的 380 V 三相交流电经变压器降压后，产生三路电压输出，作为各控制电路的工作电源。

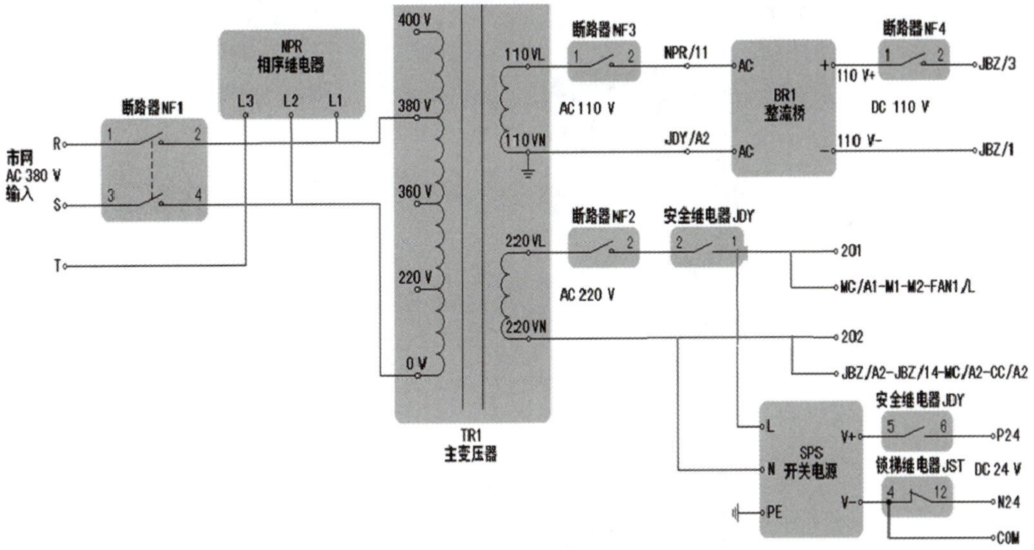

图 6－1－2　工作电源控制电路

由机房电源箱送来的 380 V 三相交流电经断路器 NF1 控制，一路送相序继电器（另一相线 T 直接送相序继电器），另一路送主变压器 380 V 输入端。经主变压器降压后，分为交流 110 V 和交流 220 V 两路输出。交流 220 V 经断路器 NF2 和安全继电器动合触点后，分别送开关电源以及作为光幕控制器和变频门机控制器电源送出。交流 110 V 经断路器 NF3 控制后，一路作为安全继电器和门锁继电器线圈电源送出，另一路送整流桥整流后，输出直流 110 V 电压，作为制动器电源送出。

2. 电气控制柜中的电气元件

TR1 变压器：作用是变换电压，将输入的 380 V 交流电压变换为各部件所需的电压，如图 6－1－3 所示。

图 6－1－3　TR1 变压器

NPR 相序继电器：作用是检测输入电源的相序是否与电梯运行所需的相序相同，即是否错相。若错相，则 NPR 相序继电器上的触点会断开，使安全回路断开，保证电梯的安全运行，如图 6－1－4 所示。

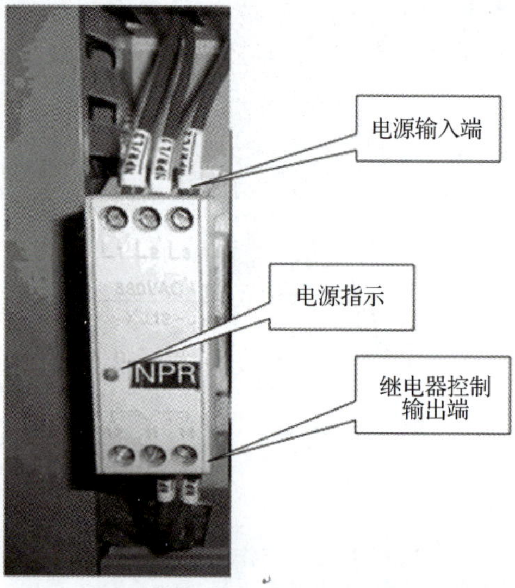

图 6－1－4　NPR 相序继电器

（1）相序保护。电动机的旋转方向与三相交流电的相序直接相关，电梯的运行方向也与相序直接相关。如果由于某种原因导致电源的相序不对，那么原本上行的电梯就会变成下行，而这是很容易造成故障甚至事故的。

（2）断相保护。遭遇电源断相，会导致电动机损坏或引发其他事故。

（3）过压、欠压保护。防止电压过高、过低而损坏电梯曳引电动机。

SPS 开关电源：用于一些对电源质量要求较高的场合，比如微处理器。它输入的是 220 V、50 Hz 的交流电源，输出的是 24 V 或 5 V 的直流电源，而且抗干扰比较好，输出电压较稳定，如图 6－1－5 所示。

图 6－1－5　SPS 开关电源

NF 断路器：四个 NF 断路器并排列于一根导轨上，NF1、NF2、NF3 和 NF4 接通后，分别用于输送 AC 380 V、AC 220 V、AC 110 V、DC 110 V 电压。这些断路器有过载保护功能，只要电路中的电流大于空气开关的额定电流，空气开关就会自动断开，如图 6－1－6 所示。

图 6－1－6　NF 断路器

安全回路接触器：安全回路接触器控制线圈的工作电压是交流 110 V，当安全回路上的所有触点都闭合时，安全接触器控制线圈通电，触点闭合，通过触点闭合把安全回路信息送给微处理器，如图 6－1－7 所示。

图 6－1－7　安全回路接触器

门锁接触器：分为轿门接触器与厅门接触器。门锁接触器线圈的工作电压是交流 110 V。当门闭合好时，门锁接触器控制线圈通电，常开触点闭合。利用接触器上的触点把门锁的信息送给微处理器。

抱闸接触器：是控制电梯制动器电磁线圈通断的接触器。当抱闸接触器控制线圈通电时，常开触点闭合，制动器电磁线圈通电，抱闸松开，曳引电动机转动；当抱闸接触器控制线圈断电时，常开触点断开，制动器电磁线圈断电，在弹簧的作用下，抱闸复位，对曳引电动机进行制动。

电源接触器：电源接触器是接通和断开变频器三相电源的接触器，由微处理器控制。电源接触器线圈的工作电压是交流 220 V，接触器上的三个主触点一端接到三相电源 380 AV 上，另一端接到变频器的 RST 端子上。

运行接触器：运行接触器是接通和断开曳引电动机电源的接触器，由微处理器控制。运行接触器线圈的工作电压是交流 220 V，接触器上的三个主触点一端接到变频器输出端的 U、

V、W 端子上，另一端接到曳引电动机三相端子上。

微处理器：是电梯的“大脑”，电梯的可靠运行、安全保证等，都由微处理器控制。来自控制柜、井道与底坑、轿厢与层站的信息，从微处理器的输入端子（X 端子）输入，由微处理器内部程序处理这些信息后，通过微处理器向输出端发出指令，通过输出端的端子（Y 端子）控制各个执行机构动作，使电梯按微处理器的指令运行，如图 6－1－8 所示。

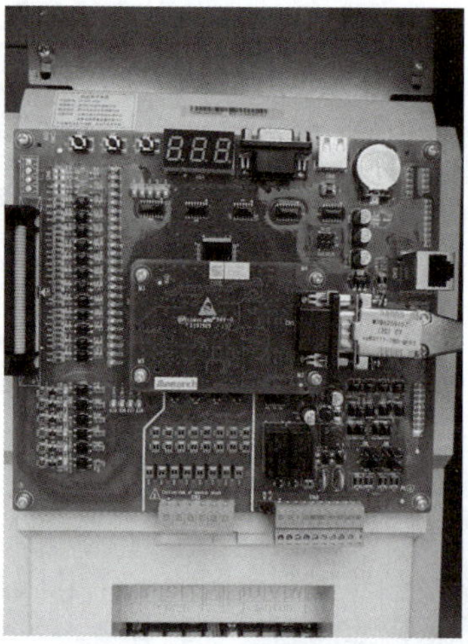

图 6－1－8　微处理器

四、电梯控制柜安装的要求

（1）地面平整，线槽美观大方，接头处连接地线。

（2）控制柜垂直放置。

（3）控制柜必须连接接地线，接地线电阻不得大于 40 Ω，接地线必须是黄绿双色电线。

五、标准对接

《电梯制造与安装安全规范》（GB/T 7588.1—2020）中关于电气控制系统的规定如下：

6.3.2.1　机房应有足够的尺寸，以允许人员安全和容易地对有关设备进行作业，尤其是对电气设备的作业。

特别是工作区域的净高不应小于 2 m，且：

a）在控制屏和控制柜前有一块净空面积，该面积：

1）深度，从屏、柜的外表面测量时，不小于 0.70 m；

2）宽度，为 0.50 m 或屏、柜的全宽，取两者中的大者。

b）为了对运动部件进行维修和检查，在必要的地点以及需要人工紧急操作的地方，要有一块不小于 0.50 m×0.60 m 的水平净空面积。

13.1.4　对于控制电路和安全电路，导体之间或导体对地之间的直流电压平均值和交流电压有效值均不应大于 250 V。

13.1.5　零线和接地线应始终分开。

13.5　电气配线

13.5.1　在机房、滑轮间和电梯井道中，导线和电缆应依据国家标准选用。同时，考虑到13.1.1.2的要求，除随行电缆外，其质量至少应等效于GB 5023.3和GB 5013.4的规定。

13.5.1.1　符合GB 5023.3—1997第2章［2271EC01(BV)］、第3章［2271EC02(RV)］、第4章［227IEC05(BV)］和第5章［2271EC06(RV)］的导线，只有当其被敷设于金属或塑料制成的导管（或线槽）内或以一种等效的方式保护时才能使用。

13.5.1.2　机械和电气性能不低于GB 5023.4—1997第2章要求的护套电缆可明敷在井道（或机房）墙壁上，或装在导管、线槽或类似装置内使用。

13.5.1.3　符合GB 5013.4—1997第3章［245IEC53（YZ）］以及GB 5023.5—1997第5章［227IEC52（RVV）］要求的软线，只有装在导管、线槽或能确保起到等效防护作用的装置中时才能使用。

符合GB 5013.4—1997第5章［2451EC66（YCW）］要求的电缆可以按13.5.1.2中规定条件下的电缆一样使用，并可用于连接移动设备（除轿厢的随行电缆以外）或用于其易受震动的场合。

符合GB 5023.6以及GB 5013.5要求的电梯电缆，可在这些文件的限制范围内用作连接轿厢的电缆。总之，所选用的随行电缆至少应具有等效的质量。

六、工作过程（表6－1－2）

表6－1－2　控制柜与电源箱的安装

序号	安装要求和工作过程	图示
1. 确定控制柜安装位置	根据机房布置及现场机房的实际情况，横平竖直，尽量较少转弯口。注意编码器线、动力线以及控制线必须单独布线。 控制柜安装时，应按图纸规定的位置施工，如无规定，应根据机房面积、形式做合理布置，但必须符合维修方便、巡视安全的原则	
2. 地面打膨胀螺栓	通过对底部四个膨胀螺栓孔进行固定，符合： （1）控制柜正面距门、窗不小于600 mm （2）控制柜的维修侧距墙不小于600 mm （3）控制柜距机械设备不小于500 mm	
3. 机房电源箱安装	机房电源箱应安装于机房进门即能随手操作的位置，但应能避免雨水和长时间日照。开关以手柄中心高度为准，一般为1.3～1.5 m。安装时要求牢固，横平竖直	

续表

序号	安装要求和工作过程	图示
4. 机房电源箱的电路连接	根据机房电源箱配电系统图，从配电房开关通过电缆送到机房电源箱三相断路器的进线端和照明断路器的进线端。三相断路器的出线端导线送到电气控制柜，照明断路器的出线端则分别连接井道、轿厢照明线路	
5. 布置线槽	要求横平竖直，尽量减少转弯口。按照机房及井道的布线图敷设线路，线槽按机房布置图进行安装，并且动力线和控制线隔离敷设	
6. 布置主机编码器与控制柜之间的连线	该线只能布置在独立线槽且要可靠接地，并与其他线槽之间距离大于等于200 mm，连接处应用接地线可靠连接	
7. 布置控制柜与电机相连的动力线	布置控制柜与电机相连的动力线，线槽敷设到机座上方100 mm为止	
8. 布置控制柜其他电缆	布置控制柜与限速器开关、盘车开关、制动器开关、制动器线圈、夹绳器开关（异步主机配置）的电缆	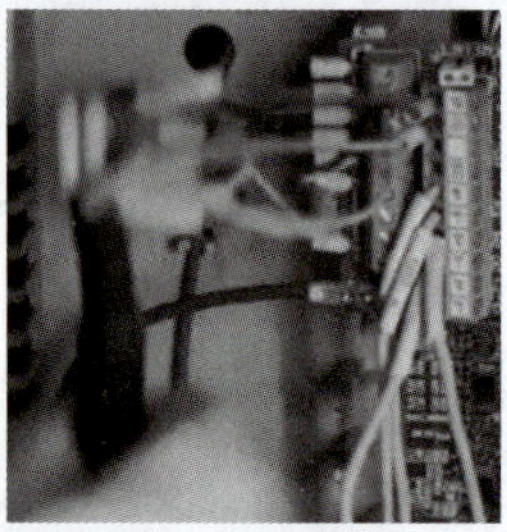
9. 布置机房电源箱到控制柜的线缆	布置机房电源箱到控制柜的线缆	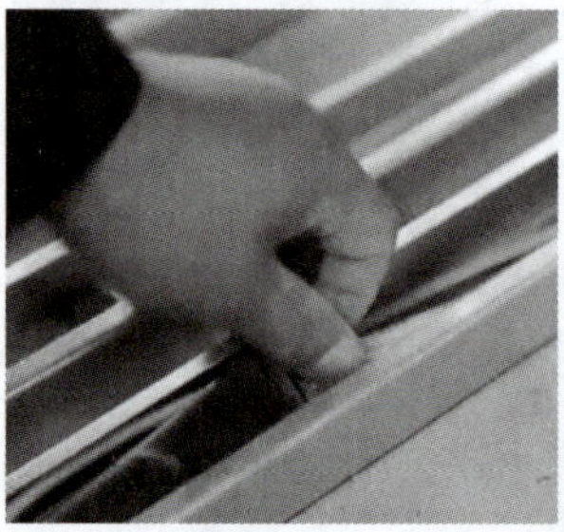

续表

序号	安装要求和工作过程	图示
10. 固定线槽盖	电缆敷设完成后，用压板压住电缆，用自攻螺钉固定线槽盖板和线槽盒体	

【任务实施】

班级		姓名		学号	
工号		日期		评价分数	

具体工作步骤及要求见表 6－1－3。

表 6－1－3　具体工作步骤及要求

序号	工作步骤	要求	学时	备注
1	识读任务书	能快速明确任务要求并清晰表达，在教师要求的时间内完成	0.25	
2	明确学习目标与方法	能够选择完成任务需要的方法，并进行时间和工作场所安排，掌握相关理论知识	0.25	
3	完成学习，填写任务工单	认真、准确填写任务工单	0.25	
4	评价		0.25	

一、工作过程及学习任务工单

（1）观看教材配套教学视频，熟悉安装过程和规范要求。

____

____

____

（2）自由分组，在教师的指导下完成电源箱的安装（表 6－1－4）。

表 6-1-4　电源箱的安装

步骤	安装过程记录
根据机房平面布置图，选定好位置	
按要求标出固定孔，选用合适工具用冲击钻打孔	
用 4 个膨胀螺丝固定电梯总电源开关箱	
从配电房指定开关通过电缆连接到机房电源箱三相断路器的进线端和照明断路器的进线端	

（3）自由分组，在教师的指导下完成控制柜的安装（表 6-1-5）。

表 6-1-5　控制柜的安装

步骤	安装过程记录
根据机房平面布置图，选定好位置	
（1）应与门、窗保持足够的距离，门、窗与控制柜正面距离不小于 1 000 mm。 （2）控制柜成排安装时，当其宽度超过 5 m 时，两端应留有出入通道，通道宽度不小于 600 mm。 （3）控制柜与机房内机械设备的安装距离不宜小于 500 mm。 （4）控制柜安装后的垂直度不大于 3/1 000，并用弹性销钉或采用墙用固定螺栓紧固在地面上	
将电源箱三相断路器送来的三条相线分别连接在变频器的 R、S、T 端子上，然后通过相序继电器检查连接是否正确	
将电源箱引来的相线接在控制柜内的 L 端子上，电源箱引来的零线接在控制柜内的 N 端子上。 将电源箱引来的供电系统的保护线连接在控制柜内的 PE 端子排上的一个接线端子上	

（4）在教师的指导下完成机房电源的调试（表 6-1-6）。

表 6-1-6　机房电源的调试

步骤	安装过程记录
通电前，首先认真检查电源总开关箱和电梯控制柜，看看有没有工具或其他杂物遗留在里面	
用兆欧表检查导线间、导线对地的绝缘电阻，应大于 0.5 MΩ	
通电后，用万用表检查进线电压，应为交流 380 V；照明电压应为交流 220 V	

二、总结与评价

根据评价表内容客观、公正地进行评价（表 6-1-7）。

表 6-1-7　评价表

班级		姓名		学号				
评价指标	评价内容			分数	学生自评	小组互评	教师评定	企业导师评定
信息检索	能有效利用网络、图书资源、工作手册查找有用的相关信息等；能用自己的语言有条理地去解释、表述所学知识；能将查到的信息有效地传递到工作中			5				
感知工作	熟悉工作岗位，认同工作价值；在工作中能获得满足感			5				
参与态度	积极主动参与工作，能吃苦耐劳，崇尚劳动光荣、技能宝贵；与教师、同学之间相互尊重、理解、平等；与教师、同学之间能够保持多向、丰富、适宜的信息交流			5				
	探究式学习、自主学习不流于形式，处理好合作学习和独立思考的关系，做到有效学习；能提出有意义的问题或能发表个人见解；能按要求正确操作；能够倾听别人意见、协作共享			5				
学习方法	学习方法得体，有工作计划；操作技能符合规范要求；能按要求正确操作；获得了进一步学习的能力			5				
学习过程	遵守管理规程，操作过程符合现场管理要求；平时上课的出勤情况和每天完成工种任务情况良好；善于多角度分析问题，能主动发现、提出有价值的问题			5				
思维态度	能发现问题、提出问题、分析问题、解决问题、创新问题			5				
知识、技能、思政	完成知识目标、技能目标与思政目标的要求			55				
自评反馈	按时按质完成工作任务；较好地掌握了专业知识点；具有较强的信息分析能力和理解能力；具有较为全面、严谨的思维能力，并能条理清楚、明晰表达成文			10				

续表

班级		姓名		学号				
评价指标	评价内容			分数	学生自评	小组互评	教师评定	企业导师评定
分数								
学生自评（25%）+小组互评（25%）+教师评定（25%）+企业导师评定（25%）=								
总结、反馈、建议								

【任务小结】

电梯的电气控制系统主要是指对电梯曳引机及开门机的启动、减速、停止、运行方向的控制，以及对指层显示、层站召唤、轿厢内指令、安全保护等指令信号进行处理。电梯电气控制系统的功能和性能决定电梯的运行性能和安全性能。电梯的电源必须是由配电间直接送到机房的专用电源。配电间送到电梯的电源为三相五线制的 TN－S 系统。

电气控制柜是对电梯运行进行控制的装置，主要有微处理器、变压器、相序继电器、开关电源、断路器、安全回路接触器、门锁回路接触器、抱闸接触器、电源接触器、运行接触器等。

电梯电气安装应按照《电气装置安装工程电梯电气装置施工及验收规范》的要求。

课后习题

一、单选题

1. 机房应有足够的尺寸，以允许人员安全和容易地对有关设备进行作业，该尺寸的深度，从屏、柜的外表面测量时，不小于（　　）m。

A. 0.5　　B. 0.6　　C. 0.7　　D. 0.8

2. 一个控制柜宽度为 0.6 m，则它面前的净宽度至少为（　　）m。

A. 0.5　　B. 0.6　　C. 0.7　　D. 0.8

3. 接地线的颜色为（　　）。

A. 红黄双色　　B. 黄绿双色　　C. 红蓝双色　　D. 绿色

4. 下列装置一般不直接连接到控制柜的是（　　）。

A. 制动器检测开关　　B. 盘车手轮开关　　C. 限速器安全开关　　D. 开关门到位

二、判断题

1. 机房控制线与动力线应该分开敷设。（　　）

2. 零线和接地线应始终分开。（　　）

3. 一般来说，导线应布置在线槽或软管内。（　　）

4. 控制柜可以布置在室外。（　　）

5. 控制柜要可靠接地。（　　）

学习任务2　曳引机控制电路的安装与调试

【任务目标】

1. 知识目标

（1）看懂曳引机控制电路图。

（2）掌握识图的方法和要领。

（3）掌握电路图的绘制方法。

（4）掌握曳引机控制电路的安装方法和技术要求。

2. 技能目标

（1）能够绘制曳引机控制电路图。

（2）能够按照电路图，正确安装曳引机、制动器、旋转编码器及限速器的电气线路。

（3）能够安装标准规范，检查并验收安装和连接的电路。

（4）能根据教师发布的任务单，通过小组协作，自主完成学习任务。

3. 思政目标

（1）认同并接受《电梯制造与安装安全规范》（GB/T 7588.1—2020）、《电梯安装验收规范》（GB/T 10060—2011）。

（2）在教学和实践过程中融入行业标准、国家标准、技术要求、规范标准，培养学生的规范意识、标准意识。

（3）在实践教学环节，通过要求学生整理工具、规范接线和打扫卫生，培养学生的规范意识和劳动意识。

【案例引入】

电梯机房主要用电设备是曳引机，接下来需要给曳引机安装控制电路。

【案例分析】

电梯控制柜与电源箱安装完成之后，开始进行曳引机控制电路的安装与调试工作，需要完成以下工作的学习：

（1）安装并连接从电梯控制柜到曳引机电机接线盒的线路。

（2）安装并连接从电梯控制柜到制动器的线路。

（3）安装并连接从电梯控制柜到旋转编码器的线路。

曳引机控制线路安装

【知识链接】

一、电梯的曳引机

曳引机是电梯的动力设备，功能是输送与传递动力使电梯运行。由曳引电动机、电磁制动器、联轴器、减速箱、曳引轮、机架和导向轮及附属盘车手轮等组成，如图 6－2－1 所示。

图 6－2－1　电梯曳引机系统

二、曳引机的控制电路

曳引电动机采用集中控制方式，主要包括信号控制系统和拖动控制系统两大部分。图 6－2－2 所示为电梯微机控制系统框图，主要硬件包括微机控制器、轿厢操纵盘、厅外呼梯盘、安全装置、显示装置、调速装置与变频拖动系统等。控制系统的核心为微机控制器，轿厢操纵盘、呼梯盒、位置、安全保护及变频器工作状态等信号输入微机控制板，经主控板运算处理后，由输出接口分别向显示电路发出呼梯、定向等显示信号，通过变频器向主拖动电动机发出控制信号。

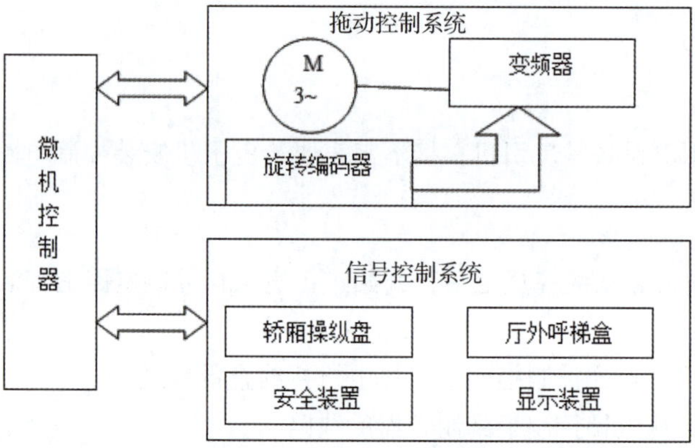

图 6－2－2　电梯微机控制系统框图

1. 曳引机控制电路主要器件

（1）变频器：变频器是改变三相交流电频率的器件。变频器根据微处理器的指令，输出相应的三相交流频率，使曳引电动机按指令要求的转速转动。

（2）运行接触器：控制曳引电动机启动和停止的接触器。运行接触器的常开触点闭合，曳引电动机通电并转动；运行接触器的常开触点断开，曳引电动机断电并停止转动。

（3）抱闸接触器：控制制动器电磁线圈通电和断电的接触器，抱闸接触器的常开触点闭合，制动器电磁线圈通电，抱闸松开，曳引电动机才能转动；抱闸接触器的常开触点断开，制动器电磁线圈断电，抱闸在弹簧的作用下复位，对曳引电动机进行制动。

（4）编码器：编码器是检测曳引电动机运行参数并将这些参数送到微处理器进行处理的器件。

2. 曳引电动机控制电路工作原理

当微处理器综合电梯各种信息，确认可以让电梯启动运行时，便发出启动运行的指令。微处理器的输出端子使运行接触器的线圈和抱闸接触器的线圈通电，抱闸接触器的常开触点闭合，制动器电磁线圈通电，抱闸松开；运行接触器的常开触点闭合，变频器输出的三相交流电源与曳引电动机的定子绕组接通，曳引电动机启动运行。

当微处理器得到需要停车的信息，并综合停车条件后发出停止指令，微处理器的输出端子使运行接触器的线圈和抱闸接触器的线圈断电，运行接触器的常开触点断开，变频器输出的三相交流电源与曳引电动机的定子绕组的连接断开；同时，运行接触器的常闭触点闭合，将曳引电动机定子绕组做符号Y连接，对曳引电动机进行能耗制动。抱闸接触器的常开触点断开，制动器电磁线圈断电，抱闸在弹簧的作用下复位，也对曳引电动机进行制动。

三、标准对接

根据《电气装置安装工程电梯电气装置施工及验收规范》（GB 50182—1993），电梯电源安装的技术标准如下：

电气装置的附属构件、线管、线槽等非带电金属部分应有防腐措施，紧固螺栓应有防松措施。电气设备的金属外壳必须根据规定采用接地保护，保护接零应用铜线，其截面积不小于相线的1/3，最小截面裸线不小于4 mm^2，绝缘铜线不小于1.5 mm^2。钢管接头及接线盒之间应用 ϕ6 mm 钢筋焊牢；轿厢应可靠接地，可通过电梯随行电缆或芯线接地，用电缆芯线接地时，不少于2根中性线至机房电源开关距离不得超过50 m，如超过，应在井道中设置重复接地，并符合接地要求。

控制线与动力线应始终分离敷设。用500 V兆欧表测量设备的绝缘强度，每千伏定电压不小于1 kΩ，双色线（黄绿线）为接地专用线，接地点应有明显接地标志。

四、安装过程（表6-2-1）

表6-2-1 控制柜与电源箱的安装

序号	安装要求和工作过程	图示
1. 机房曳引执行电路线槽的安装	（1）电梯机房曳引机执行电路的安装应使用板厚为1.5 mm以上的钢制线槽敷设。 （2）电梯的动力线路和控制线路必须分隔敷设。 （3）机房线槽采用膨胀胶和木螺钉安装，所有线槽连接处均需连接接地线。 （4）线槽连接螺栓应由线槽内往外穿，再用螺母紧固，当线槽弯成90°时，应防止伤线并加橡胶套保护	

续表

序号	安装要求和工作过程	图示
1. 机房曳引执行电路线槽的安装	（5）线槽安装摆放必须美观，且平行或垂直于机房门口。当线槽靠墙时，应沿墙边摆放。 （6）线槽均应接地良好，线槽接头应严密并可作跨接地线之用，槽盖应盖严实。 （7）穿线前应将金属软管、PVC 管或线槽内清扫干净，不得有积水、污物。 （8）根据管路的长度留出适当余量进行断线，穿线时不能有损伤线皮、扭结现象，并应留有适当的备用线	
2. 电机的电源线连接	（1）根据已安装好的线槽，将已配备好的动力电缆（电梯生产厂家在设备出厂时已配备好电缆线）放置在进线槽内摆放好，一端放在控制柜内，另一端放置在永磁式同步电机的接线盒，两端预留 10 cm 的长度。 （2）电缆两端按 U、V、W 做好标识，并压接好线鼻子，控制柜一端将 U、V、W 三根电线接到控制柜端子排 U、V、W 的下端子上，另一端分别对应连接同步电机接线盒端子的 U、V、W 右端子上，两端的保护线分别连接到相应的 PE 端子。全部连接好后，用万用表检查连接是否正确	
3. 电磁制动器控制电源线的连接	将已配备好的控制电缆（电梯生产厂家在设备出厂时已配备好电缆线）两端做好标识，压接好线鼻子后，在进线槽内摆放好，一端放在控制柜内，另一端穿金属软管后放置在电磁制动器的接线盒中，两端预留 10 cm 左右的长度	
4. 旋转编码器控制线路的连接	将已配备好的控制电缆（电梯生产厂家在设备出厂时已配备好专门的电缆线）在进线槽内摆放好，一端放在控制柜内与编码器控制板的插头接插好，另一端固定在曳引机上与编码器的插头接插好，顺时针旋紧	

五、曳引机控制电路的调试

机房曳引执行电路安装完后，进行通电调试。

（1）通电前，首先认真检查电梯控制柜内外，看看有没有工具或其他杂物遗留在里面。

（2）用兆欧表检查导线间、导线对地的绝缘电阻，应大于 0.5 MΩ。

（3）通电前，在控制柜用万用表检查同步电机、制动器、限速器、旋转编码器的电缆线是否连接好。

【任务实施】

班级		姓名		学号	
工号		日期		评价分数	

具体工作步骤及要求见表6-2-2。

表6-2-2　具体工作步骤及要求

序号	工作步骤	要求	学时	备注
1	识读任务书	能快速明确任务要求并清晰表达，在教师要求的时间内完成	0.5	
2	明确学习目标与方法	能够选择完成任务需要的方法，并进行时间和工作场所安排，掌握相关理论知识	0.5	
3	完成学习，填写任务工单	认真、准确填写任务工单	1	
4	评价		0.5	

一、工作过程及学习任务工单

(1) 观看教材配套教学视频，熟悉安装过程与规范要求。

(2) 自由分组，在教师指导下完成曳引机的安装，将安装过程记录在表6-2-3中。

表6-2-3　曳引机安装

安装部件	安装过程记录
曳引机安装	

（3）完成曳引机及相关部件的电源线接线（表6－2－4）。

表6－2－4　曳引机及相关部件的电源线接线

安装部件	安装过程记录
连接电动机的电源线	
连接电磁制动器控制电源线	
连接编码器控制线	

（4）按步骤完成曳引机控制电路的调试工作（表6－2－5）。

表6－2－5　曳引机控制电路的调试

步骤	安装过程记录
通电前，首先认真检查电梯控制柜内外，看看有没有工具或其他杂物遗留	
用兆欧表检查导线间、导线对地的绝缘电阻，应大于0.5 MΩ	
通电前，在控制柜用万用表检查同步电机、制动器、限速器、旋转编码器的电缆线是否连接好	

二、总结与评价

根据评价表内容客观、公正地进行评价（表6－2－6）。

表6－2－6　评价表

班级		姓名		学号				
评价指标	评价内容			分数	学生自评	小组互评	教师评定	企业导师评定
信息检索	能有效利用网络、图书资源、工作手册查找有用的相关信息等；能用自己的语言有条理地去解释、表述所学知识；能将查到的信息有效地传递到工作中			5				
感知工作	熟悉工作岗位，认同工作价值；在工作中能获得满足感			5				

续表

班级		姓名		学号				
评价指标	评价内容			分数	学生自评	小组互评	教师评定	企业导师评定
参与态度	积极主动参与工作，能吃苦耐劳，崇尚劳动光荣、技能宝贵；与教师、同学之间相互尊重、理解、平等；与教师、同学之间能够保持多向、丰富、适宜的信息交流			5				
	探究式学习、自主学习不流于形式，处理好合作学习和独立思考的关系，做到有效学习；能提出有意义的问题或能发表个人见解；能按要求正确操作；能够倾听别人意见、协作共享			5				
学习方法	学习方法得体，有工作计划；操作技能符合规范要求；能按要求正确操作；获得了进一步学习的能力			5				
学习过程	遵守管理规程，操作过程符合现场管理要求；平时上课的出勤情况和每天完成工种任务情况良好；善于多角度分析问题，能主动发现、提出有价值的问题			5				
思维态度	能发现问题、提出问题、分析问题、解决问题、创新问题			5				
知识、技能、思政	完成知识目标、技能目标与思政目标的要求			55				
自评反馈	按时按质完成工作任务；较好地掌握了专业知识点；具有较强的信息分析能力和理解能力；具有较为全面、严谨的思维能力，并能条理清楚、明晰表达成文			10				
分数								
学生自评（25%）+小组互评（25%）+教师评定（25%）+企业导师评定（25%）=								
总结、反馈、建议								

【任务小结】

曳引机的功能是输送与传递动力使电梯运行。它由曳引电动机、电磁制动器、联轴器、减速箱、曳引轮、机架和导向轮及附属盘车手轮等组成。

永磁同步曳引电动机由定子及其绕组、永久磁钢转子和其他相关部件组成。当对称三相交流电流通过定子的三相绕组时，在定子中形成旋转磁场。由于定子磁场的磁极对永久磁钢转子的作用，转子就随定子旋转磁场一起转动，并且转子的转速与定子旋转磁场的转速相同。永磁同步曳引电动机以其节省能源、体积小、低速运行平稳、噪声低、免维护等优点，在电梯行业中的应用越来越广泛。

课后习题

一、单选题

1. 电梯用的电磁制动器，在电磁线圈通电时，（　　）。

A. 衔铁吸合，抱闸松开，让曳引电动机启动

B. 衔铁吸合，抱闸抱紧，对曳引电动机进行制动

C. 衔铁在弹簧作用下复位，抱闸抱紧，对曳引电动机进行制动

D. 衔铁在弹簧作用下复位，抱闸松开，让曳引电动机启动

2. 曳引电动机的定子绕组通入对称的三相交流电时，产生的磁场是（　　）。

A. 旋转磁场　　B. 永久磁场　　C. 交变磁场　　D. 直线运动的磁场

二、问答题

1. 电梯的曳引机有什么作用？它由哪些部分组成？
2. 曳引机的制动器有什么作用？简述制动器的工作原理。
3. 说出曳引机上编码器的型号。
4. 曳引机控制电路有哪些主要器件？简述控制电路的工作原理。
5. 曳引机的盘车开关有什么作用？盘车开关为什么要接入安全回路？

学习任务3　轿厢电气装置的安装与调试

【任务目标】

1. 知识目标

（1）掌握电梯轿厢有哪些电气设备。

（2）掌握电梯轿厢电气装置电气原理图与接线图识读。

（3）掌握电梯轿厢电气设备的原理与作用。

（4）掌握新技术、新工艺的要求，能利用新技术、新工艺对电梯层站电气设备进行安装和调试。

2. 技能目标

（1）能认识电梯轿厢电气装置的组成。

（2）能够独立安装电梯轿厢电气装置。

（3）能够安装标准规范，检查并验收安装和连接的电路。

（4）能根据教师发布的任务单，通过小组协作，自主完成学习任务。

3. 思政目标

（1）认同并接受《电梯制造与安装安全规范》（GB/T 7588.1—2020）、《电梯安装验收规范》（GB/T 10060—2011）。

（2）在教学和实践过程中融入行业标准、国家标准、技术要求、规范标准，培养学生的规范意识、标准意识。

（3）在实践教学环节，通过要求学生整理工具、规范接线和打扫卫生，培养学生的规范意识和劳动意识。

【案例引入】

轿厢由许多电气装置构成，那么每一种装置的作用是什么呢？

【案例分析】

电梯曳引机控制电路的安装与调试完成之后，开始进行轿厢电气装置的安装与调试工作，需要完成以下内容的学习：

（1）了解电梯轿厢电气装置的组成和各个组成部分的作用。

（2）了解轿厢内、轿厢顶、轿厢底电气装置的安装方法。

（3）在教师与企业导师的指导监督下完成安装。

【知识链接】

一、电梯轿厢电气装置

1. 轿厢内电气装置

轿厢内电气装置主要有操纵箱、信号箱、楼层显示器、照明及风扇等。

电梯操纵箱是控制电梯关门、开门、选层、急停等的控制装置。选层、开/关门多使用按钮操作，如图 6－3－1 所示。按钮分为大行程按钮和微动按钮两种。有些电梯为使乘客操纵方便，设有两只操纵箱。

图 6－3－1　电梯轿厢内操纵箱

信号箱用来显示轿厢到达层站和运行方向。常与操纵箱共用一块面板，故可参照操纵箱安装方法。层楼显示器用来显示轿厢所在位置。信号箱一般安装于轿厢门上方或操纵箱上方，有液晶显示和LED显示两种，如图6-3-2所示。

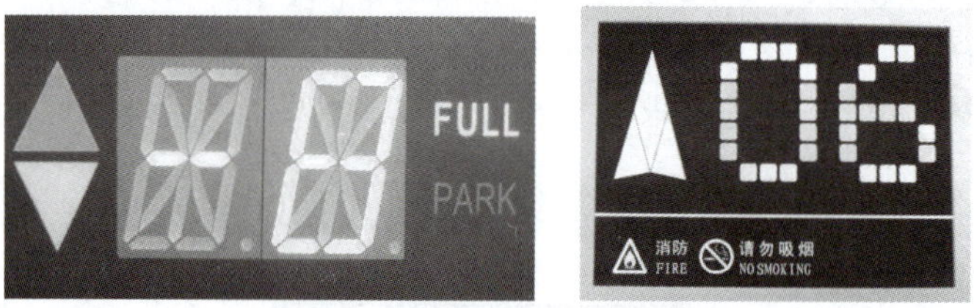

图6-3-2　电梯信号箱

楼层显示器安装十分方便，只需将内部线路（楼层显示电路）连接好后，安放于相应位置即可，如图6-3-3所示。

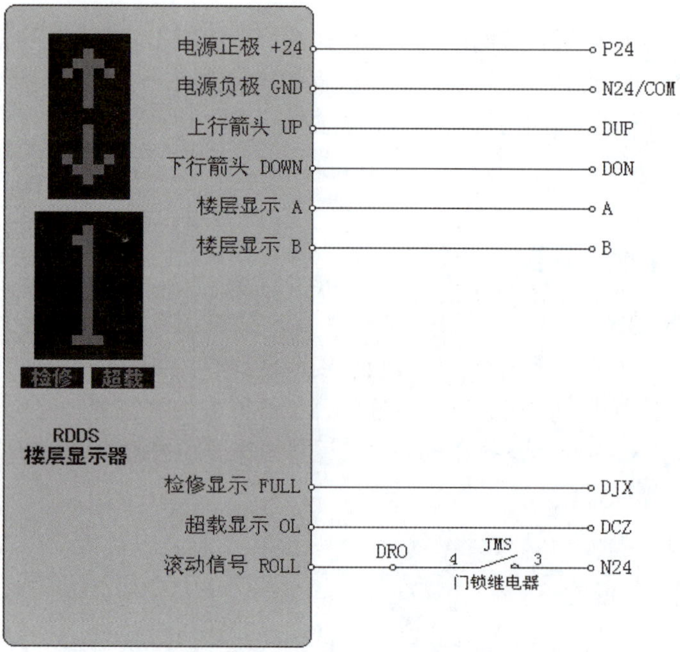

图6-3-3　电梯楼层显示电路

照明与风扇的作用是为乘客提供明亮舒适的乘坐环境，照明有很多形式，可以根据客户要求进行设计。风扇用于保证电梯内空气的流通，一般安装在轿顶。

近门保护装置的作用是：在电梯轿厢门关闭的过程中，检测到有人或物进入轿厢，给控制柜内的微处理器一个信息，微处理器发出停止关门并开门的指令，轿厢门不再关门而改变为开门，避免伤人或伤物。

触板式近门保护装置称作安全触板，由两块铝制的触板、控制杆和微动开关组成。触板与控制杆连接后，悬挂在轿厢门开口边缘并凸出30 mm左右。关门过程中，人或物触及触板时，触板带动控制杆使微动开关动作，给控制柜内的微处理器一个停止关门并开门的信息，如图 6－3－4 所示。

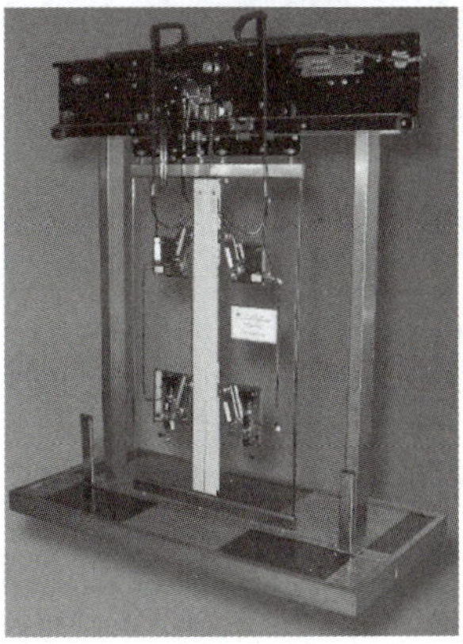

图 6－3－4　电梯的安全触板

光幕式近门保护装置又简称为光幕，在开门的整个高度和宽带内，由几十根红外线组成光幕。在轿厢门关门过程中，遮断其中一部分红外线时，光幕控制器便向控制柜内的微处理器发出一个停止关门并开门的信息，如图 6－3－5 所示。

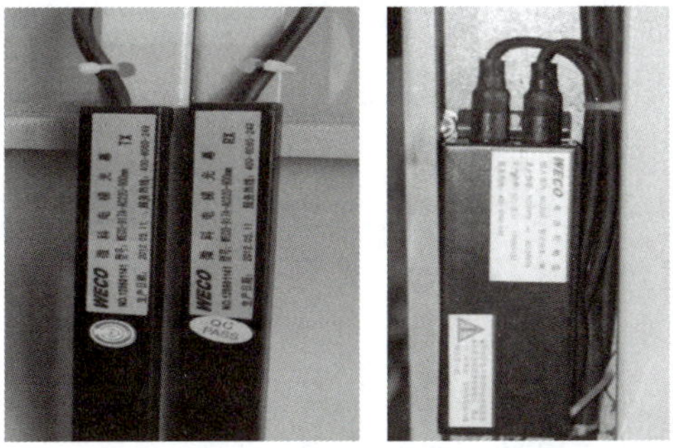

图 6－3－5　电梯的光幕及其控制器

应急通信：这是电梯轿厢发生困人时，以及电梯日常维护保养中，相关人员之间进行通话的装置。应急通信指电梯对讲系统中管理中心主机、电梯轿厢、电梯机房分机、电梯顶部、电梯井道底部等五方之间进行的通话。

2. 轿厢顶电气装置

轿厢顶电气装置主要有自动门机，平层、减速感应装置，以及各种安全开关和轿厢顶检修操纵箱等。

自动门机是由电动机拖动门扇运动，使轿厢门开启和关闭的装置。自动门机的电气系统控制门机的电动机启动、调速、停止，用变频器调速、交流异步电动机拖动的电梯门机，称作变频交流门机。

减速、平层传感器的相关触点接入控制柜内的微处理器端子。当电梯到达预定的停层站时，井道内的减速遮磁板插入轿厢顶部的减速传感器内，电梯开始减速，接着井道内停层遮磁板插入轿厢顶部的平层传感器内，当轿厢地坎与该层厅门地坎停平时，电梯停车开门。而高级电梯则通过高频型号或电脑控制来完成以上动作，如图 6－3－6 所示。

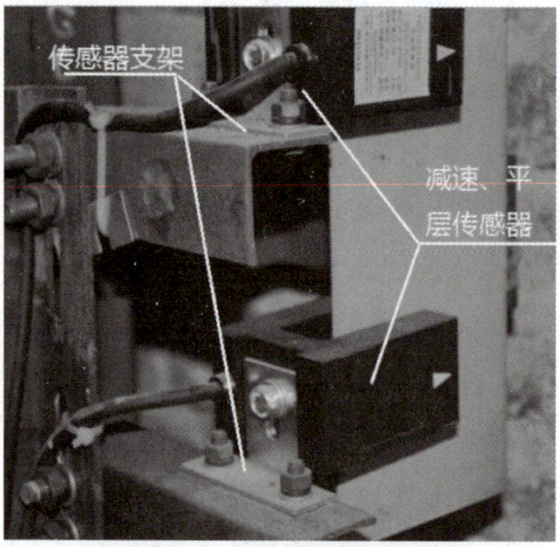

图 6-3-6　电梯的平层装置

电梯的传感器由永磁钢和干簧管等组成。平层传感器由两只传感器装在一副支架上组成，减速传感器有上行和下行之分，每个方向的传感器又根据电梯运行速度来设置，一般为 1~2 只。

不同控制形式的电梯所装的传感器数量和作用也不相同。例如，一般手开自平电梯，装两只传感器，即上、下自动平层用；手开自平自开门电梯，装 3 只传感器，即上、下自动平层，自动开门。有些电梯还增加校正传感器，当层楼只是发生错位时，只需将电梯中间站不停地上、下开一个来回即可校正。信号控制电梯还需增加上、下减速传感器。

轿厢顶的安全窗门上装有安全联锁开关，当电梯发生故障，打开活板门将乘客营救出去时，安全联锁开关将电梯控制回路切断，使电梯不能运行。此开关装在安全窗四边任意一侧，窗门开启大于 50 mm 时，此开关就自动切断控制回路。

轿厢架上横梁腹板上还装有安全钳开关，应在电梯下降速度超过限速器动作速度时，限速器动作，切断电梯控制回路失电而停车，这是一种非自动复位开关。当限速器动作后，须恢复正常运行时，应先将此开关复位。此开关应安装牢固、动作可靠，如图 6-3-7 所示。

图 6-3-7　电梯的安全钳开关

轿厢顶检修操纵箱分为固定式和移动式两种。供电梯检修人员在轿厢顶做短时操纵电梯慢速运行之用。其中，固定式常装在轿厢架上梁上便于操纵的位置。可移动式操纵箱在停止使用时，应放入一个特殊的安全箱体内，以免损坏。

3. 轿厢底电气装置

轿厢底电气装置主要包括超载装置、随行电缆、轿厢底安全钳开关等。

超载装置由安装在轿厢底的几只限位开关或称重传感器（称重开关）组成，一般出厂时已安装好，在安装工地只需根据载重量调整其位置即可，如图6－3－8所示。

图6－3－8　电梯的超载装置

电梯的超载装置检测到超载时，限位开关或称重传感器向控制柜的微处理器发出信息，微处理器接收并处理这些信息后，发出相应的指令。

随行电缆将电源线、信号线、视频同轴线等复合在一起，里面有加强钢丝或尼龙纤维组织，外套采用超轻柔软的PVC材料，以增强抗拉强度和柔韧性。随行电缆随电梯轿厢一起行驶，具有使用寿命长、信号传输稳定、耐弯曲等特点。电梯随行电缆可用于长距离悬挂使用场合，其安装应符合《电气装置安装工程电梯电气安装施工及验收规范》（GB 50182—1993）要求，如图6－3－9所示。

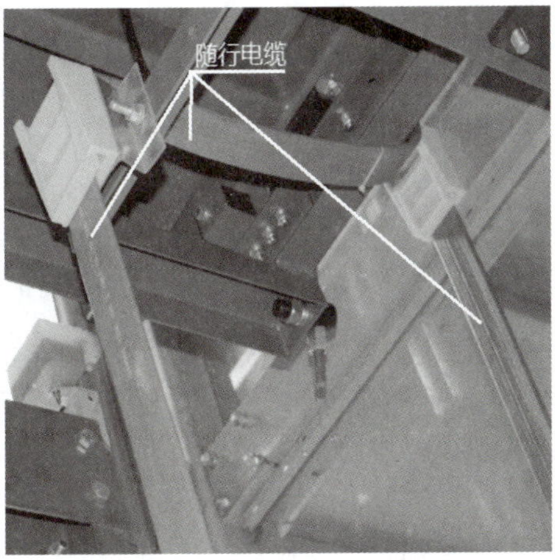

图6－3－9　电梯的超载装置

轿厢底安全钳开关装在轿厢底上，应在电梯下降速度超过限速器动作速度时限速器动作，切断电梯控制回路，使曳引电动机失电而停车，这是一种非自动复位开关。当限速器动作后须恢复正常运行时，应先将此开关复位。此开关应安装牢固、动作可靠，如图6－3－10所示。

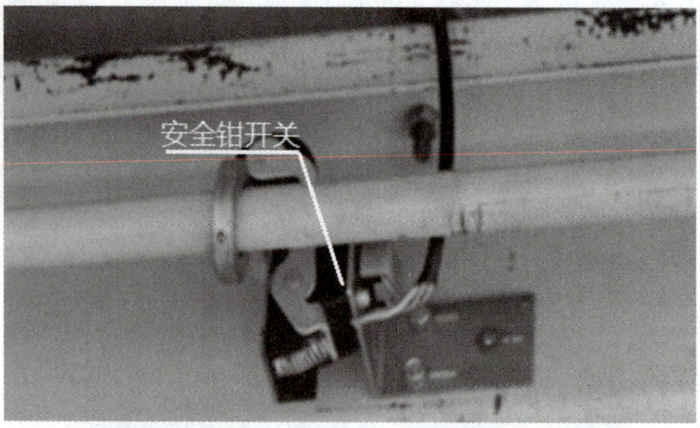

图6-3-10 电梯的轿厢底安全钳

二、标准对接

《电梯制造与安装安全规范》（GB/T 7588.1—2020）中关于电梯轿厢电气装置的规定如下：

15.2.3 轿厢的其他事项

15.2.3.1 停止开关的操作装置（如有）应是红色，并标以“停止”字样加以识别，以不会出现误操作危险的方式设置。

报警开关（如有）按钮应是黄色，并标以铃形符号加以识别。红、黄两色不应用于其他按钮。但是，这两种颜色可用于发光的“呼唤登记”信号。

三、工作过程

1. 轿厢内电气装置的安装

1）操作箱及电路安装

（1）在轿厢相应位置装入操纵箱箱体，并固定好控制电缆。将电梯轿内操纵箱控制线按编号直接连接到对应的端子排上。

（2）电梯轿内操纵箱控制线电缆，电梯生产厂家在出厂时已经配备好，两端电线压接好插头，并做好线码标识。轿内操纵箱控制线电缆从轿厢顶接线箱引出，因此，在连接电路时，只要找到相应的控制电缆，一端放置在轿厢顶接线箱，固定好，其他部分用线码或扎带固定，将另外一端连接到轿厢顶接线箱。到轿内操纵箱内固定好，两端按线码标识对应连接牢固。

（3）盖好操纵箱的上面板，上好紧固螺钉。一般面板都是精制成品，安装时切勿损伤。盖好面板后，应检查按钮是否灵活有效，不应有弹不起的现象存在。

2）信号箱和楼层显示器的安装

（1）楼层显示器一般安装于轿厢门上方或操纵箱上方，根据实际将显示器放置在安装位置。

（2）将显示器内部线路连接好。

（3）在安装位置，用紧固零件将显示器固定。

3）轿厢内照明、风扇及其电路的安装

电梯轿内照明及风扇控制线在随行电缆中，电梯生产厂家在出厂时已经配备好，根据电梯照明、风扇控制原理电路图，将已配备好的照明及风扇电缆准备好，一端放在控制柜内控制柜线槽内到接线端子排下端头的位置，预留 10 cm 左右的长度，并做好线码标识后连接在对应端子上。然后将机房的放在线槽内井道部分的线缆用线码固定，将另外一端连接到轿厢顶接线箱。将轿厢顶接线箱的另一端也分别对应连接到接线端子排的下端子排上。

4）光幕及其控制电路的安装

（1）光幕控制器安装在轿厢顶，将已配备好的电缆准备好，一端放在轿厢顶接线盒内接线端子排下端头的位置，预留 10 cm 左右的长度，做好线码标识、压接线鼻子，连接到轿厢顶接线盒内的下端。然后在轿厢顶部将电缆摆放固定好，并用线码或扎带固定，将另外一端放置到光幕控制器，做好标识和压接线鼻子后，连接紧固。

（2）将配备好的光幕控制线一端放在轿厢顶接线盒内到接线端子排下端头的位置，预留 10 cm 左右的长度。做好编码标识、压接线鼻子，连接到轿厢顶接线盒下接线端子。然后将控制线摆放固定好，用线码或扎带固定。将控制线另外一端放置到光幕控制器内，做好标识和压接线鼻子后，连接到光幕控制器的相应端子，然后经过随行电缆送到控制柜的主控板信号输入端。

（3）光幕安装在中分式轿门上，发射装置与接收装置在轿门关上时保证 100 mm 以上间隙。光幕在拆装时要小心，必要时采取防静电措施。

（4）安装固定光幕控制器时不要打开盒盖，防止金属屑掉入盒内线路板，造成短路。

（5）光幕应用螺钉牢靠地固定在轿门上，光幕控制电缆应用线夹子固定在轿厢门架上。

2. 轿厢顶电气装置的安装

轿厢顶电气装置主要有自动门机、平层和减速感应装置。

1）门机及控制电路的安装

自动门机的控制器和门机电动机在出厂时都已组合成一体，安装时，只需将自动门机安装支架按规定位置固定好即可。限位开关装在开关架上，通过皮带轮上的撞块来触及限位开关使触点断开或闭合，限制轿厢门扇在开关门的过程中过位，如图 6－3－11 所示。

图 6－3－11 电梯门机控制器

（1）电梯门机的控制器和门机电动机安装在轿门上方，门机控制器的电源电压为交流220 V，连接在轿厢顶接线箱端子排上。从变频交流门机的控制电路可以看出，门机控制器的输出 U、V、W 直接连接到门机电动机。

（2）门机控制器开关门信号从机房控制柜主控板输出，经过随行电缆送到轿厢顶接线箱的端子排上端头位置；而开门限位和关门限位信号接到轿厢顶接线箱的接线端子排的下端子位置，通过随行电缆连接到机房控制柜的接线端子排下端子位置，然后连接到主控板的信号输入端。按线路敷设的安全规范进行全部线路敷设，线路按横平竖直固定好。

（3）在控制柜、轿厢顶接线箱分别穿套线码管，做好标识，并压接好线鼻子后连接到端子排下端子上。

（4）将门机控制器端的电源线分别穿套 L、N 线码管；开关门信号线、开关门限位信号线分别套线码管，做好标识，并压接好线鼻子后连接到插头上。两端的保护线分别连接到相应的 PE 端子。全部连接好后，用万用表检查连接是否正确。

2）减速和平层装置及电路安装

（1）安装时，将平层传感器支架固定在轿厢架立柱上，然后装上平层传感器。上、下两个平层传感器需要校正，使垂直度偏差不大于 1/1 000。每层站的遮磁板也要校正，使垂直度偏差不大于 1/1 000，并位于传感器的中心。

开门传感器应装于上、下平层传感器的中间，其偏差不大于 2 mm。传感器和遮磁板安装后应牢固，不得产生摩擦和碰撞。遮磁板应能上、下、左、右调节，调节后螺栓应锁紧。传感器安装完毕后，应将封闭磁路板取下，否则，传感器将不起作用。

（2）电梯减速和平层感应器的电源电压为直流 24 V，连接在轿厢顶接线箱端子排上，平层信号线连接在轿厢顶接线箱端子排上。平层信号从轿厢顶接线箱的端子排上端头位置，通过随行电缆连接到机房控制柜的接线端子排下端子位置，然后连接到主控板的信号输入端。

按线路敷设的安全规范进行线路敷设，线路按横平竖直固定好，轿厢运行过程中不能碰撞线路的任何部分。两端的保护线分别连接到相应的 PE 端子。全部连接好后，用万用表检查连接是否正确。

3）安全钳开关及电路安装

（1）安全钳开关安装在轿厢架上的横梁腹板上，也有的电梯安装在轿厢底。

（2）安全钳开关线路连接在轿厢顶接线箱端子排下端位置。按放线要求敷设、固定好电线后，在轿厢顶接线箱分别穿套线码管，做好标识，并压接好线鼻子后连接到相应端子排下端子上；在安全钳开关端做好标识，并压接好线鼻子后连接到开关端子上。

按线路敷设的安全规范进行线路敷设，线路按横平竖直固定好，轿厢运行过程中不能碰撞线路的任何部分。两端的保护线分别连接到相应的 PE 端子。全部连接好后用万用表检查连接是否正确。

4）轿厢顶检修操纵箱及电路安装

（1）轿厢顶检修操纵箱安装在轿厢架上的横梁上。

（2）根据电梯检修控制电路，检修操纵箱线路连接在轿厢顶接线箱端子排下端位置。按放线要求敷设、固定好电线后，在轿厢顶接线箱分别穿套线码管，做好标识，并压接好线鼻子后连接到相应端子排下端子上。再通过随行电缆连接到机房控制柜的接线端子排的下端；将轿厢顶检修操纵盒处电线做好标识，压接好线鼻子后连接到接线端子上。

按线路敷设的安全规范进行线路敷设，线路按横平竖直固定好，轿厢运行过程中不能碰撞线路的任何部分。两端的保护线分别连接到相应的 PE 端子。全部连接好后，用万用表检查连接是否正确。

3. 轿厢底电气装置的安装

1）超载装置及电路安装

（1）满载、超载装置安装在轿厢架底。

（2）满载、超载装置的线路连接在轿厢顶接线箱端子排下端位置。超载传感器的电源电压为直流 24 V，连接在轿厢顶接线箱端子排下端。

（3）固定好电线后，在轿厢顶接线箱穿套 KCZ 线码管，做好标识，并压接好线鼻子后连接到端子排下端子上。满载、超载信号通过随行电缆连接到机房控制柜的接线端子排的下端；由控制柜内接线送到主控板的信号输入端，按线路敷设的安全规范进行线路敷设，线路按横平竖直固定好，轿厢运行过程中不能碰撞线路的任何部分。两端的保护线分别连接到相应的 PE 端子。全部连接好后，用万用表检查连接是否正确。

2）轿厢底安全钳的安装

安全钳出厂时一般已安装在轿厢架下梁内，轿厢安装时，只要将安全钳拉杆和安全钳块与轿厢架上梁上的连杆机构和限速器钢丝绳相连接即可。

（1）瞬时式安全钳安装时，应通过调节上拉杆螺母，使安全钳楔块表面与导轨工作侧面保持 2～3 mm 间隙，以保证电梯正常运行时，安全钳楔块与导轨不致相互摩擦或误动作。同时，应对与拨叉相连的杠杆部分进行动作试验，保证左右安全钳拉杆能同步动作，其动作应灵活无阻。

（2）渐进式安全钳在轿厢安装时，通过调节各楔块旁边的定位螺栓，使安全钳楔块表面与导轨工作侧面保持 2～3 mm 间隙，并用弹簧校正安全钳上拉杆拨叉与限速器钢丝绳连接处的提拉力，使 15 kgf 能拉起安全钳块。当轿厢下行速度达到 $1.15v$ 以上时（v 为额定速度），限速器动作轧住限速绳，安全钳拨叉能使安全钳开关断开，使电动机与制动器失电停转、制动。当轿厢失控或断绳而下冲，无法停止下降的情况下，安全钳应被安全钳拉杆提起，使安全钳楔块轧住导轨，以免发生轿厢下坠事故。

3）随行电缆的安装

（1）随行电缆的悬挂。

第一步：两人一起将随行电缆搬至顶层厅外，然后平放于门口。

第二步：一人进入井道脚手架，将随行电缆不带插接器的一头沿井道挂线架侧的井道壁往下放；一人在厅外配合输送电缆。

放下电缆时应注意：

①放随行电缆时，应穿戴帆布手套。

②不要让电缆进入脚手架内。

③边放边旋转电缆使电缆放气。

④由于电缆比较重，不能直接用手拉着电缆往下放，要让电缆架在脚手架的横向借力。

（2）随行电缆固定。

①井道挂线架侧悬吊。

首先，确认随行电缆有无扭曲。然后将随行电缆架于井道挂线架上。

其次，随行电缆端预留到轿厢顶接线箱接线位置的长度后，使用随行电缆专用架将其固定。

②轿厢底挂线架侧。

在轿厢架组装完成后，可进行轿厢侧随行电缆的固定。轿厢底部件的引出线、随行电缆等应沿轿厢底框架纵、横向整齐敷设，用束线带固定，不能斜向凌乱敷设，不允许固定在轿厢底称重装置上及对重装置等会对电梯运行有阻碍的位置。

确认随行电缆没有扭曲。将随行电缆端预留到轿厢顶接线箱接线位置的长度后，使用随行电缆专用夹将其临时固定。电缆慢慢放下，此时电缆应挂于轿厢底挂线架上。然后将绑扎电缆架于脚手架平台的横杆上的电线解开，把电缆慢慢放下，此时电缆应挂于轿厢底挂线架上。

【任务实施】

班级		姓名		学号	
工号		日期		评价分数	

具体工作步骤及要求见表6－3－1。

表6－3－1　具体工作步骤及要求

序号	工作步骤	要求	学时	备注
1	识读任务书	能快速明确任务要求并清晰表达，在教师要求的时间内完成	0.25	
2	明确学习目标与方法	能够选择完成任务需要的方法，并进行时间和工作场所安排，掌握相关理论知识	0.5	
3	完成学习，填写任务工单	认真、准确填写任务工单	2	
4	评价		0.25	

一、工作过程及学习任务工单

（1）观看教材配套教学视频，熟悉安装过程和规范要求。

（2）学生自由分组，在教师指导下完成轿厢内电气装置的安装（表 6－3－2）。

表 6－3－2　轿厢内电气装置的安装

轿厢内电气部件	安装过程记录
1. 在轿厢相应位置装入操纵箱箱体，并固定好控制电缆。将电梯轿内操纵箱控制线按编号直接连接到对应的端子排上。 2. 接好电梯轿内操纵箱控制线电缆。 3. 盖好操纵箱的上面板	
1. 根据实际将显示器放置在安装位置。 2. 将显示器内部线路连接好。 3. 在安装位置，用紧固零件将显示器固定	
将已配备好的照明及风扇电缆准备好并接好控制线路	
将已配备好的电缆准备好并接好控制线路	
完成应急通信电缆的安装（五方通话）	

（3）学生自由分组，在教师指导下完成轿厢顶电气装置的安装（表 6－3－3）。

表 6－3－3　轿厢顶电气装置的安装

轿厢顶电气部件	安装过程记录
自动门机的控制器和门机电动机在出厂时都已组合成一体，将自动门机安装支架按规定位置固定好	
根据规范要求完成减速和平层感应器及电路安装	
根据规范要求完成安全钳及电路安装	
根据规范要求检修操纵箱及电路安装	

（4）学生自由分组，在教师指导下完成轿厢底电气装置的安装（表 6－3－4）。

表 6－3－4　轿厢底电气装置的安装

轿厢底电气部件	安装过程记录
将满载、超载装置安装在轿厢架底	
按照规范要求将轿厢底安全钳安装在相应位置	
完成随行电缆的安装	

二、总结与评价

请根据评价表内容客观、公正进行评价（表6－3－5）。

表6－3－5　评价表

班级		姓名		学号				
评价指标	评价内容			分数	学生自评	小组互评	教师评定	企业导师评定
信息检索	能有效利用网络、图书资源、工作手册查找有用的相关信息等；能用自己的语言有条理地去解释、表述所学知识；能将查到的信息有效地传递到工作中			5				
感知工作	熟悉工作岗位，认同工作价值；在工作中能获得满足感			5				
参与态度	积极主动参与工作，能吃苦耐劳，崇尚劳动光荣、技能宝贵；与教师、同学之间相互尊重、理解、平等；与教师、同学之间能够保持多向、丰富、适宜的信息交流			5				
	探究式学习、自主学习不流于形式，处理好合作学习和独立思考的关系，做到有效学习；能提出有意义的问题或能发表个人见解；能按要求正确操作；能够倾听别人意见、协作共享			5				
学习方法	学习方法得体，有工作计划；操作技能符合规范要求；能按要求正确操作；获得了进一步学习的能力			5				
学习过程	遵守管理规程，操作过程符合现场管理要求；平时上课的出勤情况和每天完成工种任务情况良好；善于多角度分析问题，能主动发现、提出有价值的问题			5				
思维态度	能发现问题、提出问题、分析问题、解决问题、创新问题			5				
知识、技能、思政	完成知识目标、技能目标与思政目标的要求			55				

续表

班级		姓名		学号				
评价指标	评价内容			分数	学生自评	小组互评	教师评定	企业导师评定
自评反馈	按时按质完成工作任务；较好地掌握了专业知识点；具有较强的信息分析能力和理解能力；具有较为全面、严谨的思维能力，并能条理清楚、明晰表达成文			10				
分数								
学生自评（25%）+小组互评（25%）+教师评定（25%）+企业导师评定（25%）=								
总结、反馈、建议								

【任务小结】

轿厢电气装置分为轿厢内、轿厢顶、轿厢底三个部分。

电梯轿厢内的电气装置有操纵箱、信号箱、照明与风扇、近门保护、轿厢门联锁、应急通信等。操纵箱是控制电梯关门、开门、选层、急停等的控制装置；信号箱用来显示轿厢到达的层站和运行方向；照明、风扇的作用是为乘客创造优雅舒适的环境；近门保护装置的作用是在电梯轿厢门关闭的过程中，检测到有人或物进入轿厢时，给控制柜内的微处理器一个信息，微处理器发出停止关门并开门的指令，轿厢门不再关门而改变为开门，避免伤人或伤物。轿厢门联锁装置的作用是防止错误的开门，应急通信为电梯轿厢发生困人时及电梯日常维护保养中，相关人员之间进行通话的装置。

轿厢顶电气装置主要有自动门机、平层和减速感应装置，以及各种安全开关和轿厢顶检修操纵箱。电梯自动门机是由电动机拖动门扇运动，使轿厢门开启和关闭的装置。微处理器根据减速和平层传感器的相关触点、接入控制柜内的微处理器端子信息发出停车和开关门指令。轿厢顶活板门即安全窗门上装有安全联锁开关，当电梯发生故障，需打开活板门将乘客营救出去时，联锁开关将电梯控制回路切断，使轿厢不能再开动。轿厢顶检修操纵箱供电梯检修人员在轿厢顶做短时操纵电梯慢速运行之用。

电梯的轿厢底有超载装置、安全钳开关和随行电缆等。超载装置检测到超载时，限位开关或称重传感器向控制柜的微处理器发出信息，微处理器接收并处理这些信息后，发出相应的指令。电梯随行电缆将电源线、信号线、视频同轴线等复合在一起，里面有加强钢丝或尼龙纤维组织，外套采用超轻柔软的 PVC 材料，以增强抗拉强度和柔韧性。随行电缆随电梯轿厢一起行驶，使用寿命长，信号传输稳定，耐弯曲。

课后习题

一、单选题

1. 轿内操纵箱一般不必须要有的按钮是（　　）。

A. 楼层按钮　　B. 通话按钮　　C. 开关门按钮　　D. 检修按钮

2. 报警开关（如有）按钮应是（　　）色，并标以铃形符号加以识别。

A. 黄　　B. 红　　C. 蓝　　D. 绿

二、判断题

1. 如呼梯盒采用金属外壳，则需要使用接地线。（　　）
2. 残疾人轿内操纵箱需要设置盲文。（　　）
3. 检修状态下，轿内和层外召唤仍可以登记。（　　）
4. 最顶层呼梯按钮一般只有下行按钮。（　　）

学习任务4　层站和井道电气装置的安装与调试

【任务目标】

1. 知识目标

（1）掌握电梯层站有哪些电气设备。

（2）掌握电梯层站电气装置电气原理图与接线图识读。

（3）掌握电梯层站电气设备的原理与作用。

（4）掌握新技术、新工艺的要求，能利用新技术、新工艺对电梯层站电气设备进行安装和调试。

2. 技能目标

（1）能够熟知电梯层站与井道电气设备安装规范。

（2）能够独立安装电梯层站电气设备。

（3）能够安装标准规范，检查并验收安装和连接的电路。

（4）能根据教师发布的任务单，通过小组协作，自主完成学习任务。

3. 思政目标

（1）认同并接受《电梯制造与安装安全规范》（GB/T 7588.1—2020）、《电梯安装验收规范》（GB/T 10060—2011）。

（2）在教学和实践过程中融入行业标准、国家标准、技术要求、规范标准，培养学生的规范意识、标准意识。

（3）在实践教学环节，通过要求学生整理工具、规范接线和打扫卫生，培养学生的规范意识和劳动意识。

【案例引入】

层站与井道电气设备较多，也需要规范、认真地安装，熟悉安装流程。

【案例分析】

电梯轿厢电气设备安装完成之后，开始进行层站和井道电气设备的安装与调试，为顺利完成任务，需要完成以下知识的学习：

（1）掌握电梯层站电气设备的主要部件及其作用。

（2）掌握井道电气设备的主要部件和作用。

（3）掌握层站与井道电气设备安装的主要内容、安装方法和技术要求。

【知识链接】

一、层站电气装置

（一）层站呼梯盒

电梯层站呼梯装置主要为层站呼梯按钮与楼层显示两部分。

1. 呼梯按钮

电梯层站呼梯盒是提供给层站厅门外乘客召唤电梯的装置，首层层站（基站）只装一个上行呼梯按钮，有的电梯在基站厅门外的外呼盒上方设置消防开关，消防开关接通时，电梯进入消防运行状态。在基站外呼盒上设置锁梯开关，如图 6－4－1 所示。

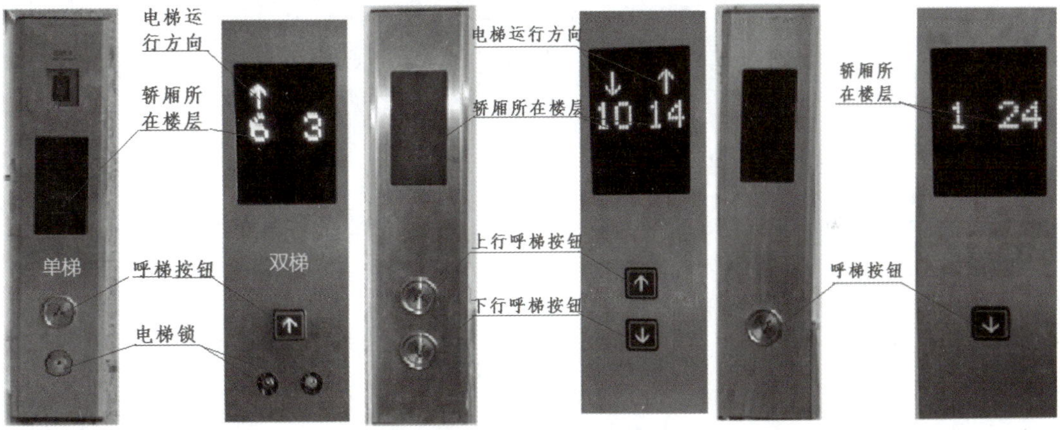

图 6－4－1　电梯层站的呼梯盒

中间层站根据电梯功能，一般装上呼和下呼两个按钮（全集选），也有仅装一个下呼梯按钮（下集选），各按钮均有指示灯。当按下向上或向下按钮时，相应的呼梯指示灯立即点亮。当电梯到达某一层站时，该层顺向呼梯指示灯熄灭。

顶层层站只装一个下行呼梯按钮。

2. 楼层显示

电梯楼层显示器（指层灯）用于指示电梯轿厢目前所在的位置及运行方向。

在楼层显示器上装有和电梯运行楼层相对应的信号灯，每个信号灯外都采用数字表示。当电梯轿厢运行到达某层站时，该层站的楼层指示灯亮，指示轿厢当前所在位置；离开该层后，对应的楼层指示灯灭。根据目标楼层电梯的运行方向，通常采用“▲”或“↑”表示上行、“▼”或“↓”表示下行。

数码管楼层显示器一般在微机或 PLC 控制的电梯上使用，楼层显示器上有译码器和驱动电路，显示轿厢到达的楼层位置。

此外，有些电梯为提醒乘客和厅外候梯人员电梯已到本层，配有扬声器（俗称语音报站、到站钟），以声响来传送到站信息。

一般群控电梯除首层厅门装有数码管的楼层指示器外，其他楼层厅门只装有上、下方向指示灯和到站钟。

（二）门联锁电路

电梯门联锁电路是一个串联电路，当电梯处于正常状态时，串联在电路中的门锁触点或继电器触点均能接通，门锁接触器吸合动作。因此，安装电梯门联锁电路时，首先要确认门锁接触器是否正常，再按顺序安装串联回路中的各个触点，如图 6－4－2 所示。

图 6－4－2　门联锁电路

二、井道电气装置

（一）中间接线盒与底坑接线盒

电梯井道内中间接线盒和坑底接线盒的作用是接收井道内开关或触点信号，如井道照明、极限开关、限位开关、减速开关、缓冲器开关、张紧轮开关、底坑检修开关、门锁、呼梯信号，如图 6－4－3 所示。

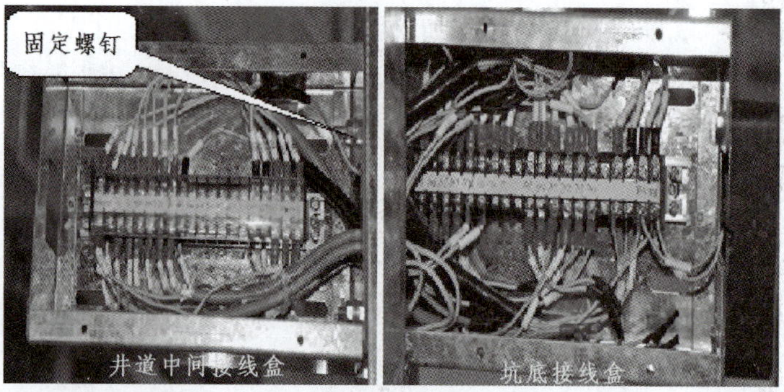

图 6－4－3　某电梯井道中间和底坑接线盒

（二）底坑检修盒

底坑检修箱包括注塑成型箱体及以不锈钢丝为材料做成的照明灯安全灯罩，箱体上有照明灯座及用于控制照明灯亮灭的开关按钮，以及设置在照明灯开关附近的安全开关，如图 6－4－4 所示。

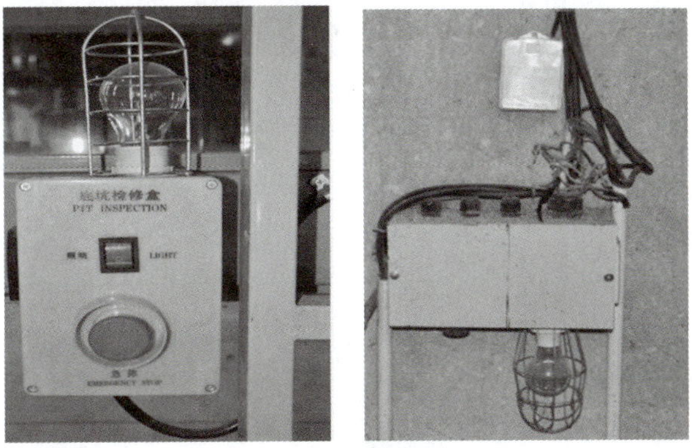

图 6－4－4　某电梯底坑检修盒

（三）终端保护线路

电梯终端保护线路由强迫换速开关、方向限位开关、终端极限开关组成，如图 6－4－5 所示。

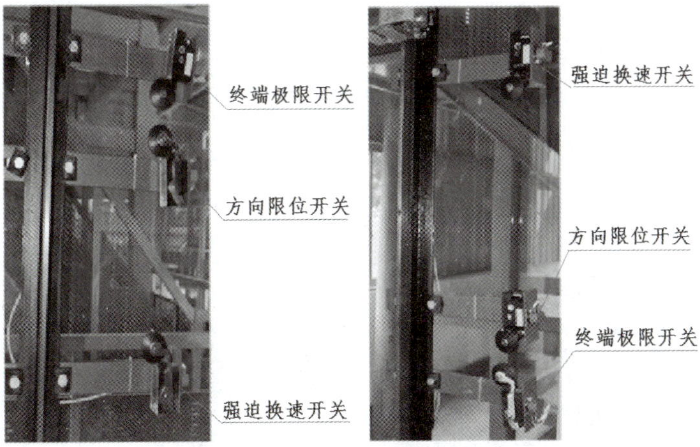

图 6－4－5　电梯终端保护开关

1. 强迫换速开关

强迫换速开关的作用：当电梯到达终端站后，由于某种原因没有正常减速，当压到该开关后，对电梯进行强迫减速。

2. 方向限位开关

方向限位开关的作用是：当电梯到达端站时，如果超过平层位置还没停止，压到该开关，强迫电梯停车，但只是限制在此方向上的运动，电梯仍可向相反方向运行。

3. 终端极限开关

终端极限开关的作用是：当电梯在端站越过方向限位开关后仍没有停车，压到开关后，切断电梯的电路，使电梯停止运行之后，电梯不能自恢复运行。

（四）缓冲器

缓冲器是电梯安全行驶的最后一道屏障，电梯下行失控蹲底时，缓冲器吸收或消耗电梯下降过程的冲击力，使轿厢减速缓冲停在缓冲器上。电梯缓冲器可分为储能型缓冲器和耗能型缓冲器两种，如图 6 -4 -6 所示。

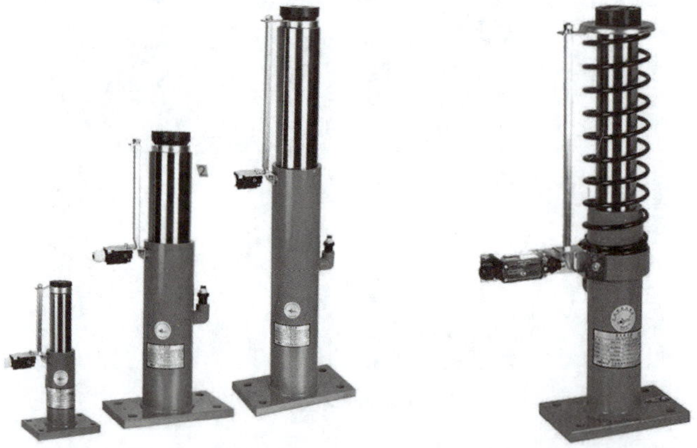

（a）　　（b）

图 6 -4 -6　电梯缓冲器

（a）耗能型缓冲器（油压）；（b）储能型缓冲器（弹簧）

（五）张紧保护开关

电梯张紧保护开关安装在限速器张紧装置上，它的作用是使绳索与绳轮之间具有足够的压紧力，使绳轮能准确反映电梯的实际运行速度。为此，限速器绳的每一分支的张力应不小于 150 N。

在张紧装置上须设置断绳电气安全开关（简称为断绳开关），一旦绳索拉断或过度伸长，则装置下跌，安全开关动作，切断电梯控制电路，如图 6 -4 -7 所示。

图 6 -4 -7　电梯断绳保护开关

三、标准对接

根据《电气装置安装工程　电梯电气装置施工及验收规范（GB 50182—1993）》，电梯电气设备安装的技术标准：

电气装置的附属构件、线管、线槽等非带电金属部分有防腐措施，紧固螺栓应有防松措施。电气设备的金属外壳必须根据规定采用接地保护，保护接零应用铜线，其截面积不小于相线的1/3，最小截面裸线不小于4 mm^2，绝缘铜线不小于1.5 mm^2。铜管接头及接线盒之间应用 $\phi 6$ mm 铜筋焊牢；轿厢应可靠接地，可通过电梯随行电缆或芯线接地，同电缆芯线接地时，不少于2根零线至机房电源开关距离不得超过50 m，如超过时，应在井道中设置重复接地，并符合接地要求。

控制线与动力线应始终分离敷设。用500 V兆欧表测量设备的绝缘强度，每千伏定电压不小于1 kΩ，双色线（黄绿线）为接地专用线，接地点应有明显接地标识。

四、工作过程

（一）层站电气装置的安装

层站呼梯盒装置是安装在各个厅门外面的操纵盒，是层站上候梯乘客用来呼唤电梯的装置，有双按钮和单按钮两种形式，基站的单按钮箱内还设有钥匙开关。较高级的电梯上已使用微动按钮式按钮，这些按钮手感较好，但造价较高，故一般电梯还是使用传统按钮箱。

按钮箱由铁盒、灯座、按钮和面板组成。安装前应先将内部元件用电线接好，待铁盒定位后，再装上内部元件。最后盖上面板。

1. 层站呼梯盒的安装步骤

（1）土建方应根据“电梯井道土建图”将呼梯盒安装孔预先做好，并在电梯进场安装前完成。

（2）取下呼梯盒外盖。

（3）用木楔块插入预留孔与呼梯盒之间，固定好箱体。此时呼梯盒的安装位置 X、Y 尺寸以“电梯井道土建图”为准。召唤盒应装在层门右侧距地1.2～1.4 m的墙壁上，并且盒边与层门边的距离应为0.2～0.3 m。

（4）使用铅垂线修正前后左右的倾斜度，并且在井深方向凹入外墙装饰面0～3 mm。

（5）将呼梯盒电缆从配线出口引入井道线槽，然后用灰浆将呼梯盒周围的间隙塞上。将呼梯盒电缆在井道壁上固定。

（6）进行外墙装饰和塞呼梯盒间隙时，必须进行防护，不要让灰浆进入呼梯盒里面，特别是不要损坏包着呼梯盒插接器的塑料袋，以免插接器受潮或是粉尘进入。

（7）层站呼梯盒控制线电缆在出厂时已经配备好。两端电线压接好插头，并做好线码标识。层站呼梯盒控制线电缆从机房控制柜接出，因此，在安装时，只要找到相应的控制电缆，一端连接在机房控制柜内并放在线槽内，固定好；在井道内用线码固定，引至每层直接与呼梯控制板接插好即可。

2. 厅门联锁装置的线路连接

厅门联锁装置一般是电锁与机械锁组装成一体，称为机电联锁。它在安装厅门时已定好位置，只需检查开关动作是否灵活，触点是否可靠，接触后应留有一定的压缩余量，同时接上导线即可。

电梯厅门控制线电缆在出厂时已经配备好。厅门控制电缆从机房控制柜接出，和层站呼梯盒、防冲顶以及防蹲底控制线电缆一起敷设。因此，在安装时，只要找到相应的控制电缆，一端在机房控制柜上固定好，机房部分的电缆放置在线槽内，在井道内的用线码固定，引至每层的厅门联锁接线端，并压接线鼻子，按线码标识对应连接牢固。

（二）井道主要电气部件装置的安装

井道内的主要电气装置有接线盒、电线槽、各种限位开关等。

1. 接线盒的控制线连接

将生产厂家在设备出厂时已配备好的电缆线放在进线槽内摆放好，一端放在机房控制柜内，另一端顺着井道线槽放置到中间接线盒，两端预留 10 cm 左右的长度。电缆两端按线做好标识，并压接好线鼻子。一端按线码标识连接到机房控制柜接线端子排的下端子；另一端放入中间接线盒，按线码标识对应连接到接线盒端子排的上端子。两端的保护线分别连接到相应的 PE 端子，全部连接好后，用万用表检查连接是否正确。

2. 终端保护装置的安装

按要求将强迫减速开关、限位开关、极限开关等终端保护装置安装在指定位置，如图 6－4－8 所示。

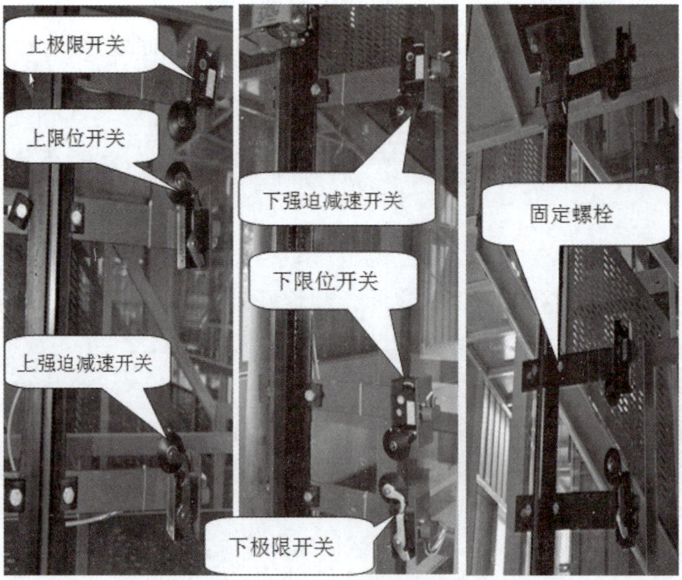

图 6－4－8　终端保护开关

安装减速及限位开关时，应先将开关装到支架上，然后将支架用压导板固定于轿厢导轨的相应位置上。以速度 1 m/s 的电梯为例，减速开关调节高度以轿厢在两端站刚进入自平的同时，切断顺向快车控制回路为准；限位开关则以电梯在两端停平时，刚好切断顺向慢车控制回路为准。

电梯应设有极限开关，并应设置在尽可能接近两端站起作用而无误动作危险的位置上。极限开关应在轿厢或对重接触缓冲器之前起作用，并在缓冲器被压缩期间保持其动作状态。正常的端站减速开关和极限开关必须采用分别控制的装置。

（三）底坑检修盒与断绳保护开关安装

1. 底坑检修盒电源线的安装

（1）底坑检修盒控制线电缆从底坑接线盒接出，底坑检修盒上有下急停、交流 220 V

电源插座、照明及照明开关。将已配备好的控制电缆摆放固定好，一端放在底坑接线盒内，另一端放置到检修盒内，两端预留 10 cm 左右的长度。

（2）按配线要求敷设、固定好电缆后，在底坑接线盒分别穿套线码管，做好标识，并压接好线鼻子，连接到底坑接线盒端子排下端子上，在底坑检修盒处做好标识，并压接好线鼻子后连接到检修盒接线端子上。

两端的保护线分别连接到相应的 PE 端子。全部连接好后，用万用表检查连接是否正确。

（3）底坑检修盒安装完后，进行通电调试。

①通电前，首先认真检查底坑接线盒和底坑检修盒，将所有的接线整理整齐，看看有没有工具和其他杂物遗留在底坑内。用万用表检查底坑接线盒端子在急停开关接通和断开时是否正常。

②用兆欧表检查导线间、导线对地的绝缘电阻，应大于 0.5 MΩ。

③通电后，用万用表检查底坑接线盒端子电压应为交流 220 V。开照明开关，底坑照明应点亮。

2. 限速器断绳开关的安装与调试

限速器及补偿装置的钢丝绳经长期使用后，可能产生延伸或意外断绳，此时断绳开关能自动切断电梯控制回路，使电梯停止运行，起安全保护作用。

1）限速器断绳开关的安装

限速器断绳开关安装于张紧轮碰块以下 50 ~ 100 mm 处，开关支架可安装于轿厢导轨和补偿轮张紧装置导向槽附近，如图 6－4－9 所示。

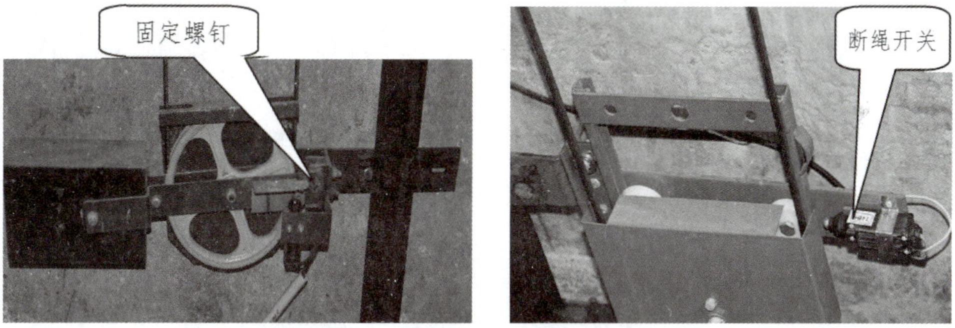

图 6－4－9　限速器补偿装置及断绳开关安装

2）限速器断绳开关的线路连接

①断绳开关控制线电缆从底坑接线盒接出，将已配备好的控制电缆摆放固定好，一端放在底坑接线盒内，将控制线放进底坑已安装好的线槽，从线槽引出加金属软管后，固定好放置到断绳开关处，两端预留 10 cm 左右的长度。

②按配线要求敷设、固定好电缆后，在底坑接线盒分别穿套相应线码管，做好标识，并压接好线鼻子，连接到底坑接线盒端子排下端子上，在断绳开关处做好标识，并压接好线鼻子后连接到开关接线端子上。

两端的保护线分别连接到相应的 PE 端子。全部连接好后，用万用表检查连接是否正确，如图 6－4－10 所示。

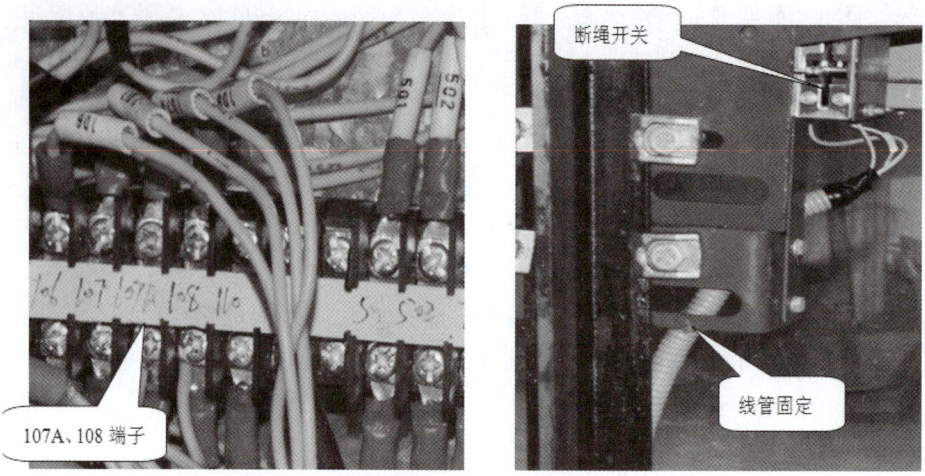

图 6－4－10　限速器补偿装置及断绳开关安装

3. 断绳开关的调试

（1）通电前，首先认真检查底坑接线盒和断绳开关，将所有的接线整理整齐，看看有没有工具和其他杂物遗留在底坑内。用万用表检查底坑接线盒端子在断绳开关接通和断开时是否正常。

（2）用兆欧表检查导线间、导线对地的绝缘电阻，应大于 0.5 MΩ。

4. 缓冲器的安装与调试

安装时，如果缓冲器活塞根部有凹槽，可在缸体上安装一个抱箍，将复位开关固定在抱箍上，微动开关触点可直接与凹槽接触，当缓冲器活塞未复位至原来高度时，微动触点未进入凹槽，就保持断开状态。如缓冲器活塞根部无凹槽，可引用钢丝绳拉动连杆或直接带动开关触点动作。安装后，开关动作应灵活可靠，反复性能好，如图 6－4－11 所示。

图 6－4－11　缓冲器开关

（1）将缓冲器开关控制线电缆从底坑接线盒接出，一端放在底坑接线盒内，另一端放到缓冲器开关处，两端预留 10 cm 左右的长度。

（2）配线按要求敷设、固定好后，在底坑接线盒分别穿套相应线码管，做好标识，并压接好线鼻子，连接到底坑接线盒端子排下端子上，在缓冲器开关处做好标识，并压接好线鼻子后，连接到开关接线端子上。两端的保护线分别连接到相应的 PE 端子。

（3）缓冲器开关安装完后，用万用表检查连接是否正确。

①通电前，首先认真检查底坑接线盒和缓冲器开关，将所有的接线整理整齐，看看有没有工具或其他杂物遗留在底坑内。用万用表检查底坑接线盒端子 107A 和 108 在缓冲器开关接通和断开时是否正常。

②用兆欧表检查导线间、导线对地的绝缘电阻，应大于 0.5 MΩ。

5. 坑底急停开关的安装与调试

（1）底坑电梯急停开关应装在检修人员开启底坑门后就能方便摸到的位置。此开关应为非自动复位式的，即关闭后，手放开后仍能保持关闭状态。有些电梯上设有上急停开关和下急停开关，下急停开关装在底坑检修盒上。

（2）底坑检修盒上还须设一个供修理时插接电动工具的电源插座，该电源可用 220 V 直接供电方式，也可使用较低的安全电压供电。

（3）底坑上急停控制线电缆从底坑接线盒接出，电缆从井道线槽里敷设，将已配备好的控制电缆摆放固定好，一端放在底坑接线盒内，另一端放置到底坑上急停位置，两端预留 10 cm 左右的长度。

（4）按配线要求敷设、固定好电缆后，在底坑接线盒分别穿套相应线码管，做好标识，并压接好线鼻子，连接到底坑接线盒端子排下端子上，在底坑上急停处做好标识，并压接好线鼻子后，连接到上急停接线端子上。两端的保护线分别连接到相应的 PE 端子。

（5）底坑急停开关安装完后，用万用表检查连接是否正确。

①通电前，首先认真检查底坑接线盒和缓冲器开关，将所有的接线整理整齐，查看有没有工具和其他杂物遗留在底坑内。用万用表检查底坑接线盒端子在缓冲器开关接通和断开时是否正常。

②用兆欧表检查导线间、导线对地的绝缘电阻，应大于 0.5 MΩ。

【任务实施】

班级		姓名		学号	
工号		日期		评价分数	

具体工作步骤及要求见表 6－4－1。

表 6－4－1　具体工作步骤及要求

序号	工作步骤	要求	学时	备注
1	识读任务书	能快速明确任务要求并清晰表达，在教师要求的时间内完成	0.25	
2	明确学习目标与方法	能够选择完成任务需要的方法，并进行时间和工作场所安排，掌握相关理论知识	0.5	
3	完成学习，填写任务工单	认真、准确填写任务工单	2	
4	评价		0.25	

一、工作过程及学习任务工单

（1）观看教材配套教学视频，熟悉安装过程与规范要求。

____

____

____

（2）学生自由分组，在教师指导下完成层站电气设备安装（表6－4－2）。

表6－4－2　层站电气设备安装

层站电气部件	安装过程记录
呼梯盒的安装	
层门联锁装置的线路连接	

（3）学生自由分组，在教师指导下完成井道电气设备安装（表6－4－3）。

表6－4－3　井道电气设备安装

井道电气部件	安装过程记录
中间接线盒的控制线连接	
终端保护装置的安装	
井道照明安装	

（4）学生自由分组，在教师指导下完成底坑电气设备安装（表6－4－4）。

表6－4－4　底坑电气设备安装

底坑电气部件	安装过程记录
底坑检修盒的电源线安装	
限速器断绳开关的安装与调试	
缓冲器的安装与调试	
底坑急停开关	

二、总结与评价

根据评价表内容客观、公正进行评价（表6－4－5）。

表 6-4-5　评价表

班级		姓名	学号				
评价指标	评价内容		分数	学生自评	小组互评	教师评定	企业导师评定
信息检索	能有效利用网络、图书资源、工作手册查找有用的相关信息等；能用自己的语言有条理地去解释、表述所学知识；能将查到的信息有效地传递到工作中		5				
感知工作	熟悉工作岗位，认同工作价值；在工作中能获得满足感		5				
参与态度	积极主动参与工作，能吃苦耐劳，崇尚劳动光荣、技能宝贵；与教师、同学之间相互尊重、理解、平等；与教师、同学之间能够保持多向、丰富、适宜的信息交流		5				
	探究式学习、自主学习不流于形式，处理好合作学习和独立思考的关系，做到有效学习；能提出有意义的问题或能发表个人见解；能按要求正确操作；能够倾听别人意见、协作共享		5				
学习方法	学习方法得体，有工作计划；操作技能符合规范要求；能按要求正确操作；获得了进一步学习的能力		5				
学习过程	遵守管理规程，操作过程符合现场管理要求；平时上课的出勤情况和每天完成工种任务情况良好；善于多角度分析问题，能主动发现、提出有价值的问题		5				
思维态度	能发现问题、提出问题、分析问题、解决问题、创新问题		5				
知识、技能、思政	完成知识目标、技能目标与思政目标的要求		55				
自评反馈	按时按质完成工作任务；较好地掌握了专业知识点；具有较强的信息分析能力和理解能力；具有较为全面、严谨的思维能力，并能条理清楚、明晰表达成文		10				
分数							
学生自评（25%）+小组互评（25%）+教师评定（25%）+企业导师评定（25%）=							
总结、反馈、建议							

【任务小结】

层站电气装置有层站呼梯盒和门联锁。电梯层站呼梯盒由呼梯按钮和楼层显示器组成，呼梯按钮是供层站厅门外乘客召唤电梯的装置，在电梯基站只装一个上行呼梯按钮，顶层层站只装一个下行呼梯按钮，中间层站根据电梯功能，一般装上呼和下呼两个按钮。电梯楼层显示器用于指示电梯轿厢目前所在的位置及运行方向。

电梯门联锁电路是一个串联电路，当电梯处于正常状态时，串联在电路中的门锁触点或继电器触点均能接通，门锁接触器吸合。

井道电气装置包括层中间接线盒、底坑检修盒、终端保护线路、缓冲器、断绳保护开关、井道照明、通信线路等。电梯井道内中间接线盒主要负责接收井道内开关或触点信号，比如井道照明、极限开关、限位开关、减速开关、缓冲器开关、张紧轮开关、底坑检修开关、门锁、呼梯信号等。

底坑检修箱包括注塑成形箱体及采用不锈钢丝为材料做成的照明灯安全灯罩，箱体上有照明灯座及用于控制照明灯亮灭的开关按钮，以及设置在照明灯开关附近的安全开关。电梯终端保护线路由强迫换速开关、方向限位开关、终端极限开关组成。强迫换速开关的作用是对电梯进行强迫减速，方向限位开关的作用是强迫电梯停车，终端极限开关的作用是切断电梯的电路，使电梯停止运行之后不能自恢复运行。

缓冲器是电梯安全行驶的最后一道屏障，电梯下行失控蹲底时，缓冲器吸收或消耗电梯下降过程的冲击力，使轿厢减速缓冲停在缓冲器上。电梯张紧保护开关安装在限速器张紧装置上，在张紧装置上设置断绳开关，一旦绳索拉断或过度伸长时，装置下跌，安全开关动作，切断电梯控制电路。

通过本任务的学习，熟悉层站、井道电气设备的电路工作原理，以及各部分电气的位置及作用，熟练掌握层站、井道电气设备的安装与调试的方法、过程，培养学生分析问题的能力，以及运用合适的工具动手解决实际问题的能力，同时，培养学生安全操作的意识，以及耐心细致、严谨认真的工作态度和团队协作精神。

课后习题

一、填空题

1. 电梯井道最高点和最低点________m 内各装设一盏灯。
2. 外呼按钮箱安装位置高度为________mm。
3. 限速器张紧装置松绳及断绳开关安装于张紧轮碰块以下________mm 处。
4. 电梯缓冲器开关在动作后，应断开________。
5. 电梯终端保护开关包括________、________、________。

二、判断题

1. 在线槽内敷设电线，总面积（包括绝缘层）应超过线槽总截面积的 60%。(　　)
2. 金属线槽、管本身就有导电性能，所以不需要接地。(　　)
3. 底坑停止开关设置在底坑平面往上 1.5 m 以上。(　　)

4. 电梯井道内中间灯的照度应不大于 50 lx。(　　)

5. 电梯常用的极限开关有两种形式：一种为附墙式，一种为着地式。(　　)

大国工匠英雄谱之六

±660 kV 超高压直流输电线路上带电检验的世界第一人——王进

超高压带电作业是世界上最危险的工作之一。215 m、70 层楼高，这是超高压带电检验工王进经常攀爬的高度。王进是在 ±660 kV 超高压直流输电线路上带电检验的世界第一人。

项目七

电梯的慢车调试

项目任务书

【项目描述】

电梯机械部分和电气部分安装好后，还不能直接通电使用，必须要经过慢车调试和快车调试，才能够实现正常走梯。慢车调试的主要目的是匹配电梯主要参数、电机调谐、矢量控制、运行控制、楼层设置、端子参数设置等，在慢车调试前，必须要进行全面检查，保证符合调试要求才能够进行相应的调试。

本项目设计了电梯调试前的检查、曳引机调谐及慢车试运行、门机调试及门系统试运行3个工作任务。通过完成这些工作任务，理解慢车调试作业的操作规程，掌握电梯慢车调试的方法，理解电梯慢车调试的意义。

【项目概况】

电梯慢车调试的任务规划见表7－1－1。

表7－1－1　电梯慢车调试的任务规划表

班级______　姓名______　学号______　工号______　日期______　测评______　等级______

工作任务	电梯的慢车调试	学习模式	
建议学时	8学时	教学地点	
任务描述	【案例】电梯公司（乙方）需要安装一台五层站乘客电梯，已完成机械部分的安装和电气部分的接线，现在需要进行电梯的慢车调试工作。		
学习目标	1. 知识目标 （1）掌握电梯电气系统的组成。 （2）掌握调试通电前的检查内容和通电后的验证内容。 （3）掌握电梯通电前确认和通电后检查的工作流程。 （4）掌握电梯试运行和调整后的检测与测试方法。 （5）掌握电梯慢车调试的技能和方法。 2. 技能目标 （1）能正确使用电梯调试工具。 （2）能进行电梯的慢车调试作业。 （3）能完成慢车调试故障分析和排查。		

续表

工作任务	电梯的慢车调试	学习模式	
建议学时	8 学时	教学地点	
	3. 思政目标 （1）认同并遵守《电梯制造与安装安全规范》（GB/T 7588.1—2020）、《特种设备安全监察条例》《安全操作规程》《电梯工程施工质量验收规范》（GB 50310—2002）。 （2）树立合作意识、安全意识、交流沟通能力。 （3）树立严谨、规范操作的职业素养。		
学时分配	学时分配表		

学时分配表

序号	学习任务	学时安排
1	电梯调试前的检查	2
2	曳引机调谐及慢车试运行	3
3	门机调试及门系统试运行	3

学习任务 1　电梯调试前的检查

【任务目标】

1. 知识目标

（1）掌握电梯调试通电前的检查内容。

（2）掌握通电后的验证内容。

2. 技能目标

（1）能进行通电前的安全检查和确认。

（2）能进行通电后的测试和验证。

3. 思政目标

（1）通过调试前的检查任务，养成认真、细致的工作态度，养成良好的职业规范。

（2）培养学生爱党、爱国、遵纪守法，坚定理想信念，刻苦努力，认真钻研。

【任务引入】

电梯机械和电气装置安装完成，距离正常工作又近了一步，那么还需要做哪些工作才能进入调试呢？

【任务分析】

某电梯安装项目已完成机械部分的安装和电气部分的接线，现在需要进行电梯的慢车调试。慢车调试前，需要进行一系列的通电前检查和通电后的确认。作为电梯调试员，需要进行以下工作：

1. 通电前确认

（1）确认相关接线正确、可靠。

（2）检查总进线线径及总开关容量。

（3）检查用户电源。

（4）将控制柜置于“紧急电动”状态。

（5）确认外围安全回路导通。

（6）确认层门锁、轿门锁回路导通。

（7）编码器安装正确无松动，接线可靠。

（8）检查接地情况。

2. 通电后检查

（1）控制柜进线电源电压。

（2）开关电源进电电压。

（3）主控板输入电压。

（4）安全回路电压。

（5）制动器回路电压。

（6）电梯安全运行的条件。

慢车前的检查及调试

【知识链接】

（1）机械方面的检查：井道畅通，电梯运行不会损伤部件或人员。厅门自复位灵活，导轨间距不会致使导靴擦碰导轨，抱闸工作正常等。

（2）接线的检查：检查安全回路、门锁回路，严禁短接安全、门锁回路。检查各部分接线是否正确，主要检查各部分供电的电源是否正确，以防损毁器件。检查有无裸露线头，接地是否良好，电梯系统的接地电阻一般要求小于等于4 Ω。

（3）编码器的检查：编码器走线必须独立走线管，屏蔽层主板侧接地，电机侧不需要接地。曳引机为异步机时，没有安装编码器，走慢车时要设置为开环，但正式调试时必须接好编码器。曳引机为同步机时，必须安装好编码器才能调试运行。

（4）短路的检查：检查控制柜接出去的线，包括到轿顶的、到底坑的、到机房的线路，确保没有裸露的线头导致的短路，确保底坑没有积水导致的短路。关掉总电源，闭合控制柜内各开关电源，检测各供电端子，如380 V、220 V、110 V、24 V各端子间有无短路的情况。

（5）电压的验证：确保无短路后，上电测量电源三相电，电压应该为380 V（1 ±7%），三相电压不平衡不大于3%。将220 V空气开关接通，分别测量220 V、110 V、24 V是否正确。

【任务实施】

班级		姓名		学号	
工号		日期		评价分数	

具体工作步骤及要求见表 7－1－2。

表 7－1－2　具体工作步骤及要求

序号	工作步骤	要求	学时	备注
1	识读任务书	能快速明确任务要求并清晰表达，在教师要求的时间内完成	0.25	
2	明确学习目标与方法	能够选择完成任务需要的方法，并进行时间和工作场所安排，掌握相关理论知识	0.5	
3	完成学习，填写任务工单	认真、准确填写任务工单	1	
4	评价		0.25	

一、工作过程及学习任务工单

（1）完成表 7－1－3。

表 7－1－3　工具名称和作用

序号	图示	名称及作用
1	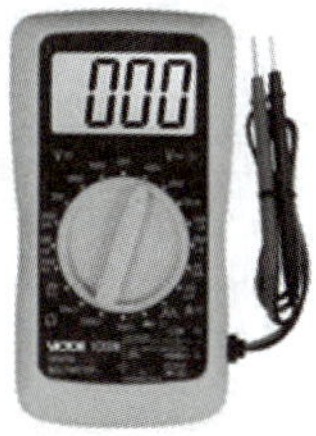	名称________ 作用________ ________
2	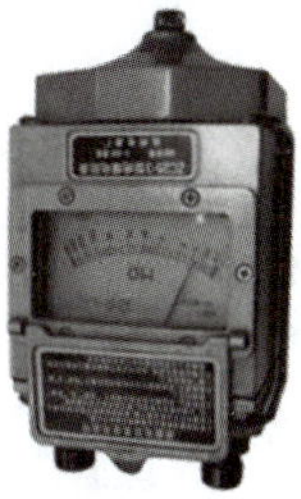	名称________ 作用________ ________

（2）完成通电前的检查。

根据检查项目，选用适当工具进行检查，并将结果记录于电梯慢车调试通电前检查记录表（表 7－1－4）中。

表7-1-4 电梯慢车调试通电前检查

序号	检查项目	选用工具	检查结果	完成时间
1	接线情况			
2	进线线径及总开关容量			
3	用户电源			
4	是否为“紧急电动”状态			
5	外围安全回路导通			
6	层门锁、轿门锁回路导通			
7	编码器安装、接线情况			
8	接地情况			

（3）完成通电后的检查。

根据检查项目，选用适当工具进行检查，并将结果记录于电梯慢车调试通电后检查记录表（表7-1-5）中。

表7-1-5 电梯慢车调试通电后检查

序号	检查项目	选用工具	检查结果	完成时间
1	控制柜进线电源电压			
2	开关电源进电电压			
3	主控板输入电压			
4	安全回路电压			
5	制动器回路电压			
6	电梯安全运行的条件			

二、总结与评价

根据评价表内容客观、公正进行评价（表7-1-6）。

表7-1-6 评价表

班级		姓名		学号				
评价指标	评价内容			分数	学生自评	小组互评	教师评定	企业导师评定
信息检索	能有效利用网络、图书资源、工作手册查找有用的相关信息等；能用自己的语言有条理地去解释、表述所学知识；能将查到的信息有效地传递到工作中			5				

续表

班级		姓名		学号			
评价指标	评价内容			分数	学生自评	小组互评	教师评定	企业导师评定
感知工作	熟悉工作岗位，认同工作价值；在工作中能获得满足感			5				
参与态度	积极主动参与工作，能吃苦耐劳，崇尚劳动光荣、技能宝贵；与教师、同学之间相互尊重、理解、平等；与教师、同学之间能够保持多向、丰富、适宜的信息交流			5				
	探究式学习、自主学习不流于形式，处理好合作学习和独立思考的关系，做到有效学习；能提出有意义的问题或能发表个人见解；能按要求正确操作；能够倾听别人意见、协作共享			5				
学习方法	学习方法得体，有工作计划；操作技能符合规范要求；能按要求正确操作；获得了进一步学习的能力			5				
学习过程	遵守管理规程，操作过程符合现场管理要求；平时上课的出勤情况和每天完成工种任务情况良好；善于多角度分析问题，能主动发现、提出有价值的问题			5				
思维态度	能发现问题、提出问题、分析问题、解决问题、创新问题			5				
知识、技能、思政	完成知识目标、技能目标与思政目标的要求			55				
自评反馈	按时按质完成工作任务；较好地掌握了专业知识点；具有较强的信息分析能力和理解能力；具有较为全面、严谨的思维能力，并能条理清楚、明晰表达成文			10				
分数								
学生自评（25%）+小组互评（25%）+教师评定（25%）+企业导师评定（25%）=								
总结、反馈、建议								

【任务小结】

慢车调试前的各项检查是十分必要的，特别是有无线路短路的检查尤为重要，短路检查可以最大限度地避免电源或器件烧坏或引起重大事故，因此，要注意通电前的短路检查。其他检查主要在于保障电梯调试有全面的基础，使调试能够顺利进行。

课后习题

一、问答题

1. 通电前后有哪些检查项目和要求？

2. 电梯对各供电电压的要求是什么？

二、填空题

1. 电梯曳引机应置于________，环境温度保持在________之间，减速箱应根据季节添足润滑剂。其中，夏季用________油，冬季用________油。

2. 电梯试运行时，应有________名熟悉电梯产品的安装技工参加，并由一人________，没有指挥者的________，任何人不得乱动。

学习任务2　曳引机调谐及慢车试运行

【任务目标】

1. 知识目标

（1）知道电梯调谐的目的。

（2）掌握电梯慢车试运行的流程。

2. 技能目标

（1）能进行同步曳引机的调谐。

（2）能进行异步曳引机的调谐。

（3）能处理慢车试运行过程中的问题。

慢车主板
参数设置

3. 思政目标

（1）电梯调试过程中树立安全意识、责任意识、合作意识。

（2）在电梯调试过程中树立规范操作的职业素养。

【任务引入】

电梯调试员已经完成慢车调试前期检查工作，接下来进行慢车调试。

【任务分析】

某电梯安装项目现已完成慢车调试通电前的检查和通电后的确认，已经满足慢车调试的条件，现需要进行曳引机调谐和慢车试运行。电梯控制系统为汇川机电的最新电梯专用控制系统，即默纳克 NICE3000 + 电梯一体化控制系统。作为电梯调试员，需要进行以下工作：

1. 熟知慢车调试安全注意事项

（1）慢车调试前，确保所有安装、接线符合电气安全技术规范。

（2）带轿厢调谐时，要注意电机运行方向，避免向端站运行太近，建议将轿厢放于远离端站的楼层（比如距端站2个楼层以上）开始慢车调试。

（3）有的控制柜使用“紧急电动运行”代替“检修运行”控制，而紧急电动运行会短接部分井道安全回路。现场调试慢车操作“紧急电动运行”，轿厢在近端站位置运行时一定要注意安全。

（4）电机调谐时，电机可能会转动运行，要与电机保持安全距离，以防导致人身伤害。

（5）带载调谐时，请务必确保井道内无人员滞留，以免导致伤害或死亡。

2. 慢车调试主要工作

（1）电机调谐。

（2）慢车测试运行。

【知识链接】

一、电机调谐

电机调谐涉及的相关参数见表7-2-1。

表7-2-1 电机调谐涉及的相关参数

相关参数	参数描述	说明
F1-25	电机类型	0：异步电动机 1：同步电动机
F1-00	编码器类型选择	0：SIN/COS型编码器 1：UVW型编码器 2：ABZ型编码器 3：Endat型绝对值编码器
F1-12	编码器每转脉冲数	0~10 000
F1-01~F1-05	电机额定功率/电压/电流/频率/转速	机型参数，手动输入
F0-01	命令源选择	0：操作面板控制 1：距离控制
F1-11	调谐选择	0：无操作 1：带载调谐 2：空载调谐 3：井道自学习1 4：井道自学习2 5：同步机静态调谐

续表

相关参数	参数描述	说明
F1－22	调谐功能选择	F1－22＝2：半自动免角度自学习 断电上电后，第一次检修或紧急电动运行会进行角度自学习 F1－22＝6：全自动免角度自学习 断电上电后，第一次运行会进行角度自学习（不区分电梯状态）

二、同步机调谐流程

1. 同步机带载调谐

同步机带载调谐时，主机可以带轿厢进行调谐，流程如图 7－2－1 所示。

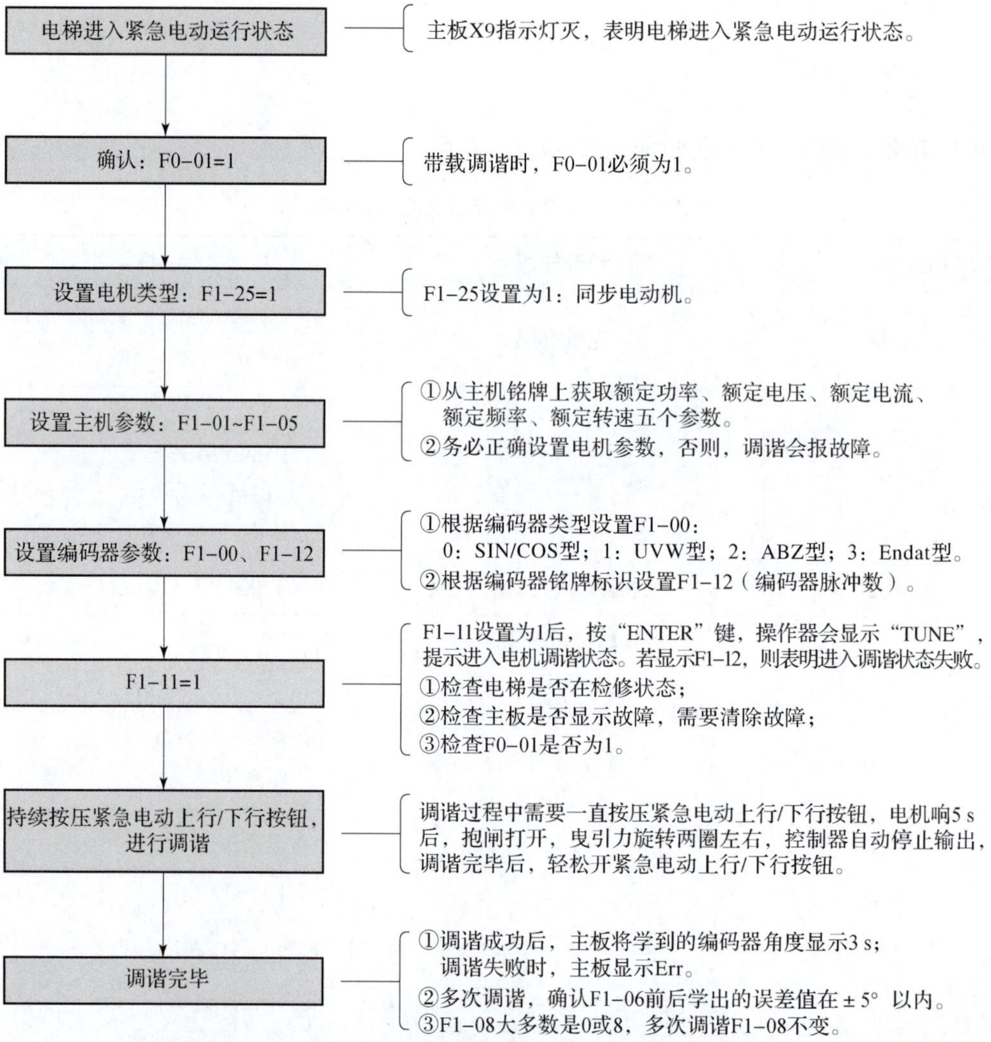

图 7－2－1　同步机带载调谐流程

2. 同步机空载调谐

同步机空载调谐时，主机必须脱开轿厢才可以进行调谐，流程如图 7－2－2 所示。

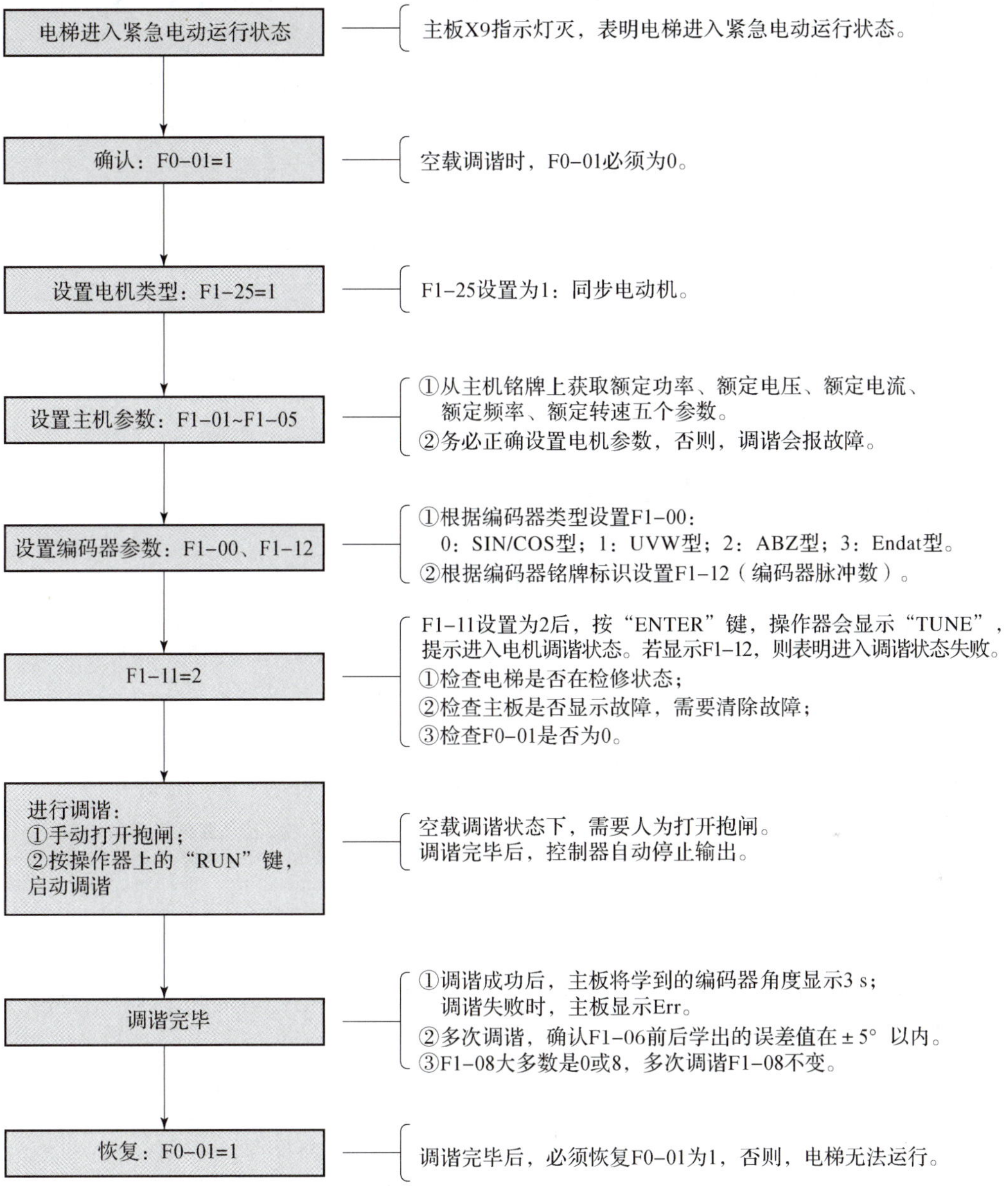

图 7－2－2　同步机空载调谐流程

同步机调谐注意事项：

（1）同步机调谐会学习主机初始磁极角度、编码器原点角度、电机接线方式、D/Q 轴电感。

（2）调谐时，需要多次调谐（建议三次以上），比较每次调谐所得同步机编码器零点位置角（F1－06）误差应在 ±5°以内。

（3）更换编码器、编码器线或电机接线顺序后，以及更改电机额定电流、额定频率、额定转速后，均需要重新对电机进行调谐。

（4）F1－06的值可以进行手动修改，更改后立即生效。所以，在更换主板时，可以不进行电机调谐，手动输入原主板中的F1－06值，直接运行控制器即可。

3. 异步机调谐流程

1）异步机带载调谐流程

异步机带载调谐时，主机可以带轿厢进行调谐，流程如图7－2－3所示。

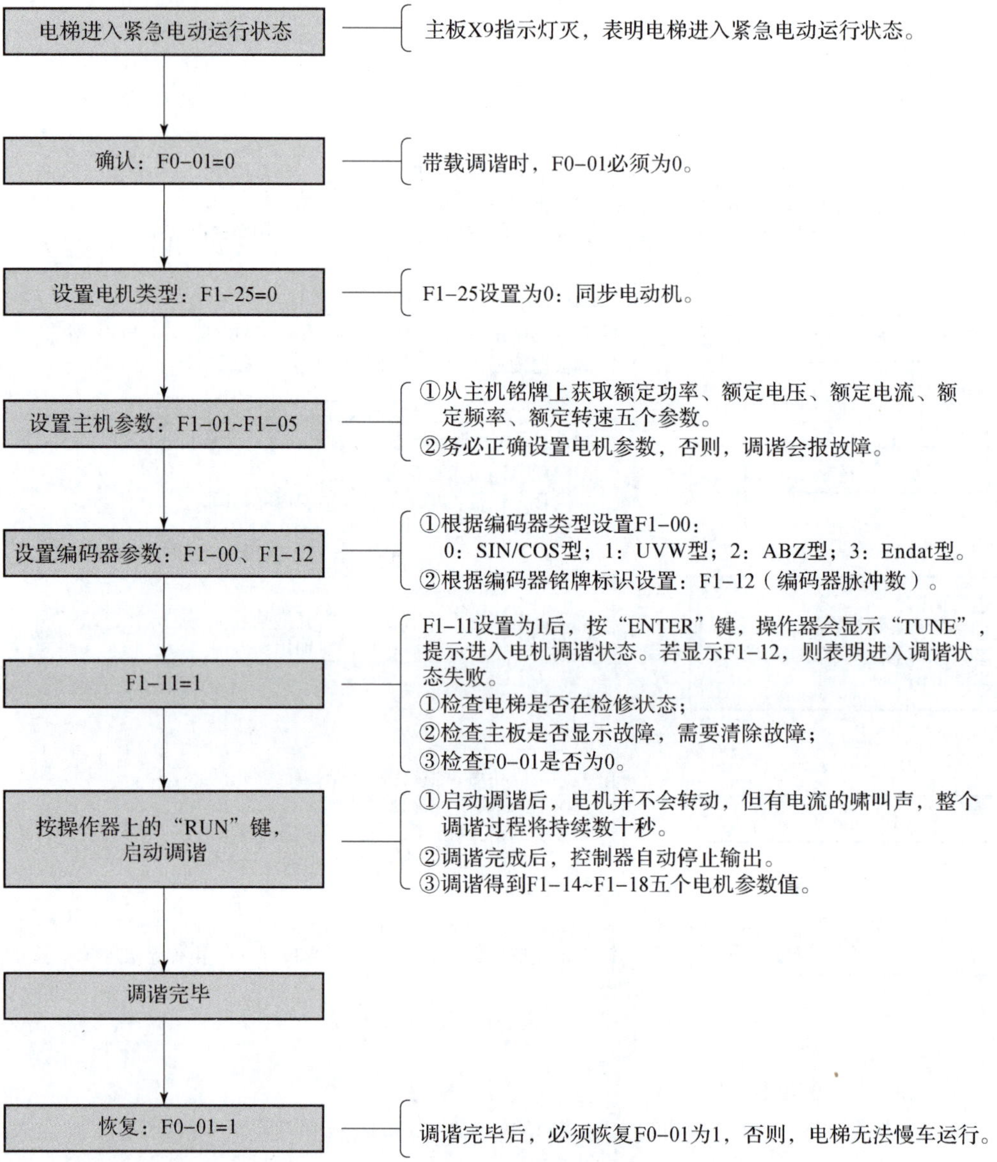

图7－2－3 异步机带载调谐流程

2）异步机空载调谐

异步机空载调谐时，主机必须脱开轿厢才可以进行调谐，流程如图7－2－4所示。

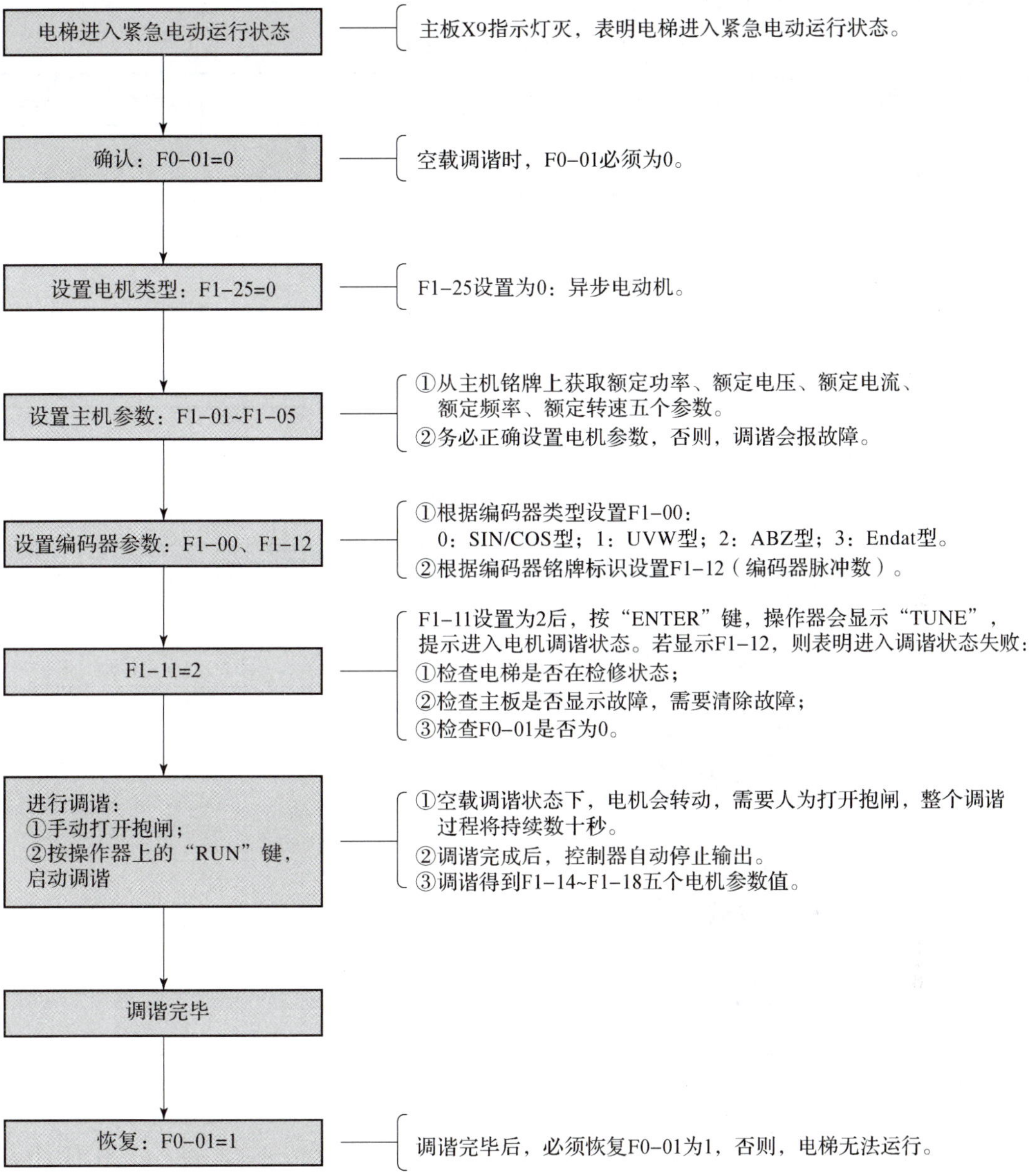

图 7-2-4　同步机空载调谐流程

异步电机调谐注意事项：

异步电机调谐时，对编码器 A、B 相的顺序有要求，如果顺序接反，电机调谐会报 Err38 故障，此时请尝试调换编码器 A、B 相序。

【任务实施 1　同步机带载调谐】

班级		姓名		学号	
工号		日期		评价分数	

具体工作步骤及要求见表 7－2－2。

表 7－2－2　具体工作步骤及要求

序号	工作步骤	要求	学时	备注
1	识读任务书	能快速明确任务要求并清晰表达，在教师要求的时间内完成	0.25	
2	明确学习目标与方法	能够选择完成任务需要的方法，并进行时间和工作场所安排，掌握相关理论知识	0.5	
3	完成学习，填写任务工单	认真、准确填写任务工单	2	
4	评价		0.25	

1. 工具的准备（表 7－2－3）

表 7－2－3　工具名称和作用

序号	图示	名称及作用
1	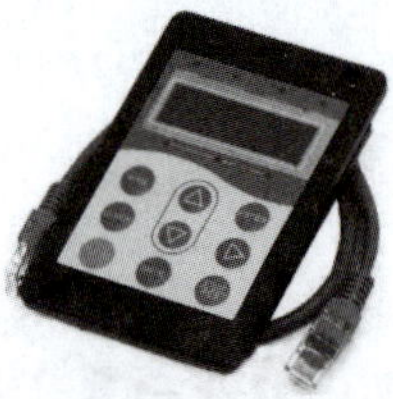	名称＿＿＿＿＿＿＿＿ 作用＿＿＿＿＿＿＿＿ ＿＿＿＿＿＿＿＿＿＿
2		名称＿＿＿＿＿＿＿＿ 作用＿＿＿＿＿＿＿＿ ＿＿＿＿＿＿＿＿＿＿

2. 根据电梯的基本控制信息设置 F0 组基本参数

根据电梯出厂随机文件，查询电梯的基本控制信息，记录于表 7－2－4 中，并对 F0 组的基本参数进行设置。

表 7－2－4　电梯 F0 组基本参数记录表

序号	参数	参数含义	查询结果	设置值	完成时间
1	F0－00	控制方式			
2	F0－01	命令源选择			
3	F0－03	运行速度			
4	F0－04	额定速度			
5	F0－05	额定载重			

3. 根据电梯曳引机信息设置 F1 组电机参数

根据电梯出厂随机文件，查询电梯曳引机的参数信息，记录于表 7－2－5 中，并对 F1 组电机参数进行设置。

表 7－2－5　电梯 F1 组曳引机参数记录表

序号	参数	参数含义	查询结果	设置值	完成时间
1	F1－00	编码器类型			
2	F1－01	额定功率			
3	F1－02	额定电压			
4	F1－03	额定电流			
5	F1－04	额定频率			
6	F1－05	额定转速			
7	F1－12	编码器每转脉冲数			
8	F1－25	曳引机类型			

4. 根据电梯信息设置 F3 组运行控制参数

根据电梯出厂随机文件，查询电梯推荐的运行参数信息，记录于表 7－2－6 中，并对 F3 组运行控制参数进行设置。

表 7－2－6　电梯 F3 组运行控制参数记录表

序号	参数	参数含义	查询结果	设置值	完成时间
1	F3－02	加速度			
2	F3－05	减速度			
3	F3－11	检修运行速度			

5. 根据电梯曳引机信息设置 F5 组端子功能参数

根据电梯安装合同信息和现场安装情况，查询电梯输入/输出端子功能参数信息，记录于表 7－2－7 中，并对 F5 组端子功能参数进行设置。

表 7－2－7　电梯 F5 组端子功能参数记录表

序号	参数	参数含义	查询结果	设置值	完成时间
1	F5－04	X4 端子功能选择			
2	F5－05	X5 端子功能选择			
3	F5－09	X9 端子功能选择			

续表

序号	参数	参数含义	查询结果	设置值	完成时间
4	F5－12	X12 端子功能选择			
5	F5－13	X13 端子功能选择			
6	F5－25	轿顶输入类型选择			
7	F5－28	Y3 端子功能选择			
8	F5－37	X25 端子功能选择			
9	F5－38	X26 端子功能选择			
10	F5－39	X27 端子功能选择			
11	F5－40	X28 端子功能选择			

6. 根据电梯信息设置 F6 组电梯基本参数

根据电梯安装合同信息和现场安装情况，查询电梯基本参数信息，记录于表 7－2－8 中，并对 F6 组电梯基本参数进行设置。

表 7－2－8　电梯 F6 组基本参数记录表

序号	参数	参数含义	查询结果	设置值	完成时间
1	F6－00	电梯最高楼层			
2	F6－01	电梯最低楼层			
3	F6－11	启用超短层			

7. 参数设置完成后，开始带载调谐

（1）确保安全、门锁回路接通，限速、限位开关不动作（即电梯最好在二楼或三楼）。

（2）电梯打到检修状态，X9 指示灯灭。

（3）确保 F0－00＝1 闭环控制、F0－01＝1 距离控制。

（4）设置 F1－11＝1，按操作器上的“ENTER”键，控制器数码管显示“TUNE”，然后持续按检修上行或检修下行按钮进行调谐。调谐过程中，需要一直按压检修上行按钮或下行按钮。调谐完毕后，控制器自动停止输出，此时松开检修上行按钮或下行按钮。

（5）调谐完毕。

①调谐完毕后，主板上将学习得到的编码器角度显示 3 s。

②多次调谐，确认 F1－06（同步机的初始角度）前后学出的误差在 ±15°内。

③F1－08（同步机接线方式）大多数是 0 或 8，多次调谐 F1－08 不变。

调谐三次，读取 F1－06 和 F1－08 这两个参数，记录于表 7－2－9 中，并据此判断调谐是否成功。

表7-2-9 带载调谐后同步机初始角度及接线方式参数记录表

序号	参数	参数含义	查询结果			完成时间
			第一次调谐	第二次调谐	第三次调谐	
1	F1-06	同步机初始角度				
2	F1-08	同步机接线方式				
调谐结果						

8. 慢车试运行

(1) 确认电机运转方向正确。

调谐完成后，检修试运行，查看电机实际运行方向与指令方向是否一致，若不一致，通过参数F2-10更改运行方向。

(2) 确认电机运行电流正常。

检修运行时，带载匀速运行阶段的实际电流一般不超过电机额定电流。如果多次电机调谐后，编码器角度值相差不大，但带载恒速运行电流仍然超过电机额定电流，则需要检查抱闸是否完全打开、检查电梯平衡系数是否正常、检查轿厢或对重导靴是否过紧。

(3) 确认井道畅通。

确认井道畅通，无机械或建筑障碍物，以免损坏轿厢。

(4) 确认端站强减、限位开关有效。

向端站运行时，需要确认端站的强减、限位开关等是否有效。运行时要特别注意安全，一次性运行的持续时间及距离不可过长，以免冲过端站造成对轿厢的机械损坏。

【任务实施2　异步机带载调谐】

班级		姓名		学号	
工号		日期		评价分数	

具体工作步骤及要求见表7-2-10。

表7-2-10 具体工作步骤及要求

序号	工作步骤	要求	学时	备注
1	识读任务书	能快速明确任务要求并清晰表达，在教师要求的时间内完成	0.25	
2	明确学习目标与方法	能够选择完成任务需要的方法，并进行时间和工作场所安排，掌握相关理论知识	0.5	
3	完成学习，填写任务工单	认真、准确填写任务工单	2	
4	评价		0.25	

1. 工具的准备（表 7－2－11）

表 7－2－11　工具名称和作用

序号	图示	名称及作用
1		名称________ 作用________ ________
2	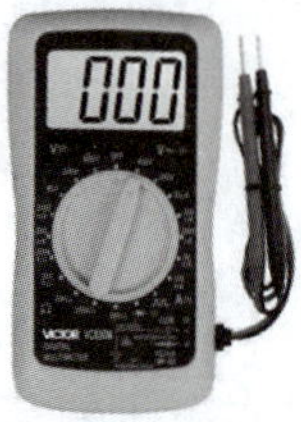	名称________ 作用________ ________

2. 根据电梯的基本控制信息设置 F0 组基本参数

根据电梯出厂随机文件，查询电梯的基本控制信息，记录于表 7－2－12 中，并对 F0 组基本参数进行设置。

表 7－2－12　电梯 F0 组基本参数记录表

序号	参数	参数含义	查询结果	设置值	完成时间
1	F0－00	控制方式			
2	F0－01	命令源选择			
3	F0－03	运行速度			
4	F0－04	额定速度			
5	F0－05	额定载重			

3. 根据电梯曳引机信息设置 F1 组电机参数

根据电梯出厂随机文件，查询电梯曳引机的参数信息，记录于表 7－2－13 中，并对 F1 组电机参数进行设置。

表 7－2－13　电梯 F1 组曳引机参数记录表

序号	参数	参数含义	查询结果	设置值	完成时间
1	F1－00	编码器类型			
2	F1－01	额定功率			
3	F1－02	额定电压			

续表

序号	参数	参数含义	查询结果	设置值	完成时间
4	F1－03	额定电流			
5	F1－04	额定频率			
6	F1－05	额定转速			
7	F1－12	编码器每转脉冲数			
8	F1－25	曳引机类型			

4. 根据电梯信息设置 F3 组运行控制参数

根据电梯出厂随机文件，查询电梯推荐的运行参数信息，记录于表 7－2－14 中，并对 F3 组运行控制参数进行设置。

表 7－2－14 电梯 F3 组运行控制参数记录表

序号	参数	参数含义	查询结果	设置值	完成时间
1	F3－02	加速度			
2	F3－05	减速度			
3	F3－11	检修运行速度			

5. 根据电梯曳引机信息设置 F5 组端子功能参数

根据电梯安装合同信息和现场安装情况，查询电梯输入/输出端子功能参数信息，记录于表 7－2－15 中，并对 F5 组端子功能参数进行设置。

表 7－2－15 电梯 F5 组端子功能参数记录表

序号	参数	参数含义	查询结果	设置值	完成时间
1	F5－04	X4 端子功能选择			
2	F5－05	X5 端子功能选择			
3	F5－09	X9 端子功能选择			
4	F5－12	X12 端子功能选择			
5	F5－13	X13 端子功能选择			
6	F5－25	轿顶输入类型选择			
7	F5－28	Y3 端子功能选择			
8	F5－37	X25 端子功能选择			
9	F5－38	X26 端子功能选择			
10	F5－39	X27 端子功能选择			
11	F5－40	X28 端子功能选择			

6. 根据电梯信息设置 F6 组电梯基本参数

根据电梯安装合同信息和现场安装情况，查询电梯基本参数信息，记录于表 7－2－16 中，并对 F6 组电梯基本参数进行设置。

表 7－2－16　电梯 F6 组基本参数记录表

序号	参数	参数含义	查询结果	设置值	完成时间
1	F6－00	电梯最高楼层			
2	F6－01	电梯最低楼层			
3	F6－11	启用超短层			

7. 参数设置完成后，开始带载调谐

（1）确保安全、门锁回路接通，限速、限位开关不动作（即电梯最好在二楼或三楼）。

（2）电梯打到检修状态，X9 指示灯灭。

（3）确保 F0－00＝1 闭环控制、F0－01＝0 面板控制。

（4）设置 F1－11＝1，按“ENTER”键，控制器会显示“TUNE”，然后按操作面板上的“RUN”键，电梯发出励磁声，但电梯轿厢不动，大约持续十几秒到几十秒。

（5）调谐完毕后，调谐得到 F1－14～F1－18 五个参数，调谐三次，读取 F1－14～F1－18 这五个参数，记录于表 7－2－17 中，并据此判断调谐是否成功。

表 7－2－17　带载调谐后异步机参数记录表

序号	参数	参数含义	查询结果			完成时间
			第一次调谐	第二次调谐	第三次调谐	
1	F1－14	异步机定子电阻				
2	F1－15	异步机转子电阻				
3	F1－16	异步机漏感抗				
4	F1－17	异步机互感抗				
5	F1－18	异步机空载电流				
调谐结果						

8. 慢车试运行

（1）确认电机运转方向正确。

调谐完成后，检修试运行，查看电机实际运行方向与指令方向是否一致，若不一致，通过参数 F2－10 更改运行方向。

（2）确认电机运行电流正常。

检修运行时，带载匀速运行阶段的实际电流一般不超过电机额定电流。如果多次电机调谐后，编码器角度值相差不大，但带载恒速运行电流仍然超过电机额定电流，则需要检查抱

闸是否完全打开、检查电梯平衡系数是否正常、检查轿厢或对重导靴是否过紧。

（3）确认井道畅通。

确认井道畅通，无机械或建筑障碍物，以免损坏轿厢。

（4）确认端站强减、限位开关有效。

向端站运行时，需要确认端站的强减、限位开关等是否有效，运行时要特别注意安全，一次性运行的持续时间及距离不可过长，以免冲过端站造成对轿厢的机械损坏。

三、总结与评价

根据评价表内容客观、公正进行评价（表7-2-18）。

表7-2-18　评价表

班级		姓名		学号				
评价指标	评价内容			分数	学生自评	小组互评	教师评定	企业导师评定
信息检索	能有效利用网络、图书资源、工作手册查找有用的相关信息等；能用自己的语言有条理地去解释、表述所学知识；能将查到的信息有效地传递到工作中			5				
感知工作	熟悉工作岗位，认同工作价值；在工作中能获得满足感			5				
参与态度	积极主动参与工作，能吃苦耐劳，崇尚劳动光荣、技能宝贵；与教师、同学之间相互尊重、理解、平等；与教师、同学之间能够保持多向、丰富、适宜的信息交流			5				
	探究式学习、自主学习不流于形式，处理好合作学习和独立思考的关系，做到有效学习；能提出有意义的问题或能发表个人见解；能按要求正确操作；能够倾听别人意见、协作共享			5				
学习方法	学习方法得体，有工作计划；操作技能符合规范要求；能按要求正确操作；获得了进一步学习的能力			5				
学习过程	遵守管理规程，操作过程符合现场管理要求；平时上课的出勤情况和每天完成工种任务情况良好；善于多角度分析问题，能主动发现、提出有价值的问题			5				

续表

班级		姓名		学号				
评价指标	评价内容			分数	学生自评	小组互评	教师评定	企业导师评定
思维态度	能发现问题、提出问题、分析问题、解决问题、创新问题			5				
知识、技能、思政	完成知识目标、技能目标与思政目标的要求			55				
自评反馈	按时按质完成工作任务；较好地掌握了专业知识点；具有较强的信息分析能力和理解能力；具有较为全面、严谨的思维能力，并能条理清楚、明晰表达成文			10				
分数								
学生自评（25%）+ 小组互评（25%）+ 教师评定（25%）+ 企业导师评定（25%）=								
总结、反馈、建议								

【任务小结】

电机特性参数设置与调谐是电梯曳引机与变频器匹配的一个过程，只有正确设置电机相关参数，与变频器参数调谐后，变频器才能正确地驱动电机工作。电机调谐是一个非常重要的步骤。慢车调试的主要目的是匹配电梯主要参数、电机调谐、矢量控制、运行控制、楼层设置、端子参数设置等，在慢车调试前，必须要进行慢车前的全面检查，保证符合调试要求才能够进行相应的调试。

课后习题

问答题

1. 控制器的开环矢量控制和闭环矢量控制分别用于什么时候？
2. 电机调谐时，需要设置的主要参数有哪些？
3. 简述电机调谐的过程。

学习任务3　门机调试及门系统试运行

【任务目标】

1. 知识目标

（1）知道门机调试的目的。

（2）掌握门系统试运行的流程。

2. 技能目标

（1）能进行同步门机的调谐。

（2）能进行门宽自学习操作。

（3）能处理门系统试运行过程中的问题。

3. 思政目标

（1）电梯门系统调试过程中树立安全意识、责任意识、合作意识。

（2）在电梯门系统调试过程中树立规范操作的职业素养。

【任务引入】

慢车调试完成后，还需要对门机系统进行调试，为快车调试做准备。

【任务分析】

某电梯安装项目已完成慢车调试和慢车试运行，现需要进行门机的调谐和门系统的试运行。电梯门机为永磁同步门机，控制器为汇川机电的最新电梯门机专用控制器——默纳克NICE900电梯门机控制器。作为电梯调试员，需要进行以下工作：

1. 熟知门机调试安全注意事项

（1）按照厂家图纸正确接线。

（2）每个开关工作正常，动作可靠。

（3）检查主回路相间阻值，检查是否存在对地短路现象。

（4）机械部分安装到位，不会造成设备损坏或人身伤害。

2. 门系统调试主要工作

（1）门机调谐。

（2）门系统测试运行。

【知识链接】

一、门机调谐参数

门机调谐涉及的相关参数见表7－3－1。

表 7-3-1　门机调谐需涉及的相关参数

相关参数	参数描述	说明
F100	电机类型	0：异步电机 1：同步电机
F214	编码器每转脉冲数	0～10 000
F101～F105	电机额定功率/电压/电流/频率/转速	机型参数，手动输入
F002	命令源选择	0：操作面板控制 1：门机端子控制 2：门机手动调试 3：门机自动演示
F116	调谐选择	0：无操作 1：异步机静止调谐 2：异步机完整调谐 3：永磁同步电机空载调谐 4：永磁同步电机带载调谐

二、同步机调谐流程

同步门机调谐分为带载调谐和空载调谐，带载调谐时，门机可以带门扇进行调谐；空载调谐时，门机必须脱开门扇才可以进行调谐。调谐流程如图 7-3-1 所示。

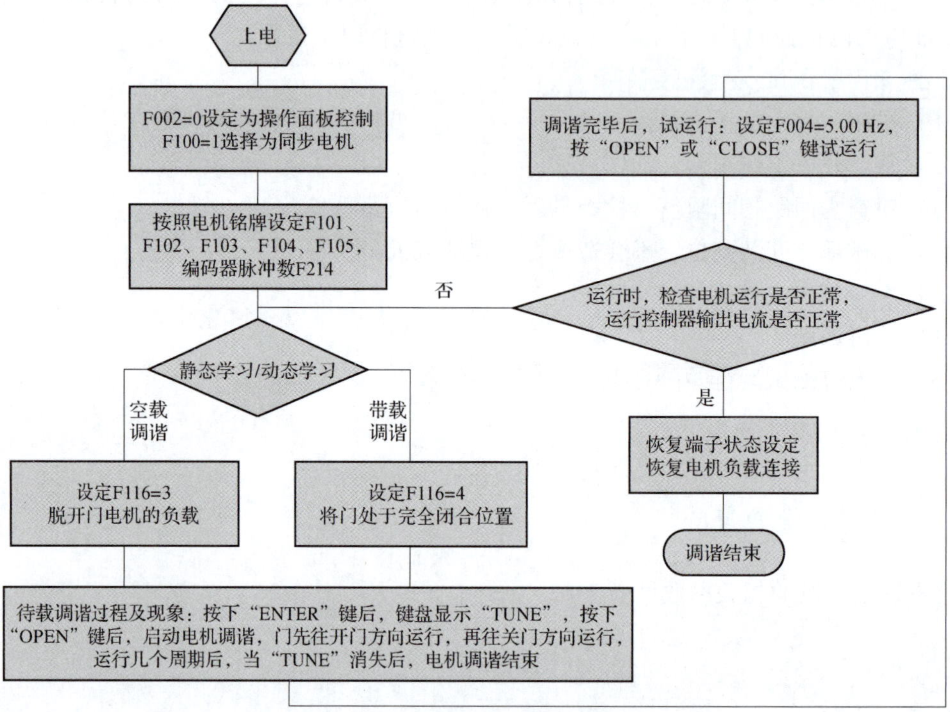

图 7-3-1　同步门机带载调谐流程

同步机调谐注意事项：

（1）同步机调谐会学习编码器零点位置、D/Q 轴电感、同步机反电动势系数。

（2）调谐时，需要多次调谐（建议三次以上），比较每次调谐所得同步机编码器零点位置角（F114），误差应在 ±5°以内。

（3）调谐前，确认编码器信号正常，若启动调谐时，门往关门方向运行且堵转，则说明电机运行方向异常，需调换电机接线或编码器接线。

【任务实施】

班级		姓名		学号	
工号		日期		评价分数	

具体工作步骤及要求见表 7－3－2。

表 7－3－2　具体工作步骤及要求

序号	工作步骤	要求	学时	备注
1	识读任务书	能快速明确任务要求并清晰表达，在教师要求的时间内完成	0.25	
2	明确学习目标与方法	能够选择完成任务需要的方法，并进行时间和工作场所安排，掌握相关理论知识	0.5	
3	完成学习，填写任务工单	认真、准确填写任务工单	2	
4	评价		0.25	

一、工作过程及学习任务工单

1. 工具的准备（表 7－3－3）

表 7－3－3　门机调试工具名称及作用

序号	图示	名称及作用
1		名称______ 作用______ ______
2		名称______ 作用______ ______

2. 根据门机的基本控制信息设置 F0 组基本参数

根据电梯出厂随机文件，查询电梯门机的基本控制信息，记录于表 7－3－4 中，并对 F0 组基本参数进行设置。

表 7－3－4　电梯 F0 组基本参数记录表

序号	参数	参数含义	查询结果	设置值	完成时间
1	F000	控制方式			
2	F001	开关门方式选择			
3	F002	命令源选择			

3. 根据电梯门机信息设置 F1 组电机参数

根据电梯出厂随机文件，查询电梯门机、编码器的参数信息，记录于表 7－3－5 中，并对 F1 组电机参数进行设置。

表 7－3－5　门机 F1 组电机、编码器参数记录表

序号	参数	参数含义	查询结果	设置值	完成时间
1	F100	门机类型			
2	F101	额定功率			
3	F102	额定电压			
4	F103	额定电流			
5	F104	额定频率			
6	F105	额定转速			
7	F214	编码器每转脉冲数			
8	F215	编码器脉冲方向选择			

4. 根据电梯信息设置 F3 组开门运行参数

根据电梯出厂随机文件、技术要求及现场情况，查询推荐的开门运行参数信息，记录于表 7－3－6 中，并对 F3 组开门运行参数进行设置。

表 7－3－6　门机 F3 组开门运行参数记录表

序号	参数	参数含义	查询结果	设置值	完成时间
1	F300	开门启动低速设定			
2	F301	开门加速时间			
3	F302	速度控制开门启动低速运行时间			

续表

序号	参数	参数含义	查询结果	设置值	完成时间
4	F303	开门高速设定			
5	F304	开门加速时间			
6	F305	开门结束低速设定			
7	F306	开门减速时间			
8	F308	开门到位保持力矩			
9	F309	开门受阻力矩			
10	F312	开门到位低速设定			

5. 根据电梯信息设置 F4 组关门运行参数

根据电梯出厂随机文件、技术要求及现场情况，查询推荐的关门运行参数信息，记录于表 7－3－7 中，并对 F4 组开门运行参数进行设置。

表 7－3－7　门机 F4 组关门运行参数记录表

序号	参数	参数含义	查询结果	设置值	完成时间
1	F400	关门启动低速设定			
2	F401	关门加速时间			
3	F402	速度控制关门启动低速运行时间			
4	F403	关门高速设定			
5	F404	关门加速时间			
6	F405	关门结束低速设定			
7	F406	关门减速时间			
8	F407	关门到位低速设定			
9	F408	关门到位低速运行时间			
10	F409	收刀速度设定			

6. 根据门机信息设置 F9 组端子功能参数

根据电梯安装合同信息和门机现场安装情况，查询门机输入/输出端子功能参数信息，记录于表 7－3－8 中，并对 F9 组端子功能参数进行设置。

表 7-3-8 门机 F9 组端子功能参数记录表

序号	参数	参数含义	查询结果	设置值	完成时间
1	F901	开关量输入端子 DI1（建议：关门到位常闭输入）			
2	F905	开关量输入端子 DI5（建议：开门命令）			
3	F906	开关量输入端子 DI6（建议：关门命令）			
4	F907	开关量输入端子 DI7（建议：光幕信号常开）			
5	F909	可编程继电器输出 TA1/TB1/TC1（建议：保留）			
6	F911	可编程继电器输出 TA1/TB1/TC1（建议：开门到位信号输出 0）			

7. 参数设置完成后，开始带载调谐

（1）电梯打到检修状态，X9 指示灯灭。

（2）确保 F000 = 1 闭环控制、F001 = 1 距离控制、F100 = 1 同步电机。

（3）更改 F002 = 0，设为面板控制。

（4）将门处于完全闭合位置，设置 F116 = 4，按“ENTER”键，显示门机控制面板显示“TUNE”，按下“OPEN”键后不放，门机开关门运行 3 次，“TUNE”消失后调谐结束。

（5）调谐成功后，把 F002 = 0 改成 F002 = 1，由端子控制门机，否则，门机不会运行。

注意：①带负载调谐过程中，如果电机不运行或者运行方向与开关门命令相反，则电机接线不正确，需要把电机接线任两相调换后，再次调谐。

②辨识的编码器的零点补偿位置角放在 F114 功能码中，可以被查看，也可以修改，在位置辨识后，不允许更改该参数，否则，控制器可能无法正常运行。

8. 调谐完成后，进行门宽自学习

（1）确认门的动作途中无障碍物。

（2）更改 F002 = 2，设置门机手动调试模式；F600 = 1，门宽自学习。

（3）按下确认键，再按“OPEN”键，门机开始自学习，开关门一次自学习成功。

（4）自学习成功后，把 F002 = 0 改成 F002 = 1，由端子控制门机，否则，门机不会运行。

注意：务必确认门的动作途中无障碍物后再进行门宽测定，若动作途中有障碍物等，则判定为到达，不能正确进行门宽测定。

9. 门系统试运行

（1）试运行的方式采用通用控制器面板控制模式，即设置 F002 =0，试运行结束后，再改回端子控制。

（2）电机运行方向是否与实际开、关门状态是否一致，如果不一致，需要调整门机控制器输出到电机的接线，重新进行编码器位置辨识。

（3）电机正反转是否平稳、无杂音，如有，则需要进一步调整。

二、总结与评价

根据评价表内容客观、公正进行评价（表 7 –3 –9）。

表 7 –3 –9　评价表

班级		姓名		学号				
评价指标	评价内容			分数	学生自评	小组互评	教师评定	企业导师评定
信息检索	能有效利用网络、图书资源、工作手册查找有用的相关信息等；能用自己的语言有条理地去解释、表述所学知识；能将查到的信息有效地传递到工作中			5				
感知工作	熟悉工作岗位，认同工作价值；在工作中能获得满足感			5				
参与态度	积极主动参与工作，能吃苦耐劳，崇尚劳动光荣、技能宝贵；与教师、同学之间相互尊重、理解、平等；与教师、同学之间能够保持多向、丰富、适宜的信息交流			5				
	探究式学习、自主学习不流于形式，处理好合作学习和独立思考的关系，做到有效学习；能提出有意义的问题或能发表个人见解；能按要求正确操作；能够倾听别人意见、协作共享			5				
学习方法	学习方法得体，有工作计划；操作技能符合规范要求；能按要求正确操作；获得了进一步学习的能力			5				
学习过程	遵守管理规程，操作过程符合现场管理要求；平时上课的出勤情况和每天完成工种任务情况良好；善于多角度分析问题，能主动发现、提出有价值的问题			5				

续表

班级		姓名		学号			
评价指标	评价内容			分数	学生自评	小组互评	教师评定	企业导师评定
思维态度	能发现问题、提出问题、分析问题、解决问题、创新问题			5				
知识、技能、思政	完成知识目标、技能目标与思政目标的要求			55				
自评反馈	按时按质完成工作任务；较好地掌握了专业知识点；具有较强的信息分析能力和理解能力；具有较为全面、严谨的思维能力，并能条理清楚、明晰表达成文			10				
分数								
学生自评（25%）+小组互评（25%）+教师评定（25%）+企业导师评定（25%）=								
总结、反馈、建议								

【任务小结】

门机调试的主要内容是匹配门机的参数、调试门机运行控制参数及门宽自学习。门机调试前，需要检查门机编码器安装、接线正常，各电源供电线路没有短路、接地的现象。门宽自学习前，还要确保门的动作途中无障碍物，这样才能成功进行门机调试。调试完成后，须把控制方式改成由端子控制门机，否则，门机不能自动运行。

课后习题

1. 门机调谐时，需要设置的主要参数有哪些？
2. 门机运行方向与实际开、关门状态不一致时怎么处理？

大国工匠英雄谱之七

让"钻头行走的深度，矗立为行业高度"的钻探工——朱恒银

地质钻探的水平体现着一个国家的综合实力。朱恒银的定向钻探技术完全颠覆传统，取芯的时间由30多个小时缩短到了40 min；其技术在全国50多个矿区推行利用后，产生的经济效益高达数千亿元，弥补了7项国内空白。

项目八

电梯的快车调试

项目任务书

【项目描述】

电梯慢车调试运行后，说明电梯的安全保护系统、门锁保护系统已经正常工作，曳引机、变频器、旋转编码器也已调试正确，但是电梯还不能正常运行，还需要进行一系列的快车调试，才能安全、平稳地自动运行。

本项目设计了井道自学习、快车试运行、平层精度调整及舒适性调整四个工作任务。通过完成这些工作任务，理解快车调试作业的操作内容及规程，掌握电梯快车调试的方法，理解电梯快车调试的意义。

【项目概况】

电梯快车调试的任务规划见表 8－1－1。

快车前的检查及调试

表 8－1－1　电梯快车调试的任务规划表

班级______　姓名______　学号______　工号______　日期______　测评______　等级______

工作任务	电梯的快车调试	学习模式	
建议学时	10 学时	教学地点	
任务描述	【案例】电梯公司（乙方）需要安装一台五层站乘客电梯，已完成电梯的慢车调试工作，现在需要进行电梯的快车调试工作，完成电梯最后的调试工作。		
学习目标	1. 知识目标 （1）掌握电梯井道自学习的内容。 （2）掌握电梯平层精度的调整方法。 （3）掌握电梯舒适性调整的方法。 （4）掌握电梯快车调试的技能和方法。 2. 技能目标 （1）能正确使用电梯调试工具。 （2）能进行电梯的快车调试作业。 （3）能完成快车调试故障分析和排查。 3. 思政目标 （1）认同并遵守《电梯制造与安装安全规范》（GB/T 7588.1—2020）、《特种设备安全监察条例》《安全操作规程》《电梯工程施工质量验收规范》（GB 50310—2002）。		

续表

工作任务	电梯的快车调试	学习模式	
建议学时	10 学时	教学地点	
	（2）树立合作意识、安全意识、交流沟通能力。 （3）树立严谨、规范操作的职业素养。		
学时分配	学时分配表		

学时分配表

序号	学习任务	学时安排
1	井道自学习	2
2	快车试运行	2
3	平层精度调整	3
4	舒适性调整	3

学习任务 1　井道自学习

【任务目标】

1. 知识目标

（1）知道井道自学习需要满足的条件。

（2）掌握井道自学习的操作流程。

2. 技能目标

（1）能进行井道自学习的安全检查和条件确认。

（2）能进行井道自学习参数设置及操作。

（3）能进行井道自学习故障分析及排查。

3. 思政目标

（1）通过井道自学习任务，养成严谨、细致的工作态度。

（2）通过任务实操，学会遵守调试手册和操作规范。

【任务引入】

慢车调试已经完成，意味着电梯可以在检修情况下正常工作，那么接下来要做什么呢？

【任务分析】

某电梯安装项目已完成慢车调试工作，现在需要进行快车调试，快车调试的第一步就是要进行井道自学习。作为电梯调试员，需要进行以下工作：

井道自学习

1. 井道自学习前的确认

（1）确认井道开关动作正常。

（2）确认平层感应器动作顺序。

（3）确认轿顶板与主板通信正常。

2. 井道自学习

（1）井道自学习速度和额定速度设置正确。

（2）最高、最低楼层设置正确。

（3）进行井道自学习操作。

（4）检查和排除井道自学习中的故障。

【知识链接】

1. 井道自学习的准备

（1）确认极限开关、限位开关、强迫减速开关、平层感应器等井道开关动作正常。

（2）确认平层感应器动作顺序正确。如果安装有多个平层感应器，需要确认平层感应器经过楼层插板时的动作顺序是否正确。检修上行时，感应器动作顺序为：上平层感应器→门区感应器→下平层感应器。检修下行时，感应器动作顺序为：下平层感应器→门区感应器→上平层感应器。要特别注意多个传感器的信号顺序不能接错。

（3）主板与轿顶板之间的通信正常，否则主板不能接收到轿顶板传递的轿厢相关的信号，不能确保电梯的运行安全，井道自学习不能成功。

2. 井道自学习成功启动必须要满足的条件

（1）电梯在紧急电动状态或检修状态。

（2）如果电梯只有两层，则需要把电梯轿厢放在最底层平层位置以下，至少脱离一个平层信号，并且下一级强迫减速开关到主板的输入信号有效。

3. 井道自学习涉及的相关参数（表8-1-2）

表8-1-2　井道自学习涉及的相关参数

相关参数	参数描述	说明
F0-04	额定速度	0.25~8 m/s
F6-00	电梯最高层	0：SIN/COS 型编码器 1：UVW 型编码器 2：ABZ 型编码器 3：Endat 型绝对值编码器
F6-01	电梯最低层	0~10 000
F3-26	井道自学习速度	机型参数，手动输入
F1-11	调谐选择	0：无操作 1：带载调谐 2：空载调谐 3：井道自学习 1 4：井道自学习 2 5：同步机静态调谐

【任务实施】

班级		姓名		学号	
工号		日期		评价分数	

具体工作步骤及要求见表 8－1－3。

表 8－1－3　具体工作步骤及要求

序号	工作步骤	要求	学时	备注
1	识读任务书	能快速明确任务要求并清晰表达，在教师要求的时间内完成	0. 25	
2	明确学习目标与方法	能够选择完成任务需要的方法，并进行时间和工作场所安排，掌握相关理论知识	0. 5	
3	完成学习，填写任务工单	认真、准确填写任务工单	1	
4	评价		0. 25	

一、工作过程及学习任务工单

1. 工具的准备（表 8－1－4）

表 8－1－4　工具名称和作用

序号	图示	名称及作用
1		名称__________ 作用__________ __________
2		名称__________ 作用__________ __________

2. 根据电梯的安装信息设置 F6 组电梯基本参数

根据电梯安装合同信息和现场安装情况，查询电梯楼层信息，记录于表 8－1－5 中，并对 F6 组梯基本参数进行设置。

表 8－1－5 电梯 F6 组基本参数记录表

序号	参数	参数含义	查询结果	设置值	完成时间
1	F6－00	电梯最高楼层			
2	F6－01	电梯低高楼层			
3	F6－05	服务楼层 1			
4	F6－06	服务楼层 2			
5	F6－07	群控数量			
6	F6－08	电梯编号			

3. 外呼板的地址设置

外呼板地址和平层插板数一一对应，由下往上数第几个平层插板对应的外呼板地址就设成多少。无论有没有因长距离楼层而设置的中间平层插板，都以实际的平层插板数目为准。

以图 8－1－1 为例，左侧的 MCTC－HCB－H 外呼板只需要按黑色按钮 S1，即可调整楼层地址，每按一次，地址加 1，持续按 3 s 以上，地址一直往上增加，到需要的值后，停止按压，地址闪烁三次自动保存，设定成功。

右侧的 MCTC－HCB－D630 外呼板，设置地址时需要短接 J1，再按上或下呼梯按钮，设定楼层地址，设置好后拿掉短接帽，地址闪烁三次自动保存。

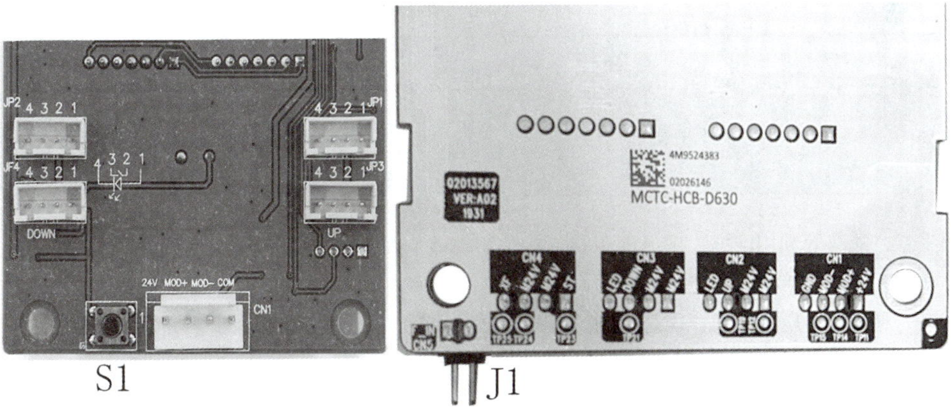

图 8－1－1 外呼板地址设置

4. 参数设置完成后，开始进行井道自学习

（1）确保电梯已满足井道自学习的条件。

（2）电梯检修开到 1 楼层位置（确保平层 X1、X2、X3 灯灭），确保检修状态 X9 灯灭。

（3）设置 F1－11＝3，设置完毕后，将检修打到正常状态（X9 灯亮），电梯会以 F3－26 设置的井道自学习速度运行到顶层之后打开门，不报故障，表示井道自学习成功。

也可以使用主板上的小键盘进行井道自学习：将小键盘上的参数 F－7 设置为 1，再将紧急电动转为正常，电梯会以井道自学习速度运行到顶层之后打开门，不报故障，井道自学习成功。

5. 井道自学习不成功故障解决

井道自学习过程中报 Err35 故障，则说明井道自学习不成功，需要排除故障后重新进行井道自学习。可以根据所报故障代码进行原因查找及排除。常见故障原因有：

（1）自学习启动时，当前楼层不是最底层或下一级强迫减速无效，需要检查下一级强迫减速是否有效；当前楼层是否是最底层。

（2）电梯运行方向与编码器脉冲变化方向不一致，需要检查上下行运行线路接线是否正确，确认上下行线路没有接反。

（3）上下平层感应间隔、平层插板脉冲长度异常，需要检查平层感应器常开常闭设定是否错误，或检查平层插板是否安装到位，检查是否有强电干扰。

（4）自学习平层信号超过 45 s 无变化，需要检查平层感应器接线是否正常，或检查楼层间距是否过大，导致运行超时，可以提高井道自学习的速度（F3－11）重新进行井道自学习，使电梯在 45 s 内能学完最长楼层。如果楼层太长，也可以考虑增加一个平层插板设置一个假楼层。

（5）若有楼层高度小于 50 cm，需要开通超短层功能，否则，井道自学习不成功。设置开通超短层的方法是将 F6－11 的 Bit11 设置为 1。

二、总结与评价

根据评价表内容客观、公正进行评价（表 8－1－6）。

表 8－1－6　评价表

班级		姓名		学号			
评价指标	评价内容			分数	学生自评	小组互评	教师评定
信息检索	能有效利用网络、图书资源、工作手册查找有用的相关信息等；能用自己的语言有条理地去解释、表述所学知识；能将查到的信息有效地传递到工作中			5			
感知工作	熟悉工作岗位，认同工作价值；在工作中能获得满足感			5			

续表

班级		姓名		学号				
评价指标	评价内容			分数	学生自评	小组互评	教师评定	企业导师评定
参与态度	积极主动参与工作，能吃苦耐劳，崇尚劳动光荣、技能宝贵；与教师、同学之间相互尊重、理解、平等；与教师、同学之间能够保持多向、丰富、适宜的信息交流			5				
	探究式学习、自主学习不流于形式，处理好合作学习和独立思考的关系，做到有效学习；能提出有意义的问题或能发表个人见解；能按要求正确操作；能够倾听别人意见、协作共享			5				
学习方法	学习方法得体，有工作计划；操作技能符合规范要求；能按要求正确操作；获得了进一步学习的能力			5				
学习过程	遵守管理规程，操作过程符合现场管理要求；平时上课的出勤情况和每天完成工种任务情况良好；善于多角度分析问题，能主动发现、提出有价值的问题			5				
思维态度	能发现问题、提出问题、分析问题、解决问题、创新问题			5				
知识、技能、思政	完成知识目标、技能目标与思政目标的要求			55				
自评反馈	按时按质完成工作任务；较好地掌握了专业知识点；具有较强的信息分析能力和理解能力；具有较为全面、严谨的思维能力，并能条理清楚、明晰表达成文			10				
分数								
学生自评（25%）+小组互评（25%）+教师评定（25%）+企业导师评定（25%）=								
总结、反馈、建议								

【任务小结】

井道自学习的目的是让主板记住所有的井道开关位置和楼层位置信息，原理是：曳引机旋转编码器测得电梯最底层至最高层的高度和每层之间的高度，以脉冲数量方式记录在主板里，电梯运行过程中，主板利用这些数据确认轿厢的位置，便于发出正确的减速及平层信号，实现电梯的安全控制。在没有做井道自学习之前，电梯无法快车运行。

课后习题

1. 井道自学习前的检查项目有哪些？
2. 井道自学习的前提条件是什么？
3. 如果电梯井道中存在超短层，怎样进行井道自学习？

学习任务2　快车试运行

【任务目标】

1. 知识目标

（1）掌握轿顶相关信号设置的内容。

（2）掌握快车试运行的操作流程。

2. 技能目标

（1）能进行轿顶相关信号的设置和调试。

（2）能进行快车试运行的设置及操作。

（3）能进行快车试运行故障分析及排查。

3. 思政目标

（1）通过快车试运行学习任务，提高安全第一的意识，确保人员和设备的安全。

（2）通过任务实操，养成分工协作、各司其职的良好职业品质。

【任务引入】

井道自学习后，电梯已经熟悉了井道传感器信息，接下来就可以进行快车调试了。

【任务分析】

某电梯安装项目现已完成井道自学习工作，现在需要进行快车试运行，快车试运行需要对轿顶的相关信号进行设置，比如光幕信号、安全触板信号、超载信号、开关门信号、开关门限位信号等。正确设置完成后，就可以进行快车试运行操作，快车试运行需要设置运行次数、是否开关门、是否屏蔽超载等内容。作为电梯调试员，需要进行以下工作：

1. 正确设置轿顶相关信号

（1）正确设置光幕信号、安全触板信号、超载信号。

（2）正确设置开关门信号、开关门限位信号。

2. 快车试运行操作

（1）设置试运行时是否开关门。

（2）设置试运行时是否屏蔽超载信号。

（3）设置快车试运行次数。

（4）检查和排除快车试运行中的故障。

【知识链接】

1. 轿顶调试内容

（1）光幕 1、安全触板 1、门 1 开关门到位信号、门 1 开关门输出信号，如果是双门系统，则需要设置光幕 2、门 2 开关门到位信号、门 2 开关门输出信号。以默纳克 MCTC－CTB－H5 轿顶板为例，轿顶调试相关信号见表 8－2－1。

表 8－2－1　轿顶调试相关信号

序号	轿顶板端口	端子定义
1	301	24 V 电源正极
2	X3/X4	门 1/门 2 开门到位信号
3	X5/X6	门 1/门 2 关门到位信号
4	B1/C1	门 1/门 2 开门信号输出端子
5	B2/C2	门 1/门 2 关门信号输出端子
6	B3/C3	门 1/门 2 强迫关门信号输出端子
7	BM/CM	门 1/门 2 信号输出端子公共端
8	X1/X2	门 1/门 2 光幕输入信号
9	X15/16	门 1/门 2 安全触板输入信号
10	302	24 V 电源负极
11	207	220 V 电源 L
12	208	220 V 电源 N

（2）在主板参数（F5－25）中设置轿顶输入信号的常开、常闭属性，使之与实际部件电气开关（光幕、开关门到位开关）的常开、常闭属性相匹配。匹配正确后，轿顶的控制才能正常实现。F5－25 轿顶输入类型参数选择见表 8－2－2。

表 8－2－2　F5－25 轿顶输入类型参数

序号	Bit 位	参数名称	默认值
1	Bit0	门 1 光幕	0
2	Bit1	门 2 光幕	0
3	Bit2	门 1 开门到位	0
4	Bit3	门 2 开门到位	0
5	Bit4	门 1 关门到位	0
6	Bit5	门 2 关门到位	0
7	Bit6	满载信号（开关量）	1
8	Bit7	超载信号（开关量）	0

续表

序号	Bit 位	参数名称	默认值
9	Bit8	轻载信号（开关量）	1
10	Bit9	上平层信号	1
11	Bit10	下平层信号	1
12	Bit11	门机过热检测	0
13	Bit12	门 1 安全触板	0
14	Bit13	门 2 安全触板	0
注：0 常闭输入；1 常开输入。			

2. 快车试运行操作

快车试运行可以设置是否开关门和是否屏蔽超载信号，根据实际试运行需要，还可以设置内外呼次数，可以对抱闸力进行软件检测及结果查看，初步评判快车调试结果。快车测试步骤如图 8－2－1 所示。

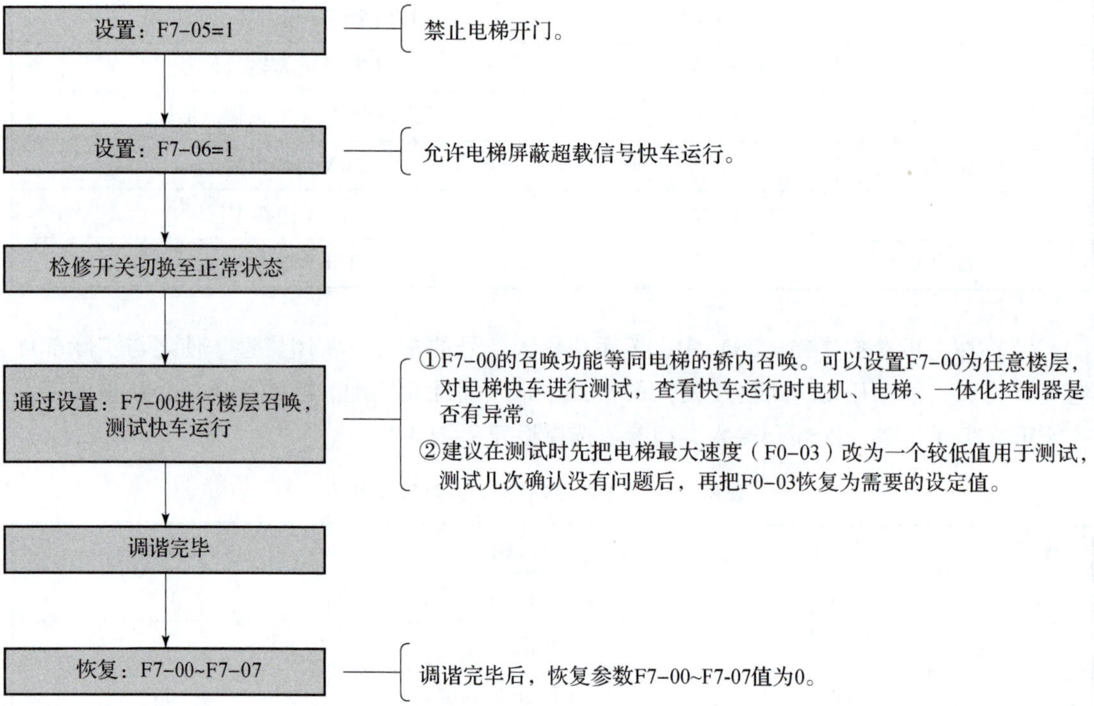

图 8－2－1　快车测试步骤

【任务实施】

班级		姓名		学号	
工号		日期		评价分数	

具体工作步骤及要求见表8－2－3。

表8－2－3　具体工作步骤及要求

序号	工作步骤	要求	学时	备注
1	识读任务书	能快速明确任务要求并清晰表达，在教师要求的时间内完成	0.25	
2	明确学习目标与方法	能够选择完成任务需要的方法，并进行时间和工作场所安排，掌握相关理论知识	0.5	
3	完成学习填写任务工单	认真、准确填写任务工单	1	
4	评价		0.25	

一、工作过程及学习任务工单

1. 工具的准备（表8－2－4）

表8－2－4　工具名称和作用

序号	图示	名称及作用
1		名称______ 作用______ ______
2		名称______ 作用______ ______

2. 根据电梯轿顶接线信息设置F5－25轿顶输入信号类型参数

根据电梯轿顶现场接线信息，确定轿顶输入信号类型，记录于表8－2－5中，并对F5－25轿顶输入信号类型参数进行设置。

表8－2－5　F5－25轿顶输入信号类型参数记录表

序号	参数	参数含义	查询结果	设置值	完成时间
1	Bit0	门1光幕			
2	Bit1	门2光幕			
3	Bit2	门1开门到位			

续表

序号	参数	参数含义	查询结果	设置值	完成时间
4	Bit3	门2开门到位			
5	Bit4	门1关门到位			
6	Bit5	门2关门到位			
7	Bit6	满载信号（开关量）			
8	Bit7	超载信号（开关量）			
9	Bit8	轻载信号（开关量）			
10	Bit9	上平层信号			
11	Bit10	下平层信号			
12	Bit11	门机过热检测			
13	Bit12	门1安全触板			
14	Bit13	门2安全触板			

3. 根据快车试运行要求设置F7组测试功能参数

根据快车试运行要求及现场测试情况和条件，把测试参数记录于表8-2-6中，并对F7组测试功能参数进行设置，开始进行快车试运行。快车试运行初期，需要降低电梯运行速度（更改F0-03运行速度参数），多次试运行无故障后，再逐步提高试运行速度，直至试运行到电梯额定运行速度。

表8-2-6　F7组测试功能参数记录表

序号	参数	参数含义	查询结果	设置值	完成时间
1	F7-00	内召唤登记			
2	F7-01	外召上登记			
3	F7-02	外召下登记			
4	F7-03	随机运行次数			
5	F7-04	外召使能			
6	F7-05	开门使能			
7	F7-06	超载使能			
8	F7-07	限位使能			
9	F7-08	随机运行间隔			
10	F7-10	抱闸制动力检测周期倒计时			

4. 快车试运行注意事项

（1）快车试运行期间，一定要确定井道畅通，各参数已设定好。首先要将电梯慢速运行至整个行程的中间楼层，防止电梯运行方向错误。先运行单层指令后，再输入多层指令试运行。调试完成后，注意检查此组参数是否设置正常。

（2）电梯在不开门的情况下，会使门机控制器发热加速，长时间如此使用可能会引起过热保护，考虑到轿顶信号已调试好，同时也需要对门系统进行测试，因此建议快车试运行时不要禁用开关门功能。

（3）F7－06 参数屏蔽超载信号用于重载实验，实验结束后必须恢复，禁止超载运行。F7－07 参数用于使能限位开关，仅在检测极限开关时使用，检测完后必须恢复，正常运行时，严禁屏蔽限位功能。

（4）如果快车试运行时需要检测抱闸制动力，可以设置 F7－10 抱闸制动力检测周期倒计时时间，并可以通过 F7－9 参数查看抱闸制动力检测结果，“1”表示抱闸制动力的检测结果为合格，“2”表示抱闸制动力检测的结果为不合格。如果检测的结果为不合格，系统会报 E66 故障。这时需要立即检修抱闸，检修后再进行一次抱闸制动力检测，结果为合格时故障才能复位。

二、总结与评价

根据评价表内容客观、公正进行评价（表 8－2－7）。

表 8－2－7　评价表

班级		姓名		学号				
评价指标	评价内容			分数	学生自评	小组互评	教师评定	企业导师评定
信息检索	能有效利用网络、图书资源、工作手册查找有用的相关信息等；能用自己的语言有条理地去解释、表述所学知识；能将查到的信息有效地传递到工作中			5				
感知工作	熟悉工作岗位，认同工作价值；在工作中能获得满足感			5				
参与态度	积极主动参与工作，能吃苦耐劳，崇尚劳动光荣、技能宝贵；与教师、同学之间相互尊重、理解、平等；与教师、同学之间能够保持多向、丰富、适宜的信息交流			5				
	探究式学习、自主学习不流于形式，处理好合作学习和独立思考的关系，做到有效学习；能提出有意义的问题或能发表个人见解；能按要求正确操作；能够倾听别人意见、协作共享			5				

续表

<table>
<tr><td>班级</td><td></td><td>姓名</td><td></td><td>学号</td><td colspan="4"></td></tr>
<tr><td>评价指标</td><td colspan="3">评价内容</td><td>分数</td><td>学生自评</td><td>小组互评</td><td>教师评定</td><td>企业导师评定</td></tr>
<tr><td>学习方法</td><td colspan="3">学习方法得体，有工作计划；操作技能符合规范要求；能按要求正确操作；获得了进一步学习的能力</td><td>5</td><td></td><td></td><td></td><td></td></tr>
<tr><td>学习过程</td><td colspan="3">遵守管理规程，操作过程符合现场管理要求；平时上课的出勤情况和每天完成工种任务情况良好；善于多角度分析问题，能主动发现、提出有价值的问题</td><td>5</td><td></td><td></td><td></td><td></td></tr>
<tr><td>思维态度</td><td colspan="3">能发现问题、提出问题、分析问题、解决问题、创新问题</td><td>5</td><td></td><td></td><td></td><td></td></tr>
<tr><td>知识、技能、思政</td><td colspan="3">完成知识目标、技能目标与思政目标的要求</td><td>55</td><td></td><td></td><td></td><td></td></tr>
<tr><td>自评反馈</td><td colspan="3">按时按质完成工作任务；较好地掌握了专业知识点；具有较强的信息分析能力和理解能力；具有较为全面、严谨的思维能力，并能条理清楚、明晰表达成文</td><td>10</td><td></td><td></td><td></td><td></td></tr>
<tr><td colspan="5">分数</td><td></td><td></td><td></td><td></td></tr>
<tr><td colspan="9">学生自评（25%）+小组互评（25%）+教师评定（25%）+企业导师评定（25%）=</td></tr>
<tr><td>总结、反馈、建议</td><td colspan="8"></td></tr>
</table>

【任务小结】

快车试运行的目的是检查发现电梯存在的故障和隐患，因此，刚开始快车试运行时，需要适当降低电梯的运行速度，初步试运行后，确定电梯曳引系统、导向系统、门系统及电气系统均无故障后，再提升快车试运行速度，直到达到额定运行速度快车试运行也无故障时才算快车试运行成功。

课后习题

1. 轿顶信号的常开常闭怎样检查和确认？
2. 快车试运行时，为什么需要从低速试运行到高速试运行？
3. 快车试运行的目的是什么？如何进行快车试运行？

学习任务3　平层精度调整

【任务目标】

1. 知识目标

（1）知道不同类型电梯平层精度的要求。

（2）掌握平层调整的三种常用方法。

2. 技能目标

（1）能采用机械方式进行平层调整。

（2）能采用参数调试方式进行平层调整。

（3）能调整整梯平层精度至符合标准要求。

3. 思政目标

（1）通过平层精度调整学习任务，提高现场分析问题和解决问题的能力。

（2）通过任务实操，养成认真、精细、有耐心的良好职业品质。

【任务引入】

电梯作为载人的交通工具，精度要求很高，尤其是平层时轿厢与层门地坎的精度。

【任务分析】

某电梯安装项目已完成快车试运行，现需要进行整梯平层精度调整，使之符合国标和安装合同的要求，为进一步的舒适性调整做好准备。作为电梯调试员，需要进行以下工作：

1. 分析快车试运行后平层精度问题

（1）分析平层精度符合要求。

（2）判断是某些楼层不符合平层精度要求还是部分楼层不符合平层要求。

2. 制订平层精度调整方案

（1）是否采用机械方式调整平层精度。

（2）是否采用参数调整方式调整平层精度。

（3）是部分楼层调整还是整体调整。

【知识链接】

1. 平层精度要求

（1）额定速度小于等于0.63 m/s的交流双速电梯，平层精度应在±15 mm的范围内。

（2）额定速度大于等于0.63 m/s且小于等于1.0 m/s的交流双速电梯，平层精度应在±30 mm的范围内。

（3）变频调速的电梯轿厢的平层准确度应为±10 mm，平层保持精度为±20 mm。

2. 机械方式调整平层

机械方式调整平层一般指通过调整平层插板的位置或平层传感器的位置来调整平层的方法。

（1）当个别楼层会出现越层或欠层导致不平层时，可以通过调整平层插板来处理。例如，某台电梯 5 层停靠时高出厅门地坎 30 mm，超出了平层精度范围，其他楼层平层正常，只有 5 层需要调整平层，此时可以调整 5 层的平层插板来调整平层精度，只需要将 5 层平层插板向下调整 30 mm 即可。

（2）当所有楼层都会出现越层或欠层导致不平层时，可以通过调整平层感应装置来处理。例如，当某台电梯在所有楼层停靠时都低于层门地坎 30 mm，则需要调整平层传感器的位置，此时只需要把平层传感器向上调整 30 mm 即可。

（3）若偶尔不平，可通过增强钢绳的拉力和扩大包角来处理。

3. 通过参数调试方式调整平层

（1）F4－00 用于统一调整所有楼层的停靠位置，默认值是 30，改动之后，所有的楼层停靠将都会有变动。当电梯每层停靠都欠平层时，增大 F4－00；当电梯每层停靠都过平层时，减小 F4－00。

（2）Fr 组参数用于微调单个楼层的平层，当电梯在某一个楼层时，进行上、下行到站对比，看轿门地坎与厅门地坎是否处于相同水平线，若有上高下低、上低下高等差异，可以通过参数适当修正。若上高下高、上低下低，说明是平层插板安装位置偏高、偏低，需移动插板位置。单楼层平层调整步骤如图 8－3－1 所示。

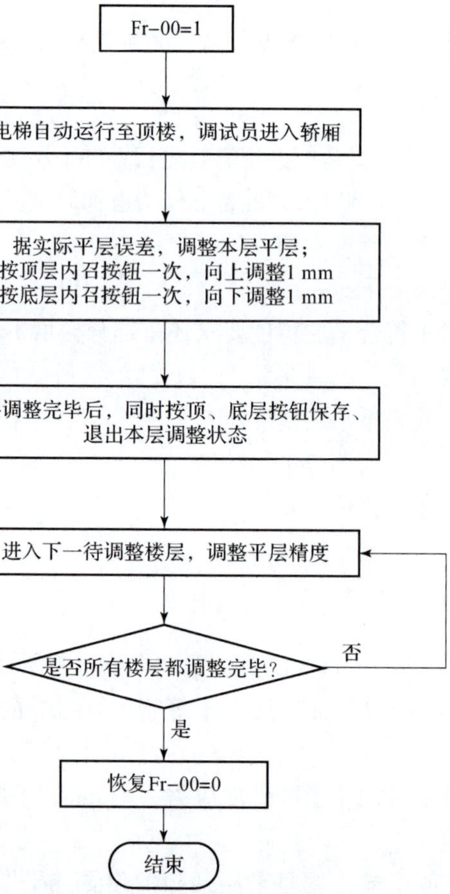

图 8－3－1　单楼层平层调整步骤

【任务实施】

班级		姓名		学号	
工号		日期		评价分数	

具体工作步骤及要求见表 8－3－1。

表 8－3－1　具体工作步骤及要求

序号	工作步骤	要求	学时	备注
1	识读任务书	能快速明确任务要求并清晰表达，在教师要求的时间内完成	0. 25	
2	明确学习目标与方法	能够选择完成任务需要的方法，并进行时间和工作场所安排，掌握相关理论知识	0. 5	
3	完成学习，填写任务工单	认真、准确填写任务工单	2 学时	
4	评价		0. 25	

一、工作过程及学习任务工单

1. 工具的准备（表 8－3－2）

表 8－3－2　工具名称和作用

序号	图示	名称及作用
1		名称________ 作用________ ________
2	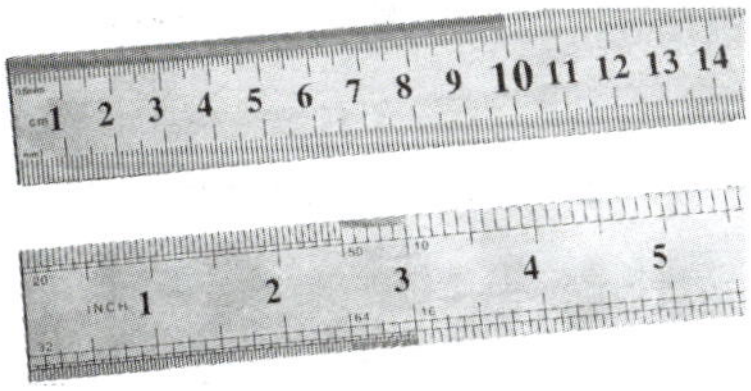	名称________ 作用________ ________
3		名称________ 作用________ ________

2. 测量各楼层的平层精度，判断需要调整的楼层

以额定速度上下行运行电梯，分别测量各楼层上下行平层精度，记录于表 8－3－3 中，并分析调整平层的方法。

表 8－3－3　各楼层上下行平层精度测量记录表

序号	楼层号	平层精度测量		是否符合平层精度要求	拟采用平层调整方式	完成时间
1	1 层	上平层数度				
		下平层精度				
2	2 层	上平层数度				
		下平层精度				
3	3 层	上平层数度				
		下平层精度				
4	4 层	上平层数度				
		下平层精度				
5	5 层	上平层数度				
		下平层精度				

3. 根据平层精度测量结果和拟采用的平层调整方式进行平层调整

根据上一步骤的测量分析结果，采用相应的方法对各层进行平层精度调整，使之符合国标和安装合同所要求的值，并将调整后的平层精度记录于表 8－3－4 中。

表 8－3－4　调整后的各楼层平层精度记录表

序号	楼层号	平层精度测量		是否符合平层精度要求	完成时间
1	1 层	上平层数度			
		下平层精度			
2	2 层	上平层数度			
		下平层精度			
3	3 层	上平层数度			
		下平层精度			
4	4 层	上平层数度			
		下平层精度			
5	5 层	上平层数度			
		下平层精度			

4. 平层精度调整过程中的注意事项

（1）平层精度的调整范围为 ±30 mm，若调整超过 30 mm，则需要考虑其他调整方式。

（2）如果某楼层不需要调整，也需保存一次数据，否则，无法登记内召指令。

（3）当电梯每个楼层上下行到站的停靠点固定且相同，只是与地坎间不平层，则只需要通过 Fr 组参数，对不平层楼层进行平层调整；当电梯每个楼层上下行到站的停靠点固定，但不在同一位置时，需要首先使用 F4－00 参数对过平层或欠平层进行整体调整，再通过 Fr 组参数校正各层平层位置。

（4）如果通过参数调整方式调整平层精度后，出现了电梯在该楼层的平层区外停车的问题，则说明是 Fr 组参数调整过度了，这种情况需要首先调整平层插板到大致合适的位置。

（5）电梯在不同行程或不同载重条件下运行至同一楼层停车位置不稳定，与地坎高度高低不定时，可能是速度环参数调整不合适，需要适当增加速度环增益，或减少速度环积分时间。

二、总结与评价

根据评价表内容客观、公正进行评价（表 8－3－5）。

表 8－3－5　评价表

班级		姓名		学号				
评价指标	评价内容			分数	学生自评	小组互评	教师评定	企业导师评定
信息检索	能有效利用网络、图书资源、工作手册查找有用的相关信息等；能用自己的语言有条理地去解释、表述所学知识；能将查到的信息有效地传递到工作中			5				
感知工作	熟悉工作岗位，认同工作价值；在工作中能获得满足感			5				
参与态度	积极主动参与工作，能吃苦耐劳，崇尚劳动光荣、技能宝贵；与教师、同学之间相互尊重、理解、平等；与教师、同学之间能够保持多向、丰富、适宜的信息交流			5				
	探究式学习、自主学习不流于形式，处理好合作学习和独立思考的关系，做到有效学习；能提出有意义的问题或能发表个人见解；能按要求正确操作；能够倾听别人意见、协作共享			5				
学习方法	学习方法得体，有工作计划；操作技能符合规范要求；能按要求正确操作；获得了进一步学习的能力			5				

续表

班级		姓名		学号				
评价指标	评价内容			分数	学生自评	小组互评	教师评定	企业导师评定
学习过程	遵守管理规程，操作过程符合现场管理要求；平时上课的出勤情况和每天完成工种任务情况良好；善于多角度分析问题，能主动发现、提出有价值的问题			5				
思维态度	能发现问题、提出问题、分析问题、解决问题、创新问题			5				
知识、技能、思政	完成知识目标、技能目标与思政目标的要求			55				
自评反馈	按时按质完成工作任务；较好地掌握了专业知识点；具有较强的信息分析能力和理解能力；具有较为全面、严谨的思维能力，并能条理清楚、明晰表达成文			10				
分数								
学生自评（25%）+小组互评（25%）+教师评定（25%）+企业导师评定（25%）=								
总结、反馈、建议								

【任务小结】

电梯良好的平层精度带给乘客的是更舒适、更安全的乘梯体验，在进行平层精度调整时，一定要把电梯的平层精度调整到国标要求的范围内，平层误差越小越好。电梯在长期运行过程中，可能会由于钢丝绳伸长、平层插板位移、传感器位移等原因而造成平层精度变差，需要及时维护，重新调整平层精度，确保电梯运行安全、舒适。

课后习题

1. 如果轿厢某一层不平层，应该怎样调平层？
2. 如果轿厢大部分楼层都不平层，应该怎样调平层？
3. 哪些情况下不能用参数调整的方式进行平层精度的调整？

学习任务4　舒适性调整

【任务目标】

1. 知识目标

（1）知道影响电梯运行舒适性的因素。

（2）掌握电梯舒适性的调整方法。

2. 技能目标

（1）能进行机械结构相关部件对舒适性的调整。

（2）能进行控制参数对舒适性的调整。

（3）能进行电梯安全性检测调试。

3. 思政目标

（1）通过舒适性调整学习任务，提高服务意识，为乘客提供优质电梯服务。

（2）通过任务实操，养成精益求精、技高一筹的职业品质。

【任务引入】

乘客对于电梯的基本要求就是安全、舒适，因此，本任务进行电梯舒适性调试。

【任务分析】

某电梯安装项目已完成井道自学习、快车试运行和平层精度的调整等大部分快车调试工作，现需要进行电梯舒适性调试。电梯乘坐舒适感是电梯整体性能对外的一个直观表现，电梯各个部件安装或者选型的不合适、控制参数设置的不合理都有可能导致舒适感不好，因此，要从电梯整体来处理舒适感问题。作为电梯调试员，需要进行以下工作：

1. 舒适性的调整

（1）电梯机械结构方面的调整。

（2）控制参数方面的调整。

2. 安全保护系统的全面检测与调试

（1）门锁的全面检测。

（2）限速器、安全钳的检测。

（3）缓冲器的检测。

【知识链接】

1. 机械结构相关部件对舒适性的影响

（1）影响电梯舒适感的机械结构因素主要包括导轨、导靴、钢丝绳、抱闸的安装，以及轿厢自身的平衡性，轿厢、导轨和曳引机组成的共振体的特性等，对于异步电机，减速箱的磨损或者安装不好也可能引起舒适感不好。

（2）导轨的调整主要包括导轨的垂直度、导轨表面的光滑度、导轨连接处的平滑度以及两根导轨之间的平行度（包括对重侧导轨）。

（3）导靴的调整主要包括导靴的松紧度，过松、过紧都会影响轿厢的舒适感（包括对重侧导靴）。

（4）钢丝绳的调整：钢丝绳弹性过大配合轿厢运行中不规则的阻力，有可能引起轿厢波浪式的振动；多根钢丝绳之间受力不均匀，有可能引起电梯运行中的抖动。

（5）抱闸闸臂安装过紧或者打开不完全都可能影响运行中的舒适感。

（6）轿厢如果自身重量不平衡，会引起轿厢与导轨连接处导靴的受力不均，从而在运行中与导轨摩擦，影响舒适感。

（7）对于异步机，减速箱的磨损或者安装不好也可能影响舒适感。

（8）共振影响的调整：确认是由于共振引起振动的情况下，可以采取适当增加或减小轿厢或对重重量，以及在各部件连接处添加吸收振动的器件的措施，如在曳引机下加橡胶垫等，来减小共振幅度。

2. 系统控制方面的性能调整

1）电梯启、停舒适感调整

通过设定速度调节器的比例系数和积分时间，可以调节矢量控制的速度动态响应特性。增加比例增益，减小积分时间，均可加快速度环的动态响应。比例增益过大或积分时间过小均可能使系统产生振荡。如果出厂参数不能满足要求，则在出厂值参数基础上进行微调：先减小比例增益，保证系统不振荡；然后减小积分时间，使系统既有较快的响应特性，超调又较小，可以改善启动时的抖动。相关参数（默纳克 3 000 + 系统）见表 8－4－1。

表 8－4－1　电梯启、停舒适感相关参数

序号	参数	名称	设定范围	出厂值
1	F2－00	速度环比例增益 1	0～100	40
2	F2－01	速度环积分时间 1	0.01～10.00 s	0.6 s
3	F2－03	速度环比例增益 2	0～100	35
4	F2－04	速度环积分时间 2	0.01～10.00 s	0.8 s

2）电梯启/停车时的溜车处理

电梯从抱闸打开命令输出开始，在 F3－19 的设定时间内系统维持零速力矩电流输出，防止电梯溜车。如果在电梯启动时有明显倒溜现象，需要加大 F3－19。

电梯从抱闸释放命令输出开始，在 F8－11 的设定时间内系统维持零速力矩电流输出，防止电梯溜车。如果在电梯停车时有明显倒溜现象，需要加大 F8－11。

3）预转矩和驱动增益的调整

使用模拟量称重传感器时，控制器根据称重传感器信号识别制动、驱动状态，自动计算获得所需的转矩补偿值。系统在使用模拟量称重时，F8－03/04 参数用于调节电梯的启动，具体调节方法如下：驱动状态下运行时，电梯启动倒溜则适当增大 F8－03；电梯启动太猛，则适当减小 F8－03。制动状态下运行时，电梯启动顺向溜车，则适当增大 F8－04；电梯启动太猛，则适当减小 F8－04。电机驱动状态即满载上行、空载下行；电机制动状态即满载下行、空载上行。

预转矩偏移设定的参数实际上是电梯的平衡系数，也就是电梯轿厢与对重平衡时，轿厢内放置的重物占额定载重的百分比。这个参数一定要设置正确。

如果没有模拟量称重传感器，则是根据启动瞬间编码器的轻微转动变化，快速补偿转矩。如果带载启动时电机有振荡或噪声，轿内乘坐会感觉启动较猛（有提拉感）时，可进行如下调节：

①尝试减小零伺服电流 F2－11 参数值（5~15 均可），消除电机振荡。

②尝试减小零伺服速度环 F2－12/13 参数值（0.1~0.8 均可），减小电机噪声，改善启动舒适感。

相关参数见表 8－4－2。

表 8－4－2　重量匹配启动舒适感调节相关参数

序号	参数	名称	设定范围	出厂值	说明
1	F8－01	预转矩选择	0：预转矩无效 1：称重预转矩补偿 2：预转矩自动补偿 3：称重预转矩和自动补偿同时生效	2	（1）使用称重传感器时选择 1，无称重启动时选择 2。 （2）零伺服调节参数（F8－01＝2/3 时，F211/12/13 才有效）
2	F8－02	预转矩偏移	0.0%~100.0%	50.0%	
3	F8－03	驱动侧增益	0.00~2.00	0.6	
4	F8－04	制动侧增益	0.00~2.00	0.6	
5	F2－11	零伺服电流系数	2.0%~50.0%	15.0%	
6	F2－12	零伺服速度环 K_p	0.00~2.00	0.5	
7	F2－13	零伺服速度环 T_i	0.00~2.00	0.6	

4）运行速度曲线舒适度调整

电梯运行速度曲线越平滑，加速度变化就越小，乘坐舒适性越好。电梯运行速度曲线如图 8－4－1 所示。

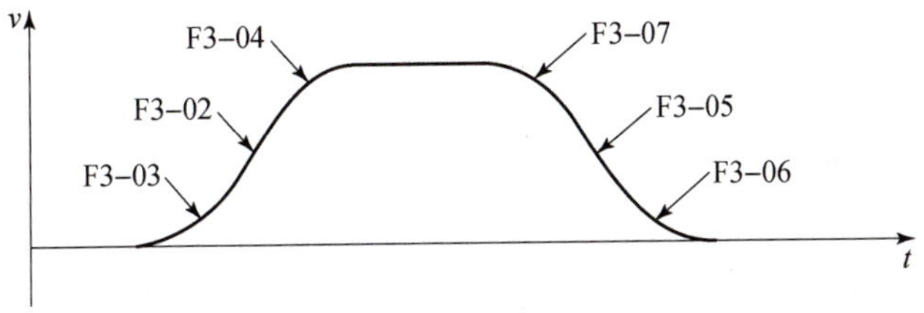

图 8－4－1　电梯运行速度曲线

F3－02/03/04 用于设置电梯由启动至加速到最大速度的速度曲线。如果感觉启动加速过程过快而造成舒适感欠佳，则需要减小 F3－02，增大 F3－03/04，让加速曲线更缓和一点；反之，如果感觉加速缓慢，则需要增大 F3－02，减小 F3－03/04。同理，如果在减速段有减速过急或缓慢现象，则需要对应调节 F3－05/06/07。

相关参数见表8-4-3。

表8-4-3 运行曲线舒适度调整相关参数

序号	参数	名称	设定范围	出厂值
1	F3-02	加速度	0.200~1.500	0.7
2	F3-03	拐点加速时间1	0.300~4.000	1.5
3	F3-04	拐点加速时间2	0.300~4.000	1.5
4	F3-05	减速度	0.200~1.500	0.7
5	F3-06	拐点减速时间1	0.300~4.000	1.5
6	F3-07	拐点减速时间2	0.300~4.000	1.5

【任务实施】

班级		姓名		学号	
工号		日期		评价分数	

具体工作步骤及要求见表8-4-4。

表8-4-4 具体工作步骤及要求

序号	工作步骤	要求	学时	备注
1	识读任务书	能快速明确任务要求并清晰表达，在教师要求的时间内完成	0.25	
2	明确学习目标与方法	能够选择完成任务需要的方法，并进行时间和工作场所安排，掌握相关理论知识	0.5	
3	完成学习，填写任务工单	认真、准确填写任务工单	2	
4	评价		0.25	

一、工作过程及学习任务工单

1. 工具的准备（表8-4-5）

表8-4-5 工具名称和作用

序号	图示	名称及作用
1	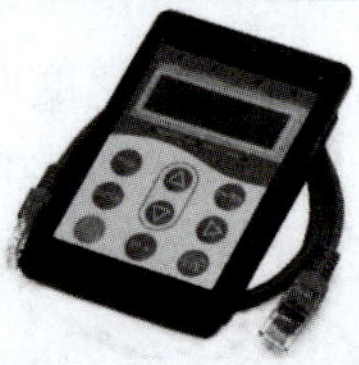	名称________ 作用________ ________

续表

序号	图示	名称及作用
2		名称________________ 作用________________ __________________
3		名称________________ 作用________________ __________________
4		名称________________ 作用________________ __________________
5	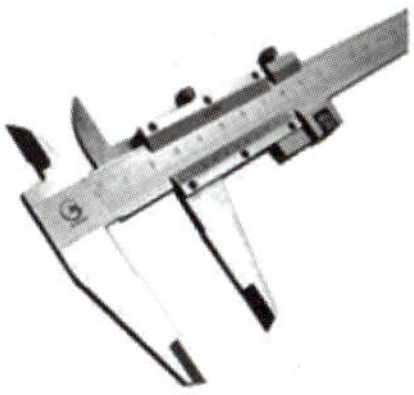	名称________________ 作用________________ __________________
6	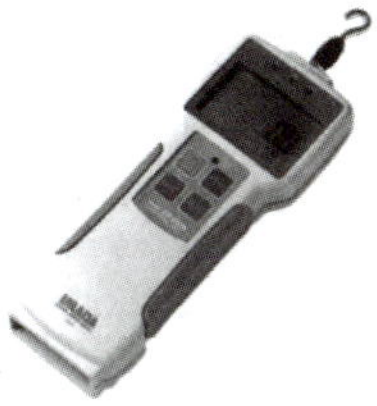	名称________________ 作用________________ __________________

2. 根据调试情况，检查是否有机械因素影响电梯舒适性情况

首先需要检查是否有机械因素影响电梯的舒适性，如果有需要，先调整，否则，仅通过控制参数调整是无法达到舒适性要求的。机械因素检查内容和结果调整记录于表8－4－6中。

表 8-4-6　舒适性机械因素检查调整记录表

序号	检查项目	检查内容	调整前	调整后	完成时间
1	导轨	(1) 导轨的垂直度 (2) 导轨表面的光滑度 (3) 导轨连接处的平滑度 (4) 两根导轨之间的平行度			
2	导靴	(1) 导靴的松紧度 (2) 导靴的对中性			
3	钢丝绳	(1) 钢丝绳弹性是否过大（有可能引起轿厢波浪式的振动） (2) 多根钢丝绳之间受力是否均匀			
4	抱闸	(1) 抱闸闸臂是否安装过紧 (2) 抱闸闸臂是否打开不完全			
5	轿厢自身的平衡性	(1) 轿厢自身重量是否不平衡 (2) 轿厢架是否存在变形情况			
6	共振体	是否存在共振情况			

3. 根据调试情况，检查电梯启/停舒适感

机械结构调整好后，再次检查电梯舒适性情况，首先检查启/停舒适感，如果启/停有抖动、振荡或溜车的情况，则需要对速度环相关参数进行调整。调整过程记录于表 8-4-7 中。

表 8-4-7　电梯启/停舒适感参数调整记录表

序号	参数	名称	是否需要调整及原因（有无称重传感器及自动补偿）	调整前	调整后	完成时间
1	F2-00	速度环比例增益 1				
2	F2-01	速度环积分时间 1				
3	F2-03	速度环比例增益 2				
4	F2-04	速度环积分时间 2				
5	F8-01	预转矩选择				
6	F8-02	预转矩偏移				
7	F8-03	驱动侧增益				
8	F8-04	制动侧增益				
9	F2-11	零伺服电流系数				
10	F2-12	零伺服速度环 K_p				
11	F2-13	零伺服速度环 T_i				
12	F3-19	抱闸打开零速保持时间				
13	F8-11	抱闸释放零速保持时间				

4. 根据运行速度曲线进行舒适度调整

检查是否存在启动加速过程过快而造成舒适感欠佳或减速段有减速过急或缓慢的情况，如有，则需要进行运行速度曲线调整。调整过程记录于表 8－4－8 中。

表 8－4－8　运行曲线舒适度调整记录表

序号	参数	名称	调整前	调整后	完成时间
1	F3－02	加速度			
2	F3－03	拐点加速时间 1			
3	F3－04	拐点加速时间 2			
4	F3－05	减速度			
5	F3－06	拐点减速时间 1			
6	F3－07	拐点减速时间 2			

5. 安全保护系统的全面检测与调试

电梯舒适性调整完成后，还需要对电梯安全保护系统做会面的检测与调试，确保电梯工作在既安全又舒适的环境下。按照国标要求对电梯安全保护系统进行检测与调试，并记录于表 8－4－9 中。

表 8－4－9　安全保护系统的检测与调试记录表

序号	检查项目	检查内容	调整前	调整后	完成时间
1	门锁	（1）电气触点 （2）啮合深度 （3）是否有短接情况			
2	限速器	（1）是否有检测合格证明 （2）限速器开关安装位置及工作是否正常 （3）触发装置是否工作正常 （4）夹绳力是否达标 （5）限速器、安全钳联动实验是否通过			
3	安全钳	（1）是否有检测合格证明 （2）安全钳开关安装位置及工作是否正常 （3）限速器、安全钳联动实验是否通过			
4	缓冲器	（1）是否有检测合格证明 （2）缓冲器安装是否正确 （3）缓冲器开关安装位置及工作是否正常			

6. 电梯舒适性调试、安全性检测过程中的注意事项

影响电梯舒适性的原因是多方面的，对电梯舒适性的调整也需要知道主要原因和次要原

因，需要把握主要原因，分析次要原因，分清主次，解决好主要问题，这样才能够较快地调试好电梯。

对电梯舒适性的调试是对乘客服务质量的重视，对电梯安全性检测调试是对乘客安全的重视，二者缺一不可，安全是首要的，是一定要保障的，但服务也是需要重视的，服务是一个企业的巨大竞争力。因此，作为电梯从业者，不仅要牢牢守住安全的底线，也要增强服务意识，为乘客做好服务，为企业赢得更多机会。

二、总结与评价

请根据评价表内容客观、公正进行评价（表 8－4－10）。

表 8－4－10　评价表

<table>
<tr><td>班级</td><td colspan="2"><table><tr><td></td><td>姓名</td><td></td></tr></table></td><td>学号</td><td colspan="4"></td></tr>
<tr><td>评价指标</td><td colspan="2">评价内容</td><td>分数</td><td>学生自评</td><td>小组互评</td><td>教师评定</td><td>企业导师评定</td></tr>
<tr><td>信息检索</td><td colspan="2">能有效利用网络、图书资源、工作手册查找有用的相关信息等；能用自己的语言有条理地去解释、表述所学知识；能将查到的信息有效地传递到工作中</td><td>5</td><td></td><td></td><td></td><td></td></tr>
<tr><td>感知工作</td><td colspan="2">熟悉工作岗位，认同工作价值；在工作中能获得满足感</td><td>5</td><td></td><td></td><td></td><td></td></tr>
<tr><td rowspan="2">参与态度</td><td colspan="2">积极主动参与工作，能吃苦耐劳，崇尚劳动光荣、技能宝贵；与教师、同学之间相互尊重、理解、平等；与教师、同学之间能够保持多向、丰富、适宜的信息交流</td><td>5</td><td></td><td></td><td></td><td></td></tr>
<tr><td colspan="2">探究式学习、自主学习不流于形式，处理好合作学习和独立思考的关系，做到有效学习；能提出有意义的问题或能发表个人见解；能按要求正确操作；能够倾听别人意见、协作共享</td><td>5</td><td></td><td></td><td></td><td></td></tr>
<tr><td>学习方法</td><td colspan="2">学习方法得体，有工作计划；操作技能符合规范要求；能按要求正确操作；获得了进一步学习的能力</td><td>5</td><td></td><td></td><td></td><td></td></tr>
<tr><td>学习过程</td><td colspan="2">遵守管理规程，操作过程符合现场管理要求；平时上课的出勤情况和每天完成工种任务情况良好；善于多角度分析问题，能主动发现、提出有价值的问题</td><td>5</td><td></td><td></td><td></td><td></td></tr>
</table>

续表

班级		姓名		学号			
评价指标	评价内容			分数	学生自评	小组互评	教师评定	企业导师评定
思维态度	能发现问题、提出问题、分析问题、解决问题、创新问题			5				
知识、技能、思政	完成知识目标、技能目标与思政目标的要求			55				
自评反馈	按时按质完成工作任务；较好地掌握了专业知识点；具有较强的信息分析能力和理解能力；具有较为全面、严谨的思维能力，并能条理清楚、明晰表达成文			10				
分数								
学生自评（25%）+小组互评（25%）+教师评定（25%）+企业导师评定（25%）=								
总结、反馈、建议								

【任务小结】

影响电梯舒适感的主要原因有控制器输出控制和电梯机械结构两方面。一般而言，需要先进行机械结构方面的调整，特别是导轨、导靴、钢丝绳、抱闸的调整；然后进行控制器输出控制方面的调整，主要是电梯速度曲线和转矩增益的调整。舒适性的调整需要综合考虑，不能以点带面，也需要长期调试累积经验。

课后习题

1. 控制器输出控制的哪些参数对电梯舒适性影响较大？
2. 哪些机械结构对电梯舒适性影响较大？
3. 电梯舒适性调整需要考虑哪些因素？

大国工匠英雄谱之八

国内唯一的核燃料组件修复团队领军人——乔素凯

核电站代表着一个国家的高端制造业水平。乔素凯作为国内唯一的核燃料组件修复团队领军人，26 年来完成 20 多台核电机组、100 多次核燃料装卸任务，团队操作零失误。2018 年年初，历经 10 年研发的核燃料组件整体修复装备更是成功打破国外长时间垄断的历史。

项目九

电梯安装新技术

项目任务书

【项目描述】

传统电梯安装需要在井道内搭建脚手架，安装周期较长，安装工程成本较高。无脚手架电梯安装技术可以省略搭建脚手架相关工作，提高了电梯安装效率，还可以节省安装成本，并且在某些方面安全性比传统的安装过程更高。无脚手架安装电梯的新技术越来越得到广泛应用。

本项目设计了无脚手架安装技术和电梯自导式安装两个工作任务。通过完成这些工作任务，理解无脚手架安装技术的特点和要求，掌握电梯自导式安装的工艺，把握电梯安装新技术方向。

【项目概况】

电梯安装新技术见表 9－1－1。

表 9－1－1　电梯安装新技术

班级______　姓名______　学号______　工号______　日期______　测评______　等级______

工作任务	电梯无脚手架安装	学习模式	
建议学时	4 学时	教学地点	
任务描述	【案例】电梯公司（乙方）需要安装一台额定载重量为 1 000 kg、25 层站的乘客电梯，甲方时间要求很紧，要求必须在两个月内安装完成交付使用。为了提升安装效率，在甲方要求的时间范围内完成安装，现采取无脚手架安装方式完成此次安装项目。		
学习目标	1. 知识目标 （1）掌握无脚手架安装流程及适用范围。 （2）掌握无脚手架安装工具使用方法和注意事项。 （3）掌握电梯自导式安装方法的要点。 2. 技能目标 （1）能进行无脚手架放置样板架、样线及调整样线。 （2）能进行电梯移动作业平台的安装和检查。 （3）能完成电梯自导式安装。 3. 思政目标 （1）认同并遵守《电梯制造与安装安全规范》（GB/T 7588.1—2020）、《特种设备安全监察条例》《安全操作规程》《电梯工程施工质量验收规范》（GB 50310—2002）。 （2）增强安全意识，树立严谨、规范操作的职业素养。 （3）培养独立思考能力和创新意识。		

续表

工作任务	电梯无脚手架安装	学习模式	
建议学时	4 学时	教学地点	
学时分配	学时分配表		

序号	学习任务	学时安排
1	无脚手架安装技术	2
2	电梯自导式安装	2

学习任务 1　无脚手架安装技术

【任务目标】

1. 知识目标

（1）知道无脚手架安装技术的适用范围。

（2）掌握无脚手架安装技术的安装流程。

2. 技能目标

（1）能正确使用无脚手架安装相关工具。

（2）能进行无脚手架安装工艺流程设计。

3. 思政目标

（1）通过无脚手架安装技术任务，养成独立思考能力，培养创新意识。

（2）通过任务实操，培养全面思考、认真细致的工作态度。

【任务引入】

某电梯安装项目需要安装一台 25 层站的乘客电梯，甲方时间要求很紧，要求必须在两个月内安装完成交付使用。

【任务分析】

为了提升安装效率，采取无脚手架安装方式完成此次安装项目。作为项目负责人，需要对该安装项目进行安装工艺流程设计。

【知识链接】

一、无脚手架安装技术的特点

1. 安装效率高

由于无脚手架安装技术省掉了井道脚手架运输、搭建、验收、拆除等工作，因此节省了大量时间。在电梯安装施工过程中，通常是使用电梯轿厢本身的慢车运行完成电梯安装的绝大部分的工作，因而节约了电梯配件搬运的时间，进一步提高了电梯安装的施工效率。

2. 安全性有保障

①无脚手架安装技术中，上样板架一般架设在机房，由于是在机房地坪上架设，避免了上样板架在井道顶部架设时的高空作业。

②无脚手架安装技术中，安装井道部件时，是站在有充分安全保护的电梯轿厢上安装的，这些安全保护包括轿厢上搭设的护栏、限速器、安全钳、缓冲器、限位装置及各类电气安全保护装置，作业安全有保障。

3. 导轨安装质量高

导轨安装过程中，安装平台（轿厢）也在跟着导轨移动，方便对导轨进行逐段精调，提高了导轨的安装质量。

4. 安装成本低

无脚手架安装省去脚手架搭拆费用，电梯配件搬运可以利用电梯轿厢本身，减少了劳动力的投入，降低了安装成本。

二、无脚手架安装技术的适用范围

（1）有机房电梯。

（2）楼层数量大于 10 层，层数越多越有优势。

（3）电梯额定载重量 800 kg 及以上。

三、无脚手架安装工艺流程

无脚手架安装方案示意图如图 9－1－1 所示。

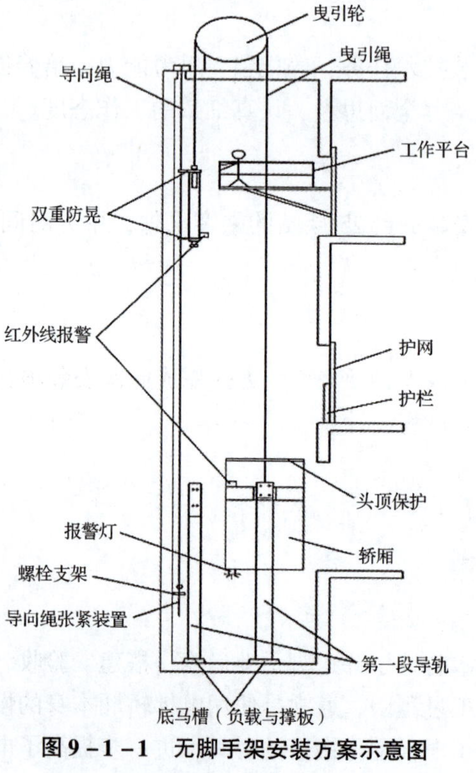

图 9－1－1　无脚手架安装方案示意图

典型的无脚手架安装工艺流程为：

（1）准备工作：安全防护用品、普通安装工具、无脚手架安装工具。

（2）现场测量及记录：机房检查、井道勘探、底坑检查、库房安排。

（3）井道防护：安装层门防护网或防护栏。

（4）制作样板及放线：制作样板架，在机房地面放置样板架。样板架固定在机房内地面上，并打孔放线。放线主要包括厅门样线两根、轿厢导轨样线四根、对重导轨样线四根。

（5）安装机房设备：定位及安装承重钢梁、安装曳引机、控制柜及配线、限速器等。

（6）安装底坑设备：安装导轨支架、安装底坑第一根导轨、安装张紧装置、安装缓冲器等。

（7）底坑组装轿厢：组装轿厢轿、安装安全钳、安装轿顶反绳轮、安装轿顶围栏并设置轿顶头顶保护。

（8）安装对重导向绳：在机房安装对重导向绳支撑装置，放下对重导向绳，在底坑安装导向绳张紧螺栓并张紧对重导向绳。

（9）吊装对重：计算对重重量后，在对重架中放入适当的对重块，使对重侧比轿厢侧重 300 千克，使用卷扬机将对重吊到顶层工作平台位置。

（10）挂曳引绳：计算曳引绳长度，并在顶层工作平台上将曳引绳挂到轿厢和对重上。

（11）控制柜接线：在机房中将电缆接到控制柜中，并完成接线。

（12）检查抱闸、限速器、安全钳等安全装置：确认抱闸、限速器、安全钳等安全装置工作正常、可靠。

（13）拆除顶层工作平台：拆除顶层工作平台，为动慢车做好准备。

（14）动慢车并安装井道设备：动慢车，安装导轨支架、导轨，并逐段精调导轨；在井道中间位置将对重装入导轨；安装各层门；安装平层装置；完成井道布线。

（15）电梯快车调试及验收：清理井道，完成快车调试及验收工作。

四、无脚手架安装安全注意事项

（1）防护措施：根据工作环境的安全要求，穿着合适的防护用具。

（2）安全防护网：井道的每层厅门处应提供屏障并配有警告标志，在移开保护屏障而进入井道时，保证在离开此处前将屏障重新放好。

（3）顶层工作平台：在安装、拆除或改动工作平台时，必须让合适的人员进行此项工作。必须使用标准型号的材料，螺栓及销子必须紧固。使用前必须检查材料有无损坏。每天开工前要对工作平台进行安全检查。

（4）井道工作的头顶保护：在轿顶工作平台和底坑工作平台上都要安装头顶保护。

（5）电源的使用：禁止未经允许的人员进入机房和井道。在进行检查之前，应确认所有安全线路工作正常。在电器设备上的任何工作只有在关断电源的情况下才能进行。关断的电源必须由负责的人员进行。在此期间，必须在开关盒上放置“请勿打开”的标志。

【任务实施】

班级		姓名		学号	
工号		日期		评价分数	

具体工作步骤及要求见表 9－1－2。

表 9－1－2　具体工作步骤及要求

序号	工作步骤	要求	学时	备注
1	识读任务书	能快速明确任务要求并清晰表达，在教师要求的时间内完成	0.25	
2	明确学习目标与方法	能够选择完成任务需要的方法，并进行时间和工作场所安排，掌握相关理论知识	0.5	
3	完成学习，填写任务工单	认真、准确填写任务工单	2	
4	评价		0.25	

一、工作过程及学习任务工单

1. 工具的准备（表 9－1－3）

表 9－1－3　工具名称和作用

序号	图示	名称及作用
1		名称＿＿＿＿＿＿＿＿ 作用＿＿＿＿＿＿＿＿ ＿＿＿＿＿＿＿＿＿＿
2		名称＿＿＿＿＿＿＿＿ 作用＿＿＿＿＿＿＿＿ ＿＿＿＿＿＿＿＿＿＿

续表

序号	图示	名称及作用
3		名称______ 作用______ ______
4		名称______ 作用______ ______
5	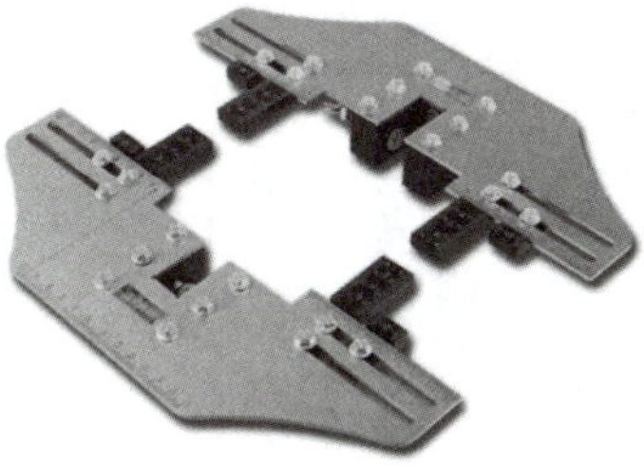	名称______ 作用______ ______
6		名称______ 作用______ ______
7		名称______ 作用______ ______

2. 根据电梯的安装信息，设计无脚手架安装工艺

根据电梯安装合同信息和现场情况，设计无脚手架的电梯安装工艺，并制作电梯安装流程表（表9－1－4）。

表9－1－4　无脚手架电梯安装工艺流程表

序号	步骤名称	详细内容	图示说明	完成时间
1	准备工作			
2	现场测量及记录			
3	井道防护			
4	安装顶层作业平台			
5	制作样板及放线			
6	安装机房设备			
7	安装底坑设备			
8	安装第一段导轨			
9	底坑组装轿厢			
10	安装对重导向绳			
11	吊装对重			
12	挂曳引绳			
13	控制柜接线			
14	检查安全装置			
15	调慢车			
16	安装其余导轨			
17	拆除顶层工作平台			
18	安装厅门、井道设备、井道布线			
19	电梯快车调试及验收			

二、总结与评价

请根据评价表内容客观、公正进行评价（表9－1－5）。

表9－1－5　评价表

班级		姓名		学号				
评价指标	评价内容			分数	学生自评	小组互评	教师评定	企业导师评定
信息检索	能有效利用网络、图书资源、工作手册查找有用的相关信息等；能用自己的语言有条理地去解释、表述所学知识；能将查到的信息有效地传递到工作中			5				
感知工作	熟悉工作岗位，认同工作价值；在工作中能获得满足感			5				
参与态度	积极主动参与工作，能吃苦耐劳，崇尚劳动光荣、技能宝贵；与教师、同学之间相互尊重、理解、平等；与教师、同学之间能够保持多向、丰富、适宜的信息交流			5				
	探究式学习、自主学习不流于形式，处理好合作学习和独立思考的关系，做到有效学习；能提出有意义的问题或能发表个人见解；能按要求正确操作；能够倾听别人意见、协作共享			5				
学习方法	学习方法得体，有工作计划；操作技能符合规范要求；能按要求正确操作；获得了进一步学习的能力			5				
学习过程	遵守管理规程，操作过程符合现场管理要求；平时上课的出勤情况和每天完成工种任务情况良好；善于多角度分析问题，能主动发现、提出有价值的问题			5				
思维态度	能发现问题、提出问题、分析问题、解决问题、创新问题			5				
知识、技能、思政	完成知识目标、技能目标与思政目标的要求			55				

续表

班级		姓名		学号				
评价指标	评价内容			分数	学生自评	小组互评	教师评定	企业导师评定
自评反馈	按时按质完成工作任务；较好地掌握了专业知识点；具有较强的信息分析能力和理解能力；具有较为全面、严谨的思维能力，并能条理清楚、明晰表达成文			10				
分数								
学生自评（25%）+ 小组互评（25%）+ 教师评定（25%）+ 企业导师评定（25%）=								
总结、反馈、建议								

【任务小结】

电梯的无脚手架安装工艺最大的一个特点是在井道里建立一个可移动的工作平台，用于安装井道部件，减少了脚手架搭建和拆卸步骤，具有安装效率高、安全系数高、能精调导轨、安装成本低等优势，电梯楼层高的情况下优势更明显，因此，无脚手架安装工艺越来越受到重视，各种先进的无脚手架安装技术也不断被开发出来，掌握这些电梯安装新技术无疑是电梯安装维修工能力的巨大提升。

课后习题

1. 无脚手架安装有哪些优势？
2. 无脚手架安装适用于哪些场合？
3. 简述无脚手架安装的主要工艺流程。

学习任务 2　电梯自导式安装

【任务目标】

1. 知识目标

（1）知道电梯自导式安装的适用范围。

（2）掌握电梯自导式安装的工作流程。

2. 技能目标

（1）能正确使用自导式安装相关工具。

（2）能进行电梯自导式安装。

3. 思政目标

（1）通过电梯自导式安装任务，养成严谨的工作态度。

（2）通过任务学习，培养敢于创新和勇于实践的精神。

【任务引入】

某电梯安装项目需要安装一台30层站的乘客电梯。

【任务分析】

为了提升安装效率，节约安装成本，提高安装的安全性，综合评估后采取电梯自导式安装工艺完成此次安装项目。作为项目负责人，需要对该安装项目进行安装工艺设计并实施。

【知识链接】

一、电梯自导式安装的特点

电梯自导式安装属于无脚手架安装技术的一种，除具有无脚手架安装技术的优势外，还有自身的一些特点。该安装方法采用电梯自身轿厢作为移动工作平台，以电梯自身的导轨作为移动工作平台在井道内运行的导轨，以电梯自身的主机作为移动工作平台在井道内提升的动力，以电梯自身的限速器、安全钳、端站保护装置、缓冲器等安全部件作为吊篮在井道内施工的安全部件，在保证安全的前提下，最大限度地减少附加安装工具的使用，进一步提高了安装效率，降低了安装成本。

二、电梯自导式安装的适用范围

电梯自导式安装方法适用于所有直梯的安装，电梯层站数越高，此安装方法的优点越突出。

三、电梯自导式安装工艺流程

电梯自导式安装操作要点主要是先组装好轿箱、轿底板及对重架，安装好主机、控制柜等机房设备，挂好钢丝绳，然后临时慢车运行，利用轿箱作为移动平台，施工人员、机具及安装材料随平台由下往上运行，进行井道内导轨、厅门及电气设备安装工作，完全省去脚手架。具体施工工艺流程为：

（1）现场测量及记录、施工计划的确定。

（2）开工准备，准备通用安装工具及专用工具。

（3）样板架制作及安装放线。

（4）机房设备安装及配线。

（5）底坑第一根导轨安装。

（6）底坑安装轿厢及轿顶防护栏。

（7）底坑对重架安装，放置1/3的对重块。

（8）安装对重导向绳及相关附件。

（9）缓冲器安装。

（10）安装顶层工作平台、对重架提升、安装曳引钢丝绳。

（11）动慢车并准备安装井道设备。

（12）安装导轨支架、导轨，并逐段精调导轨。

（13）在井道中间位置将对重装入导轨。

（14）安装各厅门。

（15）安装平层装置，完成井道布线。

（16）电梯快车调试及验收。

四、电梯自导式安装技术要求

1. 顶层工作平台

顶层工作平台的使用是电梯无脚手架安装工艺的重要特点，电梯自导式安装技术也需要安装顶层工作平台，顶层工作平台的使用至关重要，它是提升对重和安装曳引钢丝绳重要的工作平台，也是这两项工作最重要的安全保障，并且要求在平台上工作的施工人员必须按照相关的安全规定进行工作。顶层工作平台由爬梯兼厅门护栏、立梁、斜梁、平台承载面、围栏和踢脚板等部件组成，其结构如图 9－2－1 所示。

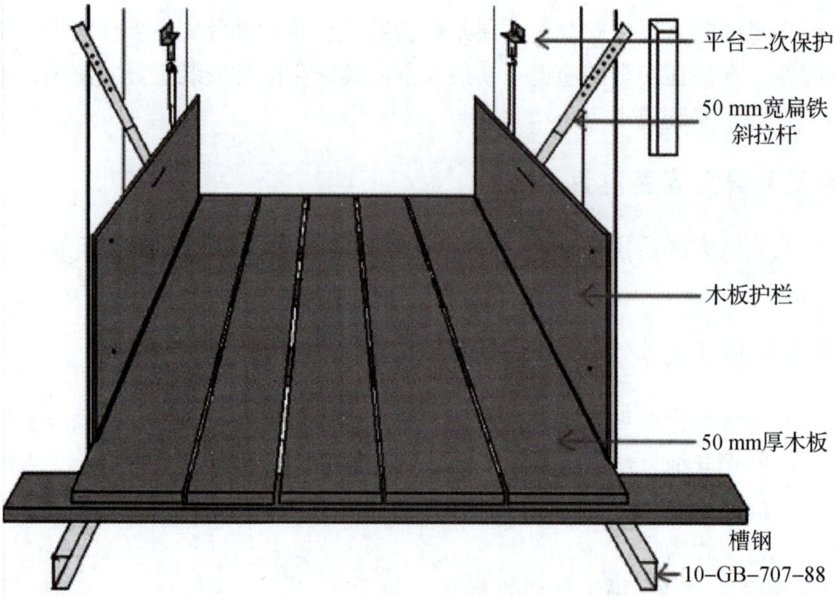

图 9－2－1　顶层工作平台的结构示意图

平台规定的载重为 500 kg，即只允许在平台承载面上同时有两名施工人员从事安装工作，并可携带一些简单的工具。通过使用膨胀螺栓将立梁与墙壁牢固地连接，以便稳固整个安装平台，斜梁用于加强平台的支撑力度。平台要留出对重运行的安全距离。

2. 样板的制作和吊线

由于无脚手架电梯安装采用了新型的导轨调整工具，所以样板的放线点与普通安装的有不同。样板上的基准钢线共有 10 根：4 根主导轨钢线，4 根对重导轨钢线和 2 根厅门钢。使用厅门钢线可以确定开门宽度和地坎位置，按照要求从样板的切口处各吊一根钢线。了确定主副导轨的位置，使用导轨样板，按照要求从导轨样板的每个切口吊一根钢线。、副导轨各自的 4 根钢线在校正导轨时应与校道尺上的开口相吻合，以起到对导轨精确定的作用。除了特殊用途，样线的规格和型号可以改变之外，一般使用 0.6 规格的钢线作吊；当井道高度高于 30 m 时，可使用 0.8 规格钢丝。吊线必须附在上样板的切口中，尽可多地与样板接触并通过位于底坑中的下样板。必须用一个吊锤（5～10 kg）系在钢线的自端，以保证吊线拉紧。导轨样线放线如图 9－2－2 所示。

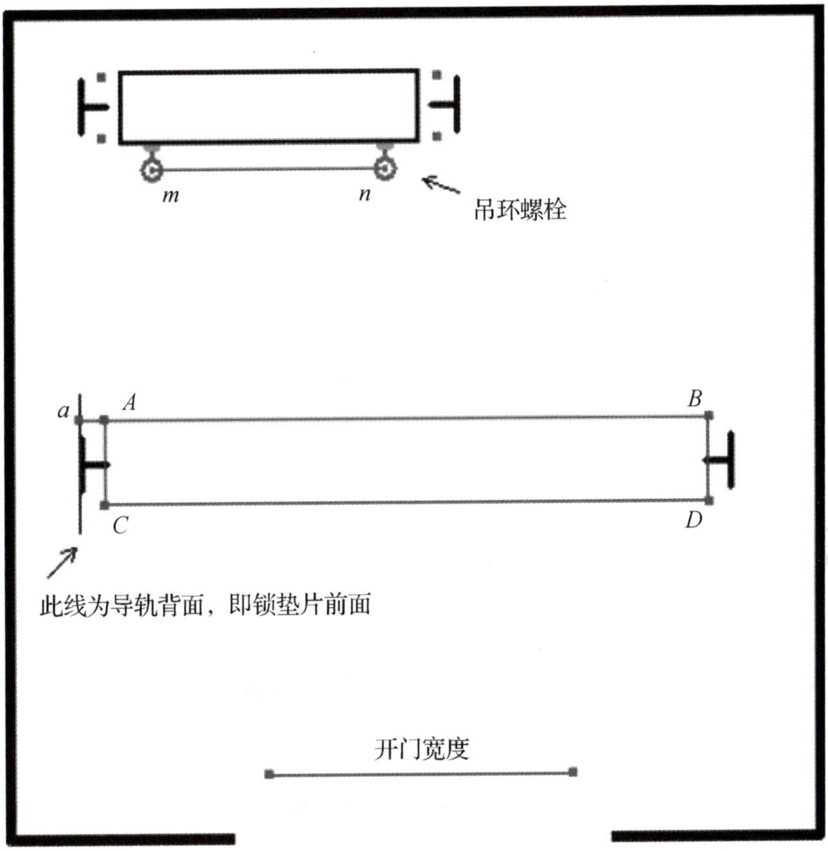

图 9－2－2　导轨样线放线

样线的准确定位在导轨的调整过程中至关重要，并直接影响了电梯的运行质量。在样线放下之后，根据图示必须进行测量，保证 $AB=CD$，$AD=BC$。

3. 对重架安装技术要求

在无脚手架安装工艺中，对重架的安装是在底坑中进行的。首先在底坑中拼装对重架，然后装配对重导向绳。在无脚手架的电梯安装过程中，使用两条钢丝绳作为对重的临时“导轨”，它只对对重起到导向和防扭转作用，而并不能像真正的对重导轨那样起到稳固对

重的作用，因此，在高层的中间位置导向绳的摆动程度达到最大，所以，在较高位置时，
格外注意导向绳的动向。导向绳需要在机房安装稳固支撑，并在底坑安装导向绳张紧装置
对重导向绳结构如图 9－2－3 所示。

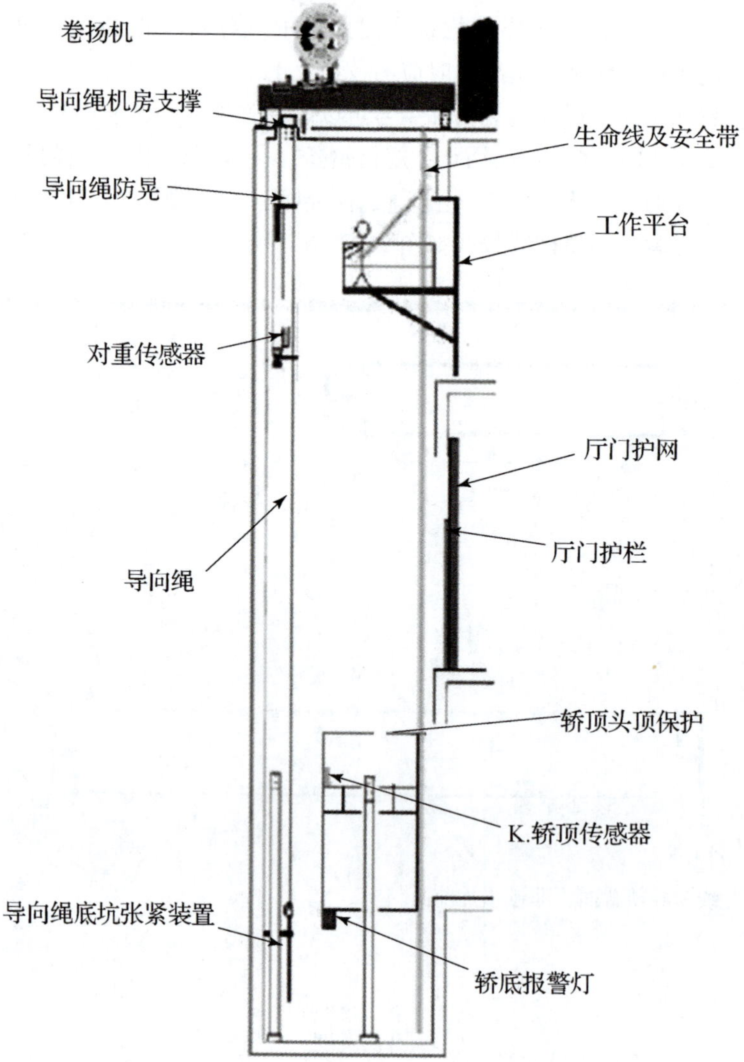

图 9－2－3　对重导向绳结构示意

4. 轿顶工作平台技术要求

轿顶工作平台（图 9－2－4）是无脚手架安装的关键，也是安全施工的关键。安装人员可以站在安全平台上，控制轿厢向上运行，并在适当的位置上安装轿厢导轨和对重导轨。轿顶工作平台取代了原先脚手架的作用。

由于本身轿顶的承载力较小，安装人员不可能直接站在轿顶上完成工作，所以，必须在轿顶上重新搭建一个方便、稳固、安全的工作平台。轿顶工作平台由以下几个部分组成：

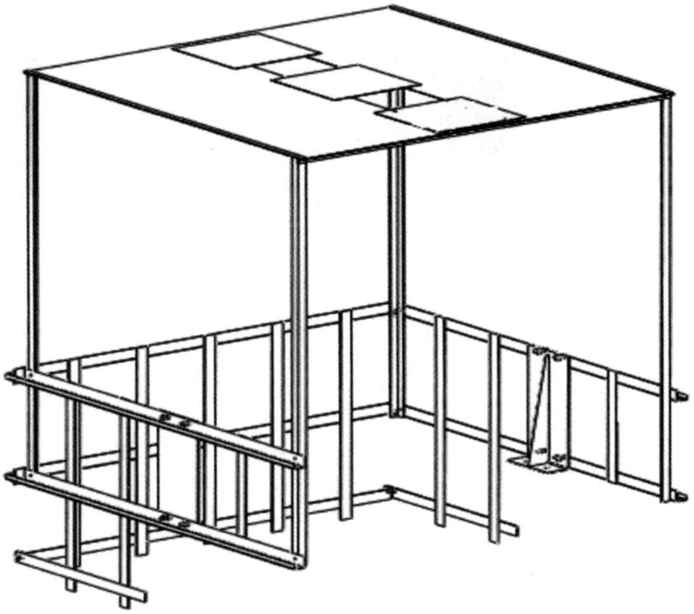

图 9－2－4　轿顶工作平台示意图

1）平台承载面

平台可以采用钢板作为原材料来构建安装平台，而且钢板上还要有加强筋来保证整个平台的稳固度。用螺栓将工作平台固定在轿厢上梁上，并检查平台是否安全可靠。

2）轿顶护栏

在平台承载面上安装护栏和踢脚板来防止施工人员和承载面上的工具落入井道。

3）安全网和防护钢板

在井道中可能有杂物甚至工具的坠落，这都有可能伤及现场施工人员，因此，凡是在井道中的工作，都要求有头顶保护装置。在平台上必须搭建安全网和防护钢板来保护施工人员，安全护网对落下的重物能够起到缓冲作用，防护钢板用于阻挡冲破安全网的坠落物。

4）轿顶检修盒

在无脚手架安装方式中，轿顶检修盒不仅起到检修的作用，通过它，安装人员还可以站在轿顶操纵轿厢运行。

5. 吊装对重、挂曳引钢丝绳

在底坑组装好轿厢和对重架后，在对重架里装上适量对重块，用压紧件固定，选择合适的电动葫芦将对重架吊装至顶层位置。

计算曳引钢丝绳的大致长度，取一卷曳引钢丝绳架在架子上，释放出钢丝绳，将绳头从轿厢绳头板 1 号绳孔穿下，经过轿顶反绳轮返回后，从曳引轮孔返回机房，经过曳引轮后，再从导向轮绳孔放下，然后穿入对重轮返回机房，做好一个绳头组件，穿入对重绳头板上 1 号绳孔。过程如图 9－2－5 所示，根据此方法挂完所有曳引钢丝绳。

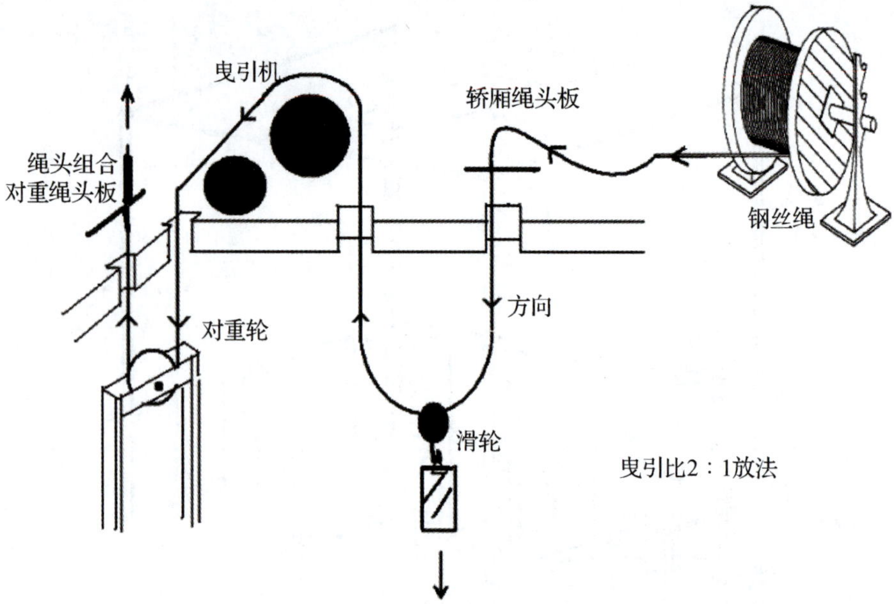

图 9-2-5　挂曳引钢丝绳示意图

【任务实施】

班级		姓名		学号	
工号		日期		评价分数	

具体工作步骤及要求见表 9-2-1。

表 9-2-1　具体工作步骤及要求

序号	工作步骤	要求	学时	备注
1	识读任务书	能快速明确任务要求并清晰表达，在教师要求的时间内完成	0.25	
2	明确学习目标与方法	能够选择完成任务需要的方法，并进行时间和工作场所安排，掌握相关理论知识	0.5	
3	完成学习，填写任务工单	认真、准确填写任务工单	2	
4	评价		0.25	

一、工作过程及学习任务工单

1. 工具的准备（表9－2－2）

表9－2－2　工具名称和作用

序号	图示	名称及作用
1		名称________ 作用________ ________
2		名称________ 作用________ ________
3		名称________ 作用________ ________
4		名称________ 作用________ ________
5		名称________ 作用________ ________

续表

序号	图示	名称及作用
6		名称______ 作用______ ______
7	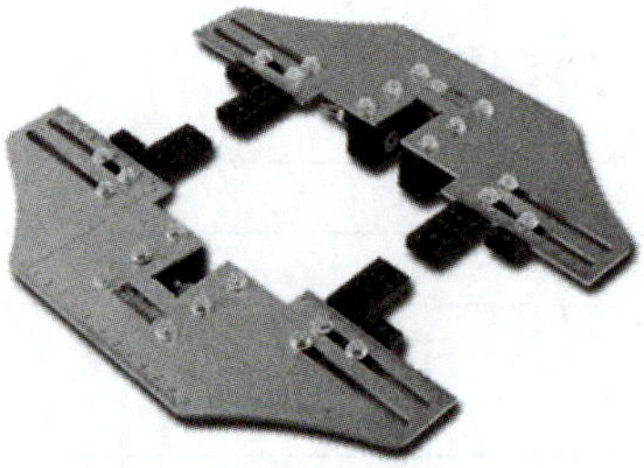	名称______ 作用______ ______
8	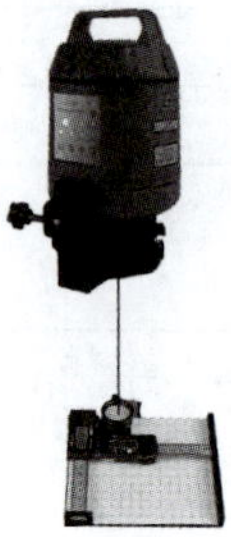	名称______ 作用______ ______
9	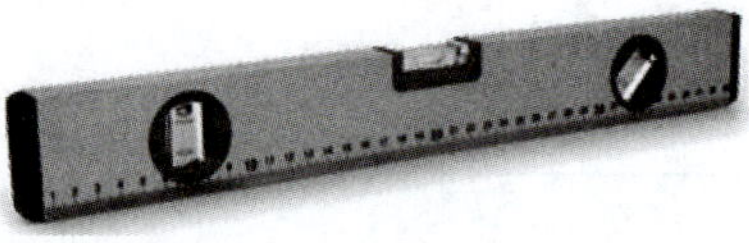	名称______ 作用______ ______

2. 根据电梯的安装信息，设计安装工艺并实施

根据电梯安装合同信息和现场情况，设计电梯自导式安装工艺，制作电梯安装流程表（表9－2－3），并实施安装。

表 9-2-3　电梯自导式安装工艺流程表

序号	步骤名称	详细内容	实施说明	完成时间
1	准备工作			
2	现场测量及记录			
3	井道防护			
4	安装顶层工作台			
5	制作样板及放线			
6	安装机房设备			
7	安装底坑设备			
8	安装第一段导轨			
9	底坑组装轿厢			
10	安装对重导向绳			
11	吊装对重			
12	挂曳引绳			
13	安装随行电缆			
14	控制柜接线			
15	安装轿顶作业平台及头顶保护			
16	检查安全装置			
17	调试慢车			
18	安装其余导轨			
19	拆除顶层工作平台			
20	安装厅门及井道设备、井道布线			
21	电梯快车调试及验收			

二、总结与评价

请根据评价表内容客观、公正进行评价（表9-2-4）。

表9-2-4 评价表

班级		姓名		学号				
评价指标	评价内容			分数	学生自评	小组互评	教师评定	企业导师评定
信息检索	能有效利用网络、图书资源、工作手册查找有用的相关信息等；能用自己的语言有条理地去解释、表述所学知识；能将查到的信息有效地传递到工作中			5				
感知工作	熟悉工作岗位，认同工作价值；在工作中能获得满足感			5				
参与态度	积极主动参与工作，能吃苦耐劳，崇尚劳动光荣、技能宝贵；与教师、同学之间相互尊重、理解、平等；与教师、同学之间能够保持多向、丰富、适宜的信息交流			5				
	探究式学习、自主学习不流于形式，处理好合作学习和独立思考的关系，做到有效学习；能提出有意义的问题或能发表个人见解；能按要求正确操作；能够倾听别人意见、协作共享			5				
学习方法	学习方法得体，有工作计划；操作技能符合规范要求；能按要求正确操作；获得了进一步学习的能力			5				
学习过程	遵守管理规程，操作过程符合现场管理要求；平时上课的出勤情况和每天完成工种任务情况良好；善于多角度分析问题，能主动发现、提出有价值的问题			5				
思维态度	能发现问题、提出问题、分析问题、解决问题、创新问题			5				
知识、技能、思政	完成知识目标、技能目标与思政目标的要求			55				

续表

<table>
<tr><td>班级</td><td></td><td>姓名</td><td></td><td>学号</td><td colspan="4"></td></tr>
<tr><td>评价指标</td><td colspan="3">评价内容</td><td>分数</td><td>学生自评</td><td>小组互评</td><td>教师评定</td><td>企业导师评定</td></tr>
<tr><td>自评反馈</td><td colspan="3">按时按质完成工作任务；较好地掌握了专业知识点；具有较强的信息分析能力和理解能力；具有较为全面、严谨的思维能力，并能条理清楚、明晰表达成文</td><td>10</td><td></td><td></td><td></td><td></td></tr>
<tr><td colspan="5">分数</td><td></td><td></td><td></td><td></td></tr>
<tr><td colspan="9">学生自评（25%）+小组互评（25%）+教师评定（25%）+企业导师评定（25%）=</td></tr>
<tr><td>总结、反馈、建议</td><td colspan="8"></td></tr>
</table>

【任务小结】

电梯自导式安装是无脚手架安装的一种，最主要的特点是采用电梯自身轿厢作为移动安装平台，以电梯自身安全装置作为移动平台安全装置，以电梯自身曳引机作为移动平台的动力，减少了电梯重复安装的流程，提高了安装效率，降低了电梯安装的成本。同时，也改善了电梯安装环境。电梯自导式安装工艺是电梯安装新技术研究的主要方向之一，随着安装工艺的不断成熟，电梯安装技术又会迈上新的台阶。

课后习题

1. 电梯自导式安装有哪些优点？适用于哪些安装场合？
2. 电梯自导式安装工艺相对于传统安装工艺有哪些不同的技术要求？
3. 简述电梯自导式安装的主要工艺流程。

大国工匠英雄谱之九

用极致书写精密人生的年轻人——陈行行

出生于1990年的陈行行，是国防兵工行业的年轻工匠，他在新型数控加工领域以极致的精准度向技艺极限冲击。用在尖端武器设备上的薄薄壳体，经过他的手，产品合格率从难以逾越的50%提升到100%。

参 考 文 献

[1] 杨少光. 电梯安装与调试 [M]. 北京：高等教育出版社，2015.

[2] 陆晓春，顾德仁，陆春元. 电梯安装与调试 [M]. 南京：江苏凤凰教育出版社，2018.

[3] 杨少光. 电梯安装与调试 [M]. 南京：东南大学出版社，2015.